新 百万人の天気教室

（2訂版）

白木正規 著

株式会社
成山堂書店

はじめに

　社会や人々の生活は，天気に大きく左右されている。特に，激しい天気現象が発生したときには，人々の生命にかかわることも多い。最近は，テレビや新聞，インターネット，携帯電話などの天気情報が充実し，私たちの生活に密着し，天気は身近なものとなってきた。しかしながら，天気現象は複雑で，とらえにくい面がある。それは，天気が気圧，風，気温，雲などのさまざまな要素で表され，これらの要素が互いにからみあっているためである。それでも天気の要素の性質から始めて，天気を構成する現象のしくみへと，順序立てて勉強すれば，思いのほか天気は理解しやすいものである。この本は，天気に関心のある一般の人々や，気象予報士という国家資格を得ようとしている人々を対象に，天気の判断に役立つ知識を，基礎から応用へと，読みやすく，わかりやすく解説している。

　この本をひととおり読んでいただければ，天気の基礎が理解できるとともに，かなり天気の判断ができるようになると思う。紙面が限られているので，十分に解説できなかったことがらも多いが，これまで天気について勉強する機会がなかった人が，最初に読み始める本として，わかりやすい説明に心がけた。

　前書「百万人の天気教室」も，このような目的で多くの入門者に読んでいただき，わかりやすい本と多くのご意見をお寄せいただいた。気象学の進歩や技術の向上によって，気象業務が大幅に変化した部分を新たに書き改め，前書で説明が不十分とのご指摘があった部分を追加して，ここに「新 百万人の天気教室」を発刊することにした。気象予報士試験に挑戦される方には，試験の出題範囲のすべてにわたって解説してはいないが，この本を熟読すれば，合格ラインの知識が得られると思う。また，本書の知識が土台となって，もう一段レベルの高い参考書が容易に読み進められ，効率的な学習ができるものと確信している。次の段階として巻末にあげた参考書の中から自分にあうものを選んで，さらに深く勉強されることをおすすめする。

　この本は前書と同じく，数式はなるべく用いないで解説することを基本としているが，数式として理解することが大事な項目については，あえて数式を示し，本書のレベルを超える数式については結果のみを示して，式の意味を説明した。

　この本の内容は，前書「百万人の天気教室」と同じく大きく3部に分けてあ

るが，いずれもわかりやすさは保ちつつ内容を充実した。第1部では，天気を理解するうえで，最小限に必要な天気の要素の性質について，観測を含めて解説する。第1部は，第2部を読むうえの基礎である。第2部では，天気を構成する前線や低気圧など，いろいろな現象の発生のしくみ，構造，天気との関係について述べる。これらは，天気図を用いたり，予報を聞いたりして，天気を判断するときの基礎知識である。第3部では，天気図とその見方を述べ，気象庁から発表される予報や警報のあらましについて述べる。主に天気の判断に必要な材料についてであり，実際に天気の判断に必要な知識は第1部や第2部で述べている。第3部を読んでいて，不明なことがらが出てきたときには，索引を活用し，前に戻ってそのことがらを確認し，知識を確かなものにしてほしい。

2013年10月

著者しるす

2訂版の発行にあたって

　初版の前書にあたる「百万人の天気教室」を新たに書き直した「新 百万人の天気教室」は，気象庁の業務の変更部分を訂正し，2019年に「改訂版」として発行した。その後も，天気現象の研究や予報技術の改善により，最近の気象庁の業務内容と発表情報には著しい発展が見られる。読者には最新の内容に改訂した本書を読んでいただきたく，2訂版を発行する運びとなった。全体については，これまでよりさらに分かり易い表記・表現に修正し，気象庁の業務に関しては，主として観測業務全般，数値予報全般，気象情報と防災情報の作成・発表に関する部分を改訂した。

　本書を引き続き多くの方々に読んでいただき，天気知識の理解を深めることや気象予報士試験の準備に役立つことを心より願ってやまない。

　2022年4月

著者しるす

目　　次

第2部　天気の構成

第3部　天気の判断

第1部　天気の要素

　天気とは，人間の生活に影響する大気の状態のことである。天気は，気圧，気温，湿度，風，雲，降水，視程など，さまざまな要素で表される。この天気の要素が，互いに作用しあって，複雑な天気変化が起こる。第1部では，天気の要素の性質と，天気の要素どうしの関係について説明する。

　第1章では，大気の成分や，温度・気圧・密度の物理的な性質から，全体像としての大気の状態を述べる。第2章では，大気の運動に注目して，気圧と風の性質と，これらのあいだの関係について述べる。第3章では，大気の運動を引き起こす源になる放射と，これによって生じる熱について説明する。

　水蒸気は，大気の中で気体・液体・固体に形を変えて，天気変化に非常に大切な役目をしている。第4章では，水蒸気とこれに関連する天気の要素について述べる。大気の状態を知るために，いろいろな天気の要素の観測が行われている。第5章では，天気を理解するうえに必要な気象観測について述べる。

第1章　大気圏の構造

1.1　大気の成分

　地球を取り巻いている気体を，ひとまとめにして，大気という。大気が存在する範囲は大気圏または気圏と呼ぶ。このうち，地表付近の大気は空気とも呼び，表1.1には主たる成分と体積による存在比率が示されている。ただし，後で述べる理由により水蒸気は含めていない。表の存在比率は，地球上の場所や時間によって，ほとんど変化しない。また，その量は，高さとともに少なくなるが，存在比率は，約80 kmの高さまで，地表のものと同じである。地表80 kmを超えるあたりから，大気分子は太陽放射線の作用によって原子に分離し始める。上空に行くほど分子から原子になる割合が多くなり，また，ヘリウムなどの軽い分子が多くなる。この結果，80 kmより上空での大気成分は表1.1に示すものとは異なり，170 kmまでは酸素原子（O）が次第に多くなり，300 kmを越えると主成分になる。また，1000 km以上ではヘリウム（He）が主成分になる。このため80 kmより下の大気圏は均質圏，それより上は非均質圏とも呼ばれる。

　表1.1で，二酸化炭素が空気全体に占める割合は，0.04％にすぎない。その割合は非常に小さいが，二酸化炭素には熱を吸収する性質があるため，大気の温度分布に関して大切な役割をしている。二酸化炭素は，人間が石炭や石油を燃やすようになってから，地球の大気に含まれる全体量が徐々に増加している。このため，二酸化炭素は可変ガスとも呼ばれ，地球温暖化の原因として注

表1.1　地表付近の乾燥空気の成分

成分	分子式	分子量	体積存在比率(%)
窒素	N_2	28.01	78.09
酸素	O_2	32.00	20.95
アルゴン	Ar	39.94	0.93
二酸化炭素	CO_2	44.01	0.04
そのほかの微量気体	－	－	0.01
乾燥空気	－	28.97	100（＊）

（＊）比を表す数字を四捨五入して示してあるため足し算の結果は100にはならない。

目されている（第 3.11 節）。これに対して濃度が時間や場所でほとんど変化しない窒素や酸素やアルゴンを永久ガスと呼ぶ。

　表 1.1 において，そのほかの微量気体としてまとめられているものに，ネオン（Ne，原子量 20.18），メタン（CH$_4$，分子量 16.05），ヘリウム（He，原子量 4.00），オゾン（O$_3$，分子量 48.0）などがある。このうち，オゾンは太陽放射線の作用によって，空気中の酸素分子から生じる分子である。図 1.1 に示すように，大部分が 10〜50 km の高さで発生し，緯度や季節によって，その量が変化するので，可変ガスの一つである。地球の大気全体から見ると，オゾンの存在量は二酸化炭素の約 1/20000 である。しかし，二酸化炭素と同じように，熱を吸収する性質があるため，成層圏の温度分布に大切な役割をしている。また，太陽放射線のうち紫外線を吸収し，地上の生物にとって有害な波長領域の紫外線を遮る役割もしている。（第 1.2 節，第 3.6 節）

　大気は，空気と水蒸気およびそのほかの微粒子が混ざりあったものである。大気の成分のうち，水蒸気（H$_2$O，分子量 18.02）は，表 1.1 に示した空気成分と同じように気体であるが，気体の中では特別に扱う。なぜなら，気体の水

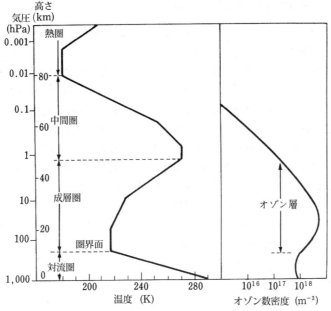

図 1.1　気温（左）とオゾン数密度（右）の高さ分布と大気層の区分

蒸気は，天気の要素の一つであり，液体や固体に変化して水や氷となり，雲・雨・雪のような天気の要素に変わるためである。また，大気中に含まれる水蒸気の割合が場所や時間で大きく変化することや，大気中に含まれる水蒸気の割合で大気の物理的な性質が異なることも，特別に扱う理由である。

　表1.1の空気は，水蒸気が含まれないため，乾燥空気と呼ぶ。これに対して，表1.1の成分に水蒸気を加えたものを空気と呼ぶこともある。この場合，正しくは，湿潤空気という。湿潤空気に含むことができる水蒸気量は，温度に依存して，乾燥空気の約4%程度までである。水蒸気は乾燥空気（平均分子量，28.97）より軽い気体であるが，主に海面や地面から蒸発によって発生し，上空では気温の低下で凝結して液体と固体に変わるので，その量は高さとともに急激に減少する。

　大気中には，液体や固体の多数の微粒子が浮かんでいる。この微粒子はエーロゾルと呼ぶ（第4.4節）。大気は，地球を取り巻く気体であるとしながら，微粒子とはいえ，エーロゾルを大気の成分として扱う。これは，水蒸気が凝結して雲や霧が生じる場合や，太陽放射が空気中で散乱する場合など，エーロゾルは大気現象に深くかかわっているためである（第3.5節，第4.4節）。

1.2　大気成分の地球史的変化

　太陽系の8つの惑星は，主に太陽からの距離，惑星の半径や構成物質（密度）などで地球型惑星（水星，金星，地球，火星）と木星型惑星（木星，土星，天王星，海王星）に分類されている。地球型惑星は，大きさや密度などがほぼ同じであり，同じ過程で太陽系の惑星になったと考えられている。約46億年前に，地球が太陽系の1惑星として生まれたとき，地球の大気成分は，同じ地球型惑星の金星や火星の大気とよく似ていたが，46億年の地球の歴史の中で，表1.1に示された空気成分の割合へと，次のようなしくみで大きく変化したと考えられている。なお，水星では，現在，大気は観測されていない。

　地球型惑星の初期の大気は，太陽の主成分である水素やヘリウムでおおわれていて，原始大気と呼ばれる。この原始大気は，太陽から吹き出す太陽風と呼ばれる微粒子の流れで吹き飛ばされ，その後，惑星の固体内部から火山噴火などで出てきたガス成分（二次大気，脱ガスという）が大気成分になった。二次大気のもとになる火山の噴出ガスは，水蒸気，二酸化炭素，窒素などの気体成分で占められ，酸素はほとんど含まれない。二次大気は，その後それぞれの惑星で，以下のように変化した。

　金星の場合，太陽に近いため惑星表面の温度が高く，水は液体や固体として

存在できなかった。さらに気体の水蒸気は太陽放射線により光解離して水素と酸素原子になり，軽い水素原子は宇宙空間に飛び出し，酸素原子は金星の岩石の酸化に使われ，金星には海が生じなかった。一方，火星の場合には，惑星表面の温度が低く，水は液体で存在できず，海が生じなかった。金星や火星の現在の大気主成分は二酸化炭素と窒素であり，これらの成分だけでそれぞれの大気のほぼ 100 % から 98 % が占められている。金星や火星は，誕生した後の二次大気成分のまま，現在まで変化しなかった。

　地球の場合，二次大気は金星・火星と同じく，最初は，水蒸気，二酸化炭素，窒素で占められていたが，誕生後に地球が冷えていく過程で，水蒸気が雨となり地球表面の低いところにたまって海が生じた。この海の存在によって，その後の地球大気の成分は変化した。すなわち，地球に生じた海に大気中の微量成分であった硫黄や塩素化合物が溶け込み，海は酸性に変わった。ところが，多量の降水により，陸上からカルシウム，ナトリウムなどの金属イオンが海に流れ込み，酸性の海が中和された。中性の海には，大気中の二酸化炭素が溶け込み，海水中のカルシウムと化学反応して炭酸カルシウムができ，石灰岩として固体地球の一部になった。このようにして，地球の二次大気に多量に含まれていた二酸化炭素は，大気から除かれた。

　その後，地球には海洋中に生命が誕生し，この生命が進化して光合成作用を行う生物になった。光合成作用は，太陽放射線の中の可視光線を吸収して，水と二酸化炭素から有機物をつくる化学反応である。この結果，さらに二酸化炭素が海洋や大気から除かれ，地球大気では，二酸化炭素は現在の 0.04 % 程度までに減少し，窒素が最大の存在比率（容積比 78 %）になった。

　光合成作用で生じた酸素は，海や大気に放出され，光合成作用をする生物が陸上へ進出するようになると，光合成作用がさらに活発となり，現在の大気中で第 2 の存在比率（21 %）まで増加した。酸素が増加する過程で，太陽放射線と酸素から上空にオゾン層ができたと考えられている（第 1.4 節）。オゾン層ができたことで，陸上生物にとって有害な波長帯の紫外線が地上に届かなくなり，陸上生物の繁栄をもたらした。

1.3　大気圏の温度分布

　気体の物理的な性質は温度，圧力，密度によって決まる。大気の場合，温度は気温といい，圧力は気圧という。気温 T は，ふつう摂氏（せし，℃）の単位で表すが，気体の物理的な性質を式で表す場合には，絶対温度（ケルビン，K）の単位を用いることが多い。これらの単位のあいだには

$$T(\mathrm{K}) = 273.15 + T(\mathrm{℃})$$

の関係がある。

　地上より高いところの気温は，気球やロケットで測られる。気温やそのほか大気の物理量が高さとともに変化する様子が表1.2に示してある。これは，標準大気について示したものである。標準大気とは，実際の大気の平均状態を表す基準の大気のことである。この表で気圧，密度，数密度の値は，高度によって大きく変化するので，表の一部に指数表現[注]が用いられている。このうち，高度100kmまでの気温とオゾン数密度変化を図1.1に，高度1000kmまでの数密度変化を図1.2に示す。

　大気圏の構造は気温によって特徴づけられ，気温が極大や極小になる高さを境に，いくつかの層に分けられる。下から対流圏，成層圏，中間圏，熱圏と呼び，次に述べる特徴がある。

(1)　対流圏……地表から高さ約10kmまでの範囲をいい，気温は1kmにつき約6.5℃の割合で，上空にいくほど低くなっている。この範囲では，大気を上下によくかき混ぜる対流現象（第4.11節）が活発に生じることから，対流圏という名前がついている。対流圏では水蒸気の含まれている割合が大きい。雲や雨あるいは前線や低気圧といった天気現象はこの範囲で起こる。次章からは，主に対流圏で起こる現象について述べる。対流圏の上端は対流圏界面という。単に圏界面ともいう。圏界面の高さは緯度で異なり，赤道に近いほど高く，同じ緯度でも季節によって変化する。

(2)　成層圏……対流圏の上にあって，高さが約50kmまでの範囲である。約20kmの高さまでは気温が一定で，これより上にいくほど気温が高くなり，約50kmのところで最大になる。このような温度分布では，大気は上下に混ざりにくく，安定した成層状態（第4.10節）なので，成層圏と呼ばれている。このため，対流圏の運動は，圏界面より上には行きにくい。しかしながら，実際には，成層圏には南北両半球にわたるブリューワー・ドブソン循環と呼ばれる大規模な大気の運動や，赤道付近上空の下部成層圏の東西風が約26か月周期で変化する準2年周期変動と呼ばれる現象や，北半球の冬の極域で下部成層圏の気温が数日間に30度前後も上昇する突然昇温と呼ばれ

注）　指数表現

　　0でないある数aの掛け算や割り算を整数回した場合に，aの右肩に回数nを掛け算の場合は正の値で，割り算の場合は負の値で表し，a^nを「aのn乗」という。このときaを底，nを指数と呼ぶ。この指数の表現を用いると，大きな数や小さな数を表したり，計算するときに便利である。1の次に0がn個続く数は10^nであり，0.と1の間に0がn個続く数は$10^{-(n+1)} = 1/10^{(n+1)}$である。この表記を使って，一般的に数値を1位で始まる数値と10^nの積で表すことができる。

表1.2　米国標準大気（1976）の気温・気圧・密度・数密度の高さ分布

高度（km）	気温（K）	気圧（hPa）	密度（kg/m³）	数密度（個/m³）
0	288	1013	1.225	2.55×10^{25}
1	282	899	1.112	2.31×10^{25}
2	275	795	1.007	2.09×10^{25}
3	269	701	0.909	1.89×10^{25}
4	262	617	0.819	1.70×10^{25}
5	256	541	0.736	1.53×10^{25}
6	249	472	0.660	1.37×10^{25}
7	243	411	0.590	1.23×10^{25}
8	236	357	0.526	1.09×10^{25}
9	230	308	0.467	9.71×10^{24}
10	223	265	0.414	8.60×10^{24}
15	217	121	0.195	4.05×10^{24}
20	217	55.3	0.0889	1.85×10^{24}
25	222	25.5	0.0401	8.33×10^{23}
30	227	12.0	0.0184	3.83×10^{23}
35	237	5.75	0.00846	1.76×10^{23}
40	250	2.87	0.00400	8.31×10^{22}
45	264	1.49	0.00200	4.09×10^{22}
50	271	0.798	0.00103	2.14×10^{22}
60	247	0.220	3.10×10^{-4}	6.44×10^{21}
70	220	0.0522	8.28×10^{-5}	1.72×10^{21}
80	199	0.0105	1.85×10^{-5}	3.84×10^{20}
90	187	0.00184	3.42×10^{-6}	7.12×10^{19}
100	195	3.20×10^{-4}	5.60×10^{-7}	1.19×10^{19}
120	360	2.54×10^{-5}	2.22×10^{-8}	5.11×10^{17}
150	634	4.54×10^{-6}	2.08×10^{-9}	5.19×10^{16}
200	855	8.47×10^{-7}	2.54×10^{-10}	7.18×10^{15}
300	976	8.77×10^{-8}	1.92×10^{-11}	6.51×10^{14}
400	996	1.45×10^{-8}	2.80×10^{-12}	1.06×10^{14}
600	1000	8.21×10^{-10}	1.14×10^{-13}	5.95×10^{12}
1000	1000	7.51×10^{-11}	3.56×10^{-15}	5.44×10^{11}

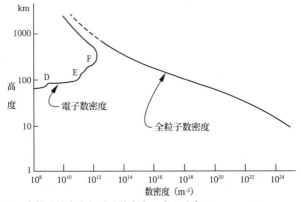

図1.2　全粒子数密度と電子数密度の高さ分布（ウォーレスとホップス，1977）

る現象が生じている。これらの現象の詳細は専門書にゆずる。

(3)　中間圏……成層圏との境界面（成層圏界面という。高度約50 km）から約80 kmの高さまでの範囲である。ここでは成層圏から遠ざかるにつれて気温が下がっている。ロケットによる観測が行われるようになって，中間圏の状態がよくわかるようになった。早くから観測された成層圏と熱圏の中間に存在するところから，中間圏と呼ばれる。気温は，中間圏の上端（中間圏界面）で最低になり，約190 Kである。

(4)　熱圏……中間圏より上の範囲をいい，はっきりした上限はない。この部分は上にいくほど高温になっていて，高さ約400 kmで約1000 Kである。気温が非常に高いことから，熱圏と呼ぶ。しかし，熱圏での熱量は，地表付近の熱量よりずっと小さい。これは，熱圏の大気は，密度が小さいので，熱容量も小さいからである。

　熱圏は，大気成分からは非均質圏とも呼ばれる範囲であり，分子が原子に分離し，さらに原子がイオンや電子に電離している。このため，電離圏ともいい，電気伝導度が大きい状態にある。図1.2に電子数密度の高さ分布が描かれているが，電離が特に集中している層がいくつかあり，下からD層，E層，F層と呼ばれている。これらの電離層には，地上から発射された電波を反射する性質がある。球面の地球上で電波が遠くまで伝わるのは，電気伝導度の大きい電離層と地面との間で反射を繰り返すためである。

1.4　オゾン層

成層圏は，オゾンの大部分が生じる層であり，オゾン層ともいう。図1.1の

右側に示されたオゾンの数密度分布は，約25kmの高さに極大値がある。ま
ず，酸素分子（O_2）が太陽放射線のうち波長が0.24マイクロメートル以下の
紫外線を吸収し，二つの酸素原子（O）に分裂する化学反応が生じる。これを
光解離という。この酸素原子と酸素分子が結合してオゾン（O_3）ができる。こ
の結合反応には触媒としての分子が必要で，大気中では窒素分子や酸素分子が
その役割をする。なお，波長の単位のマイクロメートルは，10^{-6}mのことで，
μmと略記し，ミクロンとも呼ぶ。

　このようにオゾンが生成される一方，オゾンは0.3μm以下の波長の紫外線
を吸収し，酸素分子と酸素原子に解離して，オゾンが消滅する反応も存在する。
この消滅反応にも触媒としての原子・分子（一酸化窒素NO，一酸化水素HO，
塩素Clなど）が必要である。オゾンが生成される反応と消滅する反応は，酸
素分子とオゾン分子の濃度と紫外線の強さに比例するので，反応は平衡状態と
なり，一定量のオゾンの存在する層ができる。

　これらの光解離反応で，オゾン層が吸収した太陽紫外線は，熱となり大気を
暖める。このため気温はオゾン層の上部で極大になっている。しかし，図1.1
で気温とオゾン量が極大になる高さは一致しない。これは，大気の密度が上に
いくほど小さくなるためである。密度が小さいほど，大気の熱容量は小さく，
少しの熱量でも気温が上がりやすい。この理由から，気温が極大になる高さは，
オゾン量が極大になる高さより上になる。

　図1.1と表1.2から，高度約25kmに存在するオゾンと大気分子の数密度
の比は10^{-8}程度であり，地球全体のオゾン量と大気との重量比からみても
10^{-6}程度である。この微量なオゾンが，地表付近の生物にとって有害な太陽紫
外線を吸収し，生物を紫外線の危険から守っている。

　図1.1のオゾン量分布は標準大気のものであって，緯度や季節によって分布
は大きく違っている。オゾンは太陽放射の紫外線によって生成されるので，一
見，太陽放射の多い低緯度で極大になると推測される（第3.4節）。しかし，
観測されるオゾン量は，北極や南極に近いところで多い。この様子は図1.3に
示したオゾン全量の緯度・経度分布に見られる。なお，オゾン全量とは，地表
から上の空気柱全体に含まれるオゾンの総量のことをいう。オゾン量の緯度分
布は，成層圏に赤道上空から極地方に向かうブリューワー・ドブソン循環と呼
ばれる大気の流れがあり，太陽放射の多い低緯度の成層圏でつくられたオゾン
が，この流れによって極地方に運ばれるためと説明されている。図は示さない
が，季節変化を見ると極大値は，極の夏の季節ではなく春の季節（北半球では
3月，南半球では10月）に現れている。

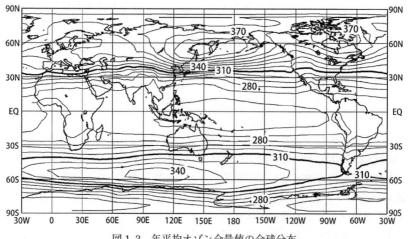

図 1. 3　年平均オゾン全量値の全球分布
（1979〜1992 年平均値，単位 atm-cm）（気象庁）

　ところが，1970 年代の後半から，南極付近の春に，南極を囲んでオゾン全量の小さい領域が円状に現れ，それが年々拡大していることが明らかになった。この現象は，南極を取り巻くオゾンの少ない領域が穴のように見えることから，

オゾンホールと呼ばれている。図 1. 3 はまだオゾンホールが小さな期間の分布を示しているが，すでに南極周辺のオゾン全量に，この現象が現れている。図 1. 4 には，南極の昭和基地で，2010 年 10 月に観測したオゾン量の鉛直分布を，オゾン分圧で示す（分圧については第 1. 5 節参照）。オゾンホールが発見される前の分布（図の破線）と比べて，近年の分布（実線）では，明らかにオゾンの極大層が見られなくなっている。

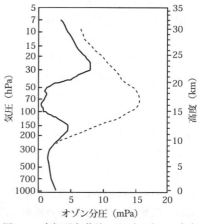

図 1. 4　南極昭和基地のオゾン分圧の高度
　　　分布 （気象庁）
実線：2010 年 10 月の月平均値
破線：オゾンホールが明瞭に現れる以前の 1968
　　　〜1980 年の 10 月平均値

　さまざまな研究の結果，オゾンホールの主な原因は，工業生産された化学物質のクロロフルオロカーボン類（日本では通称フロンと呼ばれる）が大気

中に放出されたためと考えられている。このためフロンの生産と放出を禁止する国際条約が結ばれ，増加傾向にあったフロン類の大気中濃度は近年ゆっくり減少に向かっている。しかしながら，南極地域のオゾン観測によれば，オゾンホール現象はまだ続いている。

1.5　気圧と密度

　大気の圧力（すなわち気圧）は，大気中に単位面積を考えたとき，この面に働く力である。ふつう，ある高さの気圧は，面の向きにかかわらず面に垂直に働く力のみを考えればよく，単位面積に働く力はどのような面をとっても同じである。この性質を気圧の等方性と呼ぶ。この性質から，ある高さの気圧は，水平な単位面積の上で，鉛直方向にのびる空気柱の重さに等しい。上空にいくほど，単位面積の上にある空気量が少なくなるので，気圧は高さとともに小さくなる。

　圧力を表す単位はパスカル（Pa）である。気象の分野では，ヘクトパスカル（hPa = 100 Pa）を用いる。かつてはミリバール（mb）の単位が使われていたので，過去の天気図や資料では，mb の単位が用いられている。ただし，1 mb と 1 hPa の気圧は等しいので，hPa と mb のどちらの単位を使っても数値は変わらない。

　気体の密度は，単位体積あたりの気体の質量である。気体は，圧力がかかると圧縮される性質がある。圧縮されれば，体積が減って密度が大きくなる。この関係は，気圧を p，絶対温度で表した気温を T，密度を ρ とすると

$$p = R\rho T$$

で表される。これを大気の状態方程式と呼ぶ。R は大気に特有な定数であり，気体定数と呼ばれる。

　状態方程式は，三つの量のうち二つを測定すれば，残りの量が求められることを示す。ふつう，密度は測定しにくいので，気圧と気温を測定して，状態方程式から密度が求められる。上の式は密度を用いて表されているが，密度 ρ は，比容 α（単位質量の気体の体積）とのあいだに，$\alpha = 1/\rho$ の関係があるので，状態方程式は

$$p\alpha = RT$$

とも表される。

　状態方程式は，理想気体について知られるボイル・シャルルの法則と同じである。乾燥空気の場合には，表 1.1 に示された混合気体であり，各成分気体は理想気体に近いので，それらの混合気体も理想気体と考えてよい。

　ある体積の混合気体において，このうちの一つの成分だけでこの体積を占める場合の圧力を分圧という。混合気体成分のそれぞれの分圧を加えると混合気体全体の圧力になる。これをダルトンの分圧の法則という。この法則を用いて乾燥空気の平均分子量は，空気に含まれる各気体の体積存在比（表1.1）から計算され，28.97である。空気の平均分子量が窒素の分子量（28.01）に近いのは，窒素が体積比で約78% を占めているためである。この平均分子量を持つ混合気体である空気の気体定数 R は，p を Pa，T を K，ρ を kgm^{-3} で表すと，$R = 287$ Jkg^{-1}K^{-1} の値になる。

　表1.2は，標準大気の気圧，密度などが，高さとともに変化する様子を示している。気圧は，対流圏の下部では，高度が1 km 増すごとに，ほぼ100 hPa減少している。また，密度は，成層圏の下部まで，高度が6 km 高くなるごとに約半分になっている。高度が高くなるにつれて，気圧や密度はどこまでも小さくなり，大気の上限がはっきりしないまま宇宙空間につながっている。このため，大気圏の範囲を明確に示すことはできないが，大気の厚さの目安について次のことがいえる。

　表1.2からわかるように，高さ5.5 km の気圧は，地上のほぼ半分の約500 hPa である。つまり，5.5 km の高さまでに，空気の質量の約半分が存在する（第2.1節）。また，30 km の高さでは約10 hPa であり，50 km の高さでは約1 hPa であるから，大気の全質量の約99% が30 km より下に，約99.9% が50 km より下にある。地球の半径が約6400 km であることを考えると，大気の大部分は，地球表面のきわめて薄い層に閉じ込められている。

第2章　気圧と風

2.1　静力学の式

　第1.5節で述べたように，気圧とは単位面積を押す力であり，ある高さの気圧は，その高さより上にある空気の重さである。このことを式で表すために，図2.1のように，底が面積 $S(\mathrm{m}^2)$ の鉛直の空気の柱（これを気柱という）を考え，この気柱の中に高さ z_1 と z_2 ではさまれた厚さ $\Delta z(=z_2-z_1)$ の直方体の空気塊を考える。高さが z_1 のところの気圧を p_1，高さが z_2 のところの気圧を p_2 とすれば，空気塊の下面に働く力は気圧と面積の積で上向きに p_1S であり，上面に働く力は下向きに p_2S である。p_1 と p_2 の気圧差 $\Delta p(=p_1-p_2>0)$ により，直方体には ΔpS の力が上向きに働く。一方，空気密度を ρ とすると，空気塊の質量は $\rho\Delta zS$ であり，重力の加速度を g とすると，空気塊には下向きに $g\rho\Delta zS$ の力が働く。空気塊では二つの力が釣りあうので，$\Delta pS=g\rho\Delta zS$ となり，

$$\Delta p = g\rho\Delta z$$

が成り立つ。ρ は上にいくほど小さくなるので，z_1 と z_2 の間の平均値を考える。g の値は $9.81\,\mathrm{ms}^{-2}$ である。この関係式は，大気が非常に激しい上下方向の運動をしている場合を除いて，ほとんどの場合にあてはまる。この状態を大気は静力学平衡にあるといい，関係式は静力学の式という。

　ここで，上空へいくほど気圧は小さくなり，高さは大きくなることを考えて，高さも気圧も上空に向かって測るとすれば，p_2 と p_1 の気圧差 $\Delta p(=p_2-p_1)$ は負の値になる。このことを考慮すると，上の式は

$$\Delta p = -g\rho\Delta z$$

と表され，数式の表現としては，ふつう，この式を用いる。

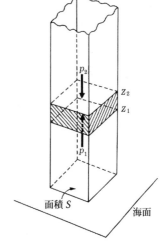

図2.1　静力学平衡の状態

2.2　層　　厚

　前節で示した高さ z も気圧 p も上空に向かって測る場合の静力学の式は，状態方程式を用いて，空気の密度を気圧と気温で書き直すと，

　　$\Delta z = -(RT_\mathrm{m}/g)\,\Delta p/p_\mathrm{m}$

と表される。ここで，p_m と T_m は，それぞれ，図2.1の z_1 と z_2 の間にある空気塊の平均気圧と平均気温である。Δz と Δp が小さいときには，数学の自然対数関数と積分（コラム1参照）を用いて

　　$\Delta z = z_2 - z_1 = (RT_\mathrm{m}/g)\ln(p_1/p_2)$

と表される。この式を層厚の式という。式の左辺は，二つの等圧面 p_1 と p_2 の間隔を示し，層厚（そうこう）あるいはシックネスという。式から，層厚は，層の平均気温に比例する。すなわち，p_1 と p_2 の間の気温が高くなれば，空気が膨張して層厚は大きくなり，気温が低くなれば，層厚は小さくなる。

　図2.1で，$z_1 = 0$ の場合には，空気塊の下面は海面である。層厚の式で $z_1 = 0$ の場合を測高公式という。海面気圧 p_1 と高度 z_2 の気圧 p_2，および，海面から気圧 p_2 までの平均気温 T_m がわかれば，測高公式から，気圧 p_2 のところの高さ $z_2(=\Delta z)$ が求められる。飛行機の高度計は，測高公式を用いて，気圧計の目盛りを高さの目盛りに置きかえたものである。この場合，測高公式の T_m には，標準大気の気温分布が用いられる。

［コラム1］　自然対数関数と微分・積分

　第1.3節の脚注で記した指数表現で，指数の部分が値の変わる変数 x（これを独立変数と呼ぶ）になっている場合には，a^x と表し，「a の x 乗」という。この関係式から得られる値も，数が変わる変数（従属変数と呼ぶ）である。この変数を y とすると，$y = a^x$ の式で表され，y は x の関数であるという。この場合の関数は，a を底とする x の指数関数という。一方，ゼロでない正の数 a が1ではない［$a \neq 1$ と表す］ときに，正の値を持つ独立変数 x と従属変数 y のあいだで $x = a^y$ となるような関数 y を，$y = \log_a(x)$ と表す。このとき，y は a を底とする x の対数関数という。物理現象では，自然数 $e = 2.71828\cdots$ という定数（これをネイピアの数という）を底とする指数関数 $y = e^x$ や e を底とした対数関数 $y = \log_e(x)$ が重

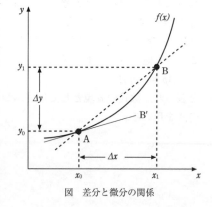

図　差分と微分の関係

要であり，物理法則にしばしば現れる。なお，e^x は数学上の標記として $\exp(x)$ とも表す。自然数 e の対数関数は，自然対数関数と呼び，$\ln(x)$ と簡略して表すことが多い。

　x を独立変数，y を従属変数として，x の関数である y を一般的に $f(x)$ で表し，$x=x_0$ のとき $y=y_0=f(x_0)$，$x=x_1$ のとき $y=y_1=f(x_1)$ であるとする（それぞれ，図の A 点と B 点を表す）。$x_1-x_0=\Delta x$，$y_1-y_0=\Delta y$ と表すと，$\Delta y/\Delta x$ は $x=x_0$ から $x=x_1$ までの関数 $f(x)$ の変化率（図の AB で表した点線の傾き）である。x_0 を固定して，Δx を次第に 0 に近づけていくと，x_1 点は x_0 点に近づき，$\Delta y/\Delta x$ の値は x_0 点での変化率（図の A 点で直線で表した接線 AB′ の傾き）になる。このことを $dy/dx=\lim_{\Delta x\to 0}(\Delta y/\Delta x)$ と記し，dy/dx を関数 $f(x)$ の $x=x_0$ における微分係数という。関数 $f(x)$ の微分係数がどの x においても決まるとき，微分係数自体も関数であり，$dy/dx=y'=f'(x)$ と書いて，$f'(x)$ は $f(x)$ の導関数という。導関数を求めることを，$f(x)$ を x について微分するという。上に述べた自然対数関数 $y=f(x)=\ln(x)$ の導関数は，$y'=f'(x)=1/x$ である。

　関数 $y=f(x)$ の導関数 $y'=f'(x)$ から，もとの関数 $y=f(x)$ を求めることを積分という。すなわち，積分は微分の逆演算である。x の関数 $F(x)$ を x について微分して $f(x)$ になるとき，$F'(x)=f(x)$ であり，関数 $F(x)$ を $f(x)$ の原始関数という。任意の定数 C は微分すると 0 になるので，原始関数は一般的に $F(x)+C$ と表すことができる。原始関数 $F(x)+C$ を求めることを，関数 $f(x)$ の x についての積分といい，$\int f(x)dx=F(x)+C$ と表す。ここで，$\int$ は積分記号であり，インテグラルと呼ぶ。この場合，C の値は不定なので，不定積分という。$f(x)=1/x$ の原始関数は，上で示した自然対数関数 $\ln(x)$ の導関数が $1/x$ であることから，$\int(1/x)dx=\ln(x)+C$ である。原始関数 $F(x)+C$ について，$x=a$ と $x=b$ における値の差は，C の値に関係しないで，$F(b)-F(a)$ となる。これを $x=a$ から b までの定積分と呼び，$F(b)-F(a)=[F(x)]_a^b=\int_a^b f(x)dx$ と表す。自然対数関数の導関数である $f(x)=1/x$ の場合，$x_1=a$ から $x_2=b$ までの定積分は，$\int_a^b(1/x)dx=[\ln(x)]_a^b=\ln(b)-\ln(a)=\ln(b/a)$ である。

2.3　気圧の海面更正

　天気予報のために，各地で，毎日一定時刻に，いっせいに気圧などの天気の要素を観測する。観測する場所は，海上の船舶から山岳地方の気象台まで，さまざまな高さにある。観測した場所の気圧そのままの値は，現地気圧という。気圧は高さとともに小さくなるので，さまざまな地点の気圧を比べるときに，それぞれの現地気圧で比べたのでは，観測点の高さを比べたのと同じことになって意味がない。海面より高度が高いところにある気象台の現地気圧は，気圧を比べる前に，補正を加えて海面上の値にひき直す必要がある。

　海面からの高さが z_2 の場所で，現地気圧が p_2 であるとき，この場所の海面上の気圧 p_1 は測高公式から知ることができる。z_2 が山の高さの場合には，z_2 の高度と海面の間は岩石で埋められているので，岩石のかわりに空気を仮定して，

海面上の気圧 p_1 を推定する。海面と高さ z_2 の間の平均気温 T_m は，普通，地面より上の気温が高さとともに変化する割合を地面の中にも適用して，高さ z_2 の気温を海面まで外挿して求められる。外挿とは補外ともいい，ある範囲内にいくつかの値がわかっているとき，これらの値の変化傾向からその範囲外での値を推定することである。このようにして，現地気圧を海面の値にひき直すことを，気圧の海面更正あるいは海面補正という。地上天気図に書き込む気圧は，海面更正を行ったものである。

2.4　地上天気図

　決められた時刻の，各地の海面上の気圧分布を表したものが地上天気図である。天気図には，気圧だけでなく，気温，風，天気なども同時に記入されていて，これらから等圧線や前線などの天気現象を解析する。気圧の分布を見やすくするために，気圧の等しい点をつらねた線が等圧線で，一定の気圧間隔で描く。図13.4 は地上天気図の例を示す。地上天気図に用いる記号については第13.3，13.5 節で述べる。

　等圧線の分布には特徴のある形がいくつかあり，図2.2 に模式的な分布を示す。図のLで示すように，閉じた等圧線で囲まれ，中心の気圧がまわりに比べて低くなっているところは低気圧という。図のHのように，中心気圧がまわりに比べて高くなっているところは高気圧という。図のTのように，両側より気圧が低くなっているところは，気圧の谷あるいはトラフといい，図のRのように，両側より気圧の高くなっているところは，気圧の尾根あるいはリッジという。

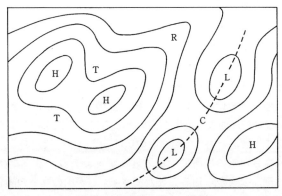

図2.2　等圧線の分布の特徴

　図の C では，南北に気圧が低く，東西に気圧が高くなっている。このような気圧分布は，馬の鞍と似ているところから，鞍部という。また，図の破線で示した場所は，図全体から判断すると，両側より気圧が低くなっている。このため破線の部分も気圧の谷と呼ぶ。図 2.2 では，規模の大きい気圧の谷の中に，規模の小さい低気圧が見られる。

2.5　上層天気図

　上層の大気の状態は，一般の方法としては気球を用いて，気圧，風，温度，湿度を観測する。上層天気図（または高層天気図ともいう）は，気圧が一定な面の上に，世界各地で測定した上層の気象要素の値を記入したものである。気圧が一定な面は等圧面という。上層天気図に示される曲線は，等圧面の高さであり，地図と同じく等高度線である。毎日の気象業務では，表 2.1 に示すような等圧面で天気図を描く。図 13.8 は 500 hPa 等圧面の上層天気図の例を示す。

表 2.1　上層天気図に用いる等圧面とおおよその高度

等圧面（hPa）	850	700	500	300	200	100
高度（約 km）	1.5	3	5.5	9.5	12	15

　ある高さ（たとえば 5 km）の水平面上で気圧の低いところは，この高さに近い等圧面（たとえば 500 hPa 面）では高度が低い（図 2.5 参照）。また，水平面上で等圧線が混んでいるところは，等圧面上では等高度線の間隔がせまい。すなわち，等高度面上の等圧線の形と，これに対応する等圧面上の等高度線の形を比べると，両方は同じ形の分布を示す。このため上層天気図でも，高度を気圧に対応させて，高気圧・低気圧の表現を用いる。

　上層天気図に等圧面を用いる理由は，上層の気象観測では，定められた気圧のところで温度や風などを測るので，天気図へ記入するのに便利なためである。このほか，二つの等圧面の高度差（すなわち層厚）が平均気温を表すことや，地衡風（第 2.10 節）の計算で空気の密度を考える必要がない，という利点もある。

2.6　風向と風速

　大気の運動を知るには，大気中のいろいろな場所の空気の流れ方がわかればよい。空気の流れのうち，水平方向の流れを風という。これに対して，上下方向の流れは上昇流や下降流という。

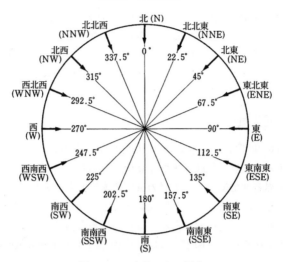

図 2.3　16 方位による風向

　風は風速と風向によって表す。空気の動く速さが風速であり，ふつう，毎秒
メートル（ms^{-1}）かノット（kt）の単位を用いる。1 kt は空気が 1 時間に 1 海
里（nm，1 nm＝1.852 km）の距離を動く速さであり，0.514 ms^{-1}に等しい。な
お，1 海里は地表面上の緯度 1 分（1/60 度）に相当する距離である。

　風向は，風が吹いてくる方向である。たとえば，南東の風とは，南東から北
西に向かって吹く風である。風向は，ふつう図 2.3 のように，360°を 16 等分
した 16 方位の表現を用いる。さらに詳しく表す場合には，北から時計回りに
360°までの 10°ごとの角度を用いる。第 3 部の天気予報図では，360°を 8 等分
した 8 方位の表現を用いることも多い。

2.7　気圧傾度力

　空気塊は，気圧によってまわりの空気からたえず押されている。気圧が場所
によって異なるときに，空気塊がどのような力を受けるか，天気図の中で考え
る。

　図 2.4 a は 2 本の等圧線（p_2 および p_3）で囲まれた小さな四角形 ABCD を示
す。小さな四角形で AD と BC は等圧線に直角で，AB と CD は等圧線に平行
と近似できる。これを拡大したものが図 2.4 b で，四角形 ABCD を底面とした，
高さが Δh の直方体の空気塊を考える。空気塊に働く水平方向の力は，空気塊

の側面の気圧による力である。
図にはそれぞれの側面が受ける
力が示してある。BCC′B′の面
とADD′A′の面では気圧が等
しいので，これらの面に働く力
は，大きさが等しく，向きが反
対となる。一方，ABB′A′面の
気圧（p_3）はDCC′D′面の気圧
（p_2）より大きいので，これら
の面に働く力は向きが反対で，
ABB′A′面の力がDCC′D′面の
力より大きい。この結果，空気
塊に働く力の合力は，図2.4b
に示す白い矢印のようになる。
このように，水平方向の気圧差
によって生じる力を，気圧傾度
力という。気圧傾度力は，等圧
線に直角で，気圧の高い方から
低い方へ向かう力である。

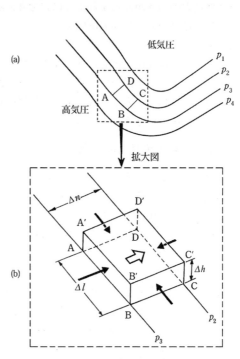

　図のABの長さをΔl，ADの
長さをΔn，この間の気圧差を
$\Delta p(=p_3-p_2)$とすれば，白い
矢印の力は面積$\Delta l \Delta h$に気圧差

図2.4　気圧傾度力
(a) 等圧線に囲まれた微小な四角形 ABCD
(b) 四角形 ABCD を底面とする直方体に働く気圧力（黒
　　矢印）と気圧傾度力（白矢印）

Δpをかけた大きさであり$\Delta p \Delta l \Delta h$である。空気塊の質量は，空気密度$\rho$と体
積の積から，$\rho \Delta n \Delta l \Delta h$である。単位質量あたりの力を求めると，$\Delta p \Delta l \Delta h$と
$\rho \Delta n \Delta l \Delta h$の比となり，

　　　気圧傾度力$=(1/\rho)\Delta p/\Delta n$

とかける。なお，気圧傾度力は，単位質量に働く力と定義され，名前は力であ
るが，加速度の単位になっている。

　等圧線が一定の気圧差ごとに引いてあるとき（Δpが一定），等圧線の間隔が
せまい（Δnが小さい）ほど，気圧傾度力は大きい。すなわち，等圧線に直角
な方向に気圧の変化が大きいところほど，気圧傾度力は大きい。

　図2.4では気圧が大きくなる方向と白い矢印で示した気圧傾度力の方向は反
対になっている。第2.1節の静力学の式と同じように，気圧が増加する方向と

気圧傾度力の向きが一致するように式を考えると，

気圧傾度力 $= -(1/\rho)\Delta p/\Delta n$

と表すことになる。

　なお，気圧は高度とともに低くなるので，図2.4の空気塊には，鉛直方向にも気圧差による力が働いている。この力は下から上に向いているが，第2.1節で述べたように，静力学の式により空気塊の重力と釣りあっているので，ふつう天気図の中では考えなくてもよい。

2.8　気圧傾度力の原因

　前節で，空気塊に働く力として気圧傾度力を考えてきたが，ここでは水平方向の気圧傾度がどうしてできるかを考える。はじめに，図2.5に示したA，Bの2地点で，気圧が地上でも上空でも等しいとする。このとき，等圧面は，図の破線で示したように，どの高さでも地表面と平行であり，どこにも気圧傾度はない。このため空気塊には地上でも上空でも水平方向に力は働かない。

　次に，Aの気柱が冷やされ，Bの気柱が暖められたとする。Aでは空気が収縮して密度が大きくなり，Bでは空気が膨張して密度が小さくなる。このため，上空に向かって気圧の下がり方は，Aの方よりBの方が小さくなる。図の実線は，この状態の等圧面を示す。このとき，A′B′のように，同じ高度の気圧を比べると，A′の気圧はB′の気圧より低い。また，A″B″のように，上空の等圧面の高度を比べたとき，A″の高度はB″の高度より低い。すなわち，Aの上空とBの上空の間には，水平方向に気圧差ができている。第2.2節で説明した層厚の表現を用いれば，Aの上空では層厚が小さく，Bの上空では層厚が大きい。この層厚の差によってAとBの上空には気圧差が生じる。

　このように，水平方向の温度差から気圧傾度が生じる。水平方向の温度差は，第3.4節で述べるように，地表面の受ける太陽放射量が場所や時間によって異なるために生じる。温度差は，このほかに暖かい風や冷たい風が吹いてくることで生じることもある。一方，気圧傾度から次に述べる地衡風などの風が生じる。すなわち，温度と気圧と風は，互いに密接に関連している。

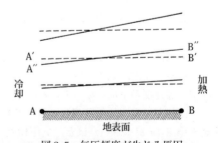

図2.5　気圧傾度が生じる原因

実線：Aの気柱を冷却し，Bの気柱を加熱したときの等圧面の分布

破線：冷却・加熱する前の等圧面の分布

2.9　コリオリ力

　空気塊に力が働くと，ニュートンの運動方程式に従って風が生じる。ニュートン力学の法則では，ふつう単純化して扱うため，物体の大きさは考えずに，質量を持つ点（質点という）として考え，実際にはある物体の重心の運動を考える。物体の質量を m，速度を v，加速度を α，物体に働く力を $\boldsymbol{F}$ と表す。v，α，$\boldsymbol{F}$ はベクトル量[注]である。加速度 α は v の時間変化率である。微少時間を Δt，この時間に速度が変化するベクトルの大きさを Δv とすれば，$\alpha = \Delta v/\Delta t$ であり，運動方程式は

　　　$m\Delta v/\Delta t = m\alpha = \boldsymbol{F}$

と表される。

　空気の運動を考えるときは，空気塊を質点とみなして運動の法則を用いることができるので，質点の運動方程式と本質的に違わない。ただし，流体である空気塊は，隣りあう空気塊との間で及ぼしあう力を考えなければならない。この力は，第2.1節や第2.7節で述べた気圧差に関係する気圧傾度力である。

　空気塊に働く力が気圧傾度力だけであれば，風は等圧線に直角に吹くはずである。しかし，図13.4や図13.8に示した実際の天気図では，風はほぼ等圧線に沿って吹いている。風の吹く向きは，北半球では，低気圧の部分が左になるような方向である。これは，運動する空気塊には，気圧傾度力だけでなく，次に述べる転向力も働くためである。この力は発見者にちなんでコリオリ力ともいう。

　コリオリ力とは，地球が自転しているために生じる見かけの力である。すなわち，私たちが地球とともに自転しながら地球上の大気の運動を見るとき，空気に働いているように見える力である。

　風速 V で動いている単位質量の空気に働くコリオリ力の大きさは，

　　　コリオリ力 $= 2V\Omega\sin\phi$

と表せる。ここで，Ω は，地球が自転軸のまわりを回転する角速度であり，$\Omega = 360°/1$ 日 $= 2\pi/1$ 日 $= 7.292 \times 10^{-5}\mathrm{s}^{-1}$ と表される。物理法則では，普通，角

注）　ベクトル量
　　物理量には，気圧や温度のように，その大きさだけで性質が表されるものと，力や風のように大きさと向きの両方を示して性質が表されるものがある。前者はスカラー量と呼び，後者はベクトル量と呼ぶ。ベクトル量は，矢印で表し，矢印の長さでベクトルの大きさを，矢印の方向でベクトルの向きを表す。この矢印の先端を終点といい，その反対側を始点という。数式ではベクトル量は，$\vec{A}$，$\boldsymbol{A}$，$\mathbb{A}$ のように表し，大きさだけを示すときは $|\vec{A}|$，$|\boldsymbol{A}|$，$|\mathbb{A}|$ あるいは単に A と書く。

度は弧度法[注]によるラジアンで表すので，360°＝2π(rad) の関係を用いた。また，この場合の1日は1恒星日で，23時間56分4秒である。コリオリ力の大きさに現れる $\Omega\sin\phi$ は，緯度 ϕ の地表面で感じる地球の回転角速度の大きさであり，普通 $f=2\Omega\sin\phi$ と表し，f をコリオリ・パラメータと呼ぶ。ここで，$\sin(x)$ は角度 x を独立変数とした三角関数である。

　コリオリ力は，同じ緯度ならば風速に比例する。風速が同じならば，極に近いところほど大きく，低緯度になるほど小さく，赤道では0となる。コリオリ力は方向を変える働きをするだけで，速さを変える効果はない。これが転向力という名前の由来である。また，コリオリ力は風のみならず，地球上で運動するすべての物体に働くが，私たちが眼で見る日常の運動は，規模が小さく，時間も短いので，この効果はほとんど現れない。なお，コリオリ力は風速に比例する力であり，空気塊や物体が地球上で静止しているときには働かない。この力は，日常生活において体で感じることができるものではないが，どのようにして働くかについては，おおよそ［コラム2］のように説明できる。

［コラム2］　コリオリ力の大きさ

　回転する円盤の上でボールを投げる場合を考える。図1(a)は，円盤の中心でボールを投げる人（O），ボール（A），円盤上の端でボールを見ている人（B），円盤の外でボールを見ている人（C）の位置関係を示している。

　OからBとCに向かってボールを投げた瞬間（時刻 t_0）の位置関係は，O，A_0(＝O)，B_0，C_0 である。このときBとCは，Oから見て同じ方向にいるものとする。ボールが投げられた瞬間には，Bにいる人もCにいる人も，自分の方にボールが進んでくると思う。t_0 から少し時間がたった，時刻 t_1 の位置関係が A_1，B_1，C_1(＝C_0) である。図には時刻 t_2, t_3 の位置関係も同じように示してある。ボールは，投げられたあとは力が働かないので，等速運動でCの方向に進む。Cにいる人には，t_1, t_2, t_3 の時刻にも，ボールが自分の方に進んでくるように見える。ところが，Bは円盤とともに回転して B_1，B_2，B_3 の位置に移動している。このため，Bにいる人には，ボールが自分の左の方にそれて進んでいくように見える。

　図1(b)は，B（B_0，B_1，B_2，B_3）にいる人を基準にして，図1(a)の位置関係を描き直したものである。このときのボールの動きは，地球上で見る空気の動きと同じであ

注）　弧度法

　　角度を表す単位には，緯度経度を表すときにも用いられている度があり，度数法（あるいは60分法）と呼ばれている。これは，円を考えたときに全円周の1/360を切り取る2本の半径で挟まれた角度を1度（°）とする単位である。これに対して，数学では弧度（ラジアン）を用いることが多い。円周上でその半径に等しい円弧を切り取る2本の半径に挟まれた角度（度数法で約57.3度）を単位とするもので，弧度法と呼ばれている。πを円周率（＝3.141593…）とすると，半径 r の円周は $2\pi r$ であるから，全円周の角度を弧度法で表せば，円周を半径 r で除した 2π（単位は rad と表す）となる。すなわち，度数法の360°が弧度法の 2π(rad) に等しい。

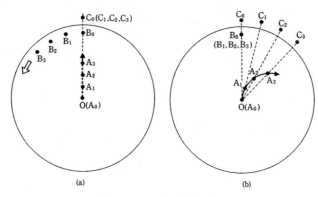

図1　コリオリ力が働くしくみ
円盤の中心でボールを投げる人（O），ボール（A），円盤上でボールを見ている
人（B），円盤の外でボールを見ている人（C）の時刻 t_0, t_1, t_2, t_3 の位置関係
(a) 回転する円盤上での位置関係
(b) 円盤上でボールを見ている人を基準にした位置関係

る。すなわち，地球表面とともに自転しながら空気の運動を見ると，あたかも地球表面は動かないで，空気の方が進行方向に対して，北半球では右にそれて運動するように見える。空気の進む向きが変わるのは，空気の進む方向の直角右側に，見かけの力が働くためである。この見かけの力がコリオリ力である。南半球では，地球表面の回転する向きが北半球とは逆になるので，コリオリ力は空気の進む方向の直角左側に働く。

図1(a)でOから投げられたボールの速度をVとすると，非常に短い時間$\varDelta t$秒後にはボールは投げられた方向に$V\varDelta t$の距離だけ進む。このあいだに地球表面は角速度$\varOmega$によって回転角$\varOmega\varDelta t$だけ回転する。図1(a)のOを中心として半径rの円上で角度θ（rad）が変化する場合，円弧の長さはラジアンによる角度の定義から$r\theta$である。このため回転する地表面から見ると，図2に示したように，Oから距離$V\varDelta t$だけ進んだボールは回転のため右側へ，半径×角度（rad）$=V\varDelta t\times\varOmega\varDelta t=V\varOmega(\varDelta t)^2$の距離だけずれる。このずれが生じるのは，ボールの進行方向に直角に力が働くためである。この力が働くことでαという加速度が生じた場合，加速度αを用いて$\varDelta t$秒間に進む距離を表すと$(1/2)\alpha(\varDelta t)^2$である。なぜなら，最初の速度を0としたとき，$\varDelta t$秒後に速度は$\alpha\varDelta t$であるから，この$\varDelta t$の時間内の平均の速度は$(1/2)\alpha\varDelta t$である。このため$\varDelta t$秒後に進んだ距離は，$(1/2)\alpha\varDelta t\times\varDelta t=(1/2)\alpha(\varDelta t)^2$となる。上に示した2つの距離は等しいので，ボールに働く加速度は$\alpha=2V\varOmega$となる。この加速度は単位質量に働く力であるから，コリオリ力を表すことになる。

一方，地球の自転を数量として表すには，図3に示すような，自転の方向と大きさを表すベクトル量$\varOmega$が用いられる。図は地球の自転軸を含む地球の断面の一部を示し，ベクトル$\varOmega$が矢印で表してある。自転ベクトルの方向は，右ねじが回転する方

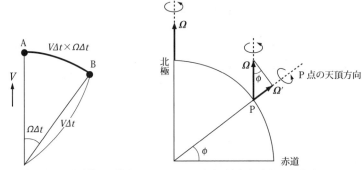

図2　コリオリ力の大きさを計算する模式図

図3　地球の自転角速度 Ω と緯度 ϕ の地面 P 点での回転角速度 Ω' の関係

向を正とする。大きさは地軸の回転角速度である。この自転している地球上の緯度 ϕ の地点 P では，鉛直真上の方向と地軸の方向は一致していない。緯度 ϕ の P 点にある物体は，地球の自転ベクトル Ω のうち，図に示した鉛直真上（天頂）方向の成分 Ω' だけを地球の自転として感じる。すなわち，$\Omega\sin\phi$ が P 点で有効な自転ベクトル成分であり，ベクトルの大きさは $\Omega\sin\phi$ である。

　上の二つの考察から，緯度 ϕ におけるコリオリ力の大きさは $2V\Omega\sin\phi$ と表される。

2.10　地　衡　風

　図2.6に示すように，等圧線が平行に分布しているとき，空気塊はどのように運動するか，おおよそ次のように説明できる。最初，A に静止していた空気塊は，気圧傾度力により等圧線に直角に，気圧の高い方から低い方へ動き始める。空気塊が動き出すと，風速に比例したコリオリ力が働き，北半球の空気塊は右に曲げられて進む。やがて B に達して，気圧傾度力とコリオリ力は大きさが等しく向きが反対になり，空気塊は等圧線に平行に進むようになる。このように，気圧傾度力とコリオリ力が釣りあった状態で吹く風を地衡風という。地衡風は，等圧線に平行に，北半球では低気圧側を左に，南半球では右に見て吹く風である。気圧傾度力の式とコリオリ力の式から，地衡風の大きさだけに注目すると

　　　地衡風速 $= (1/2\,\rho\Omega\sin\phi)\,(\Delta p/\Delta n) = (1/\rho f)\,(\Delta p/\Delta n)$

と表される。n は気圧が増加する方向の水平距離を表す。なお，実際の大気中では，図2.6のように空気塊が運動した結果として地衡風の状態が生じるわけでなく，気圧分布と風分布が上の式で表される平衡状態で吹く風のことを地衡

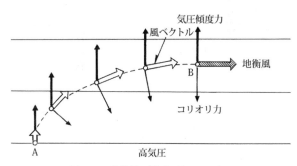

図 2.6 地衡風（北半球）のしくみ

風と呼ぶことに注意が必要である。同じ緯度なら気圧傾度が大きいほど，気圧傾度が同じなら緯度が低いほど，地衡風は大きい。具体的な地衡風として，気圧傾度が 2 hPa/100 km の場合，緯度 30 度では 24.9 ms^{-1}，緯度 60 度では 14.4 ms^{-1} である。赤道ではコリオリ力が働かないため低緯度では地衡風は成り立たない。

　上層の天気図は等圧面天気図を用いるので，地衡風速の式に現れる地上の気圧傾度力の代わりに，静力学の式を用いて高度傾度力の式に変換して[注)]

　　　等圧面の地衡風速 $= (g/2\,\Omega\sin\phi)(\varDelta z/\varDelta n) = (g/f)(\varDelta z/\varDelta n)$

と表される。ここで，g は重力の加速度であり，$\varDelta z$ は n 方向の高度差を表す。気圧差で表した地衡風速の式に比べて，密度がなくなっているので，どの等圧面天気図でも同じ式を用いることができる。

2.11　傾度風と旋衡風

　観測の結果によると，高度約 1 km より上で吹く風は，地衡風に近いことが知られている。ところが，等圧線の曲率が大きい場合，空気塊には気圧傾度力とコリオリ力のほかに遠心力も働き，地衡風とはちがった風になる。この場合に吹く風を傾度風という。図 2.7 a に示すように，等圧線が低気圧性の分布をしている場合には，気圧傾度力が，遠心力とコリオリ力の和と釣りあうように

注)　図 2.5 で説明したように，水平方向に気圧が増える（減る）ときは，等圧面高度は高く（低く）なる。気圧傾度力の式で，気圧が増加する n 方向に $\varDelta n$ だけ水平に進んだ場合，気圧が $\varDelta p$ だけ増え，等圧面高度は $\varDelta z$ だけ高くなったとする。このとき $\varDelta p$ も $\varDelta z$ も正の値で考えた静力学の式から，n 方向では $\varDelta p = \rho g \varDelta z$ の関係が成り立つ。この式を用いて，n 方向の気圧傾度力は，$-(1/\rho)\varDelta p/\varDelta n = -(1/\rho)(\rho g \varDelta z)/\varDelta n = -g\varDelta z/\varDelta n$，と高度傾度力に変換できる。

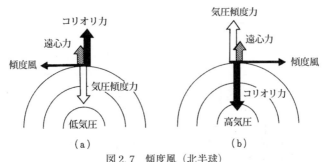

図2.7　傾度風（北半球）
(a) 低気圧性の気圧分布の場合　(b) 高気圧性の気圧分布の場合

傾度風が吹く。この低気圧性の傾度風は，気圧傾度から求まる地衡風と比べて風速が弱くなる。反対に，図2.7bのように，等圧線が高気圧性の分布をしている場合には，気圧傾度力と遠心力の和が，コリオリ力と釣りあうように傾度風が吹く。この場合の傾度風は地衡風に比べて強くなる。第2部で述べる低気圧や高気圧，台風などの実際の風速は，傾度風でよく近似されることが多い。

　台風の中心付近（第10.4節）や竜巻・トルネード（第12.8節）のように，現象の規模は小さいが，強い低気圧の渦の場合には，コリオリ力は遠心力や気圧傾度力に比べて非常に小さい。この場合，遠心力と気圧傾度力の釣りあいで風速が説明できる。このような風を旋衡風と呼ぶ。図2.7aと同じように気圧傾度力は中心に向かい，遠心力は外向きに働く。遠心力は反時計回りでも時計回りでも外向きに働くので，どちらの回転の渦でも旋衡風が吹く。実際，竜巻などの渦巻きは，多くの場合反時計回りであるが，時計回りの渦も見られる。

2.12　温　度　風

　二つの高度（上層および下層）の地衡風のベクトル差を温度風という。温度風には風という名前がついているが，実際に空気が動く風とはちがうものである。温度風と呼ばれるのは，定義となっている地衡風の差が，二つの高度間の層厚の平均気温の水平分布によって決まるためである。簡単な場合として，図2.5で示したように，大気の水平方向に温度差がある場合を考える。このとき高温の空気塊（暖気）と低温の空気塊（寒気）との間には気圧傾度力（等圧面では高度傾度力）が生じて，第2.10節で説明したように摩擦力のない自由大気中では気圧傾度力に釣りあう地衡風が吹く（図2.8a）。暖気と寒気を比べると，層厚は暖気ほど大きいので，気圧傾度力は上層ほど大きくなる。この結果，地衡風は上層ほど強く吹き，上層（p_2等圧面）と下層（p_1等圧面）の地衡風の

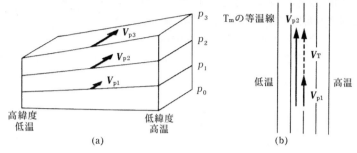

図2.8 温度風を表す模式図

(a) 大気の南北の寒暖のちがいによるp_1, p_2, p_3の等圧面上の地衡風

(b) p_1とp_2の等圧面で風向が同じ場合の温度風V_T

ベクトル差は各層の地衡風と同じ向きで，大きさは風速差になる（図2.8 b）。すなわち，温度風V_Tは二つの等圧面の地衡風と同じ向きになる。このとき，気温分布は温度風の向きの左側が低温で，右側が高温になっている。

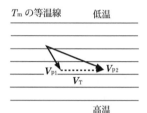

図2.9 二つの等圧面上で地衡風の風向が異なる場合の温度風

風向変化が逆転の場合

一般的には，上層の地衡風と下層の地衡風は同じ向きではなく，地衡風の差は上層と下層の風のベクトル差である。この場合の温度風V_Tが図2.9に示してある。温度風V_Tの導出方法は複雑なので，ここでは省略するが，等圧面天気図の場合，温度風の大きさは

$$V_T = (R/f)(\varDelta T_m / \varDelta n) \ln(p_1/p_2)$$

と表される。ここで，Rは気体定数，fはコリオリ・パラメータである。T_mは上下二つの等圧面p_1と$p_2(p_1 > p_2)$間の平均気温を絶対温度で表した値であり，nはT_mが増加する方向の距離を表す。すなわち，$\varDelta T_m/\varDelta n$は，上層と下層のあいだの平均気温が増加する$n$方向の，水平温度変化率である。北半球の温度風は，$n$方向と直角で，寒気を左側にした風になる。等温線の間隔が狭い（水平方向の温度傾度が大きい）ほど，温度風は強くなる。

なお，天気図上での温度風の利用については，次節で述べる。

2.13 水平温度移流

ある空気塊の持つ温度などの物理量の時間変化を考える場合，空気塊の移動

に伴う変化を調べる方法と特定の地点で空気塊
を含む気流の変化を調べる方法がある。前者は
ラグランジェ的方法と呼び，個々の空気塊の物
理量の変化（数学的表現では全微分）で表し，
後者はオイラー的方法と呼び，物理量の分布の
場所ごとの時間変化（数学的表現では偏微分）

図2.10 x軸方向に空気塊が運動する場合の模式図

で表す。3次元空間の直交座標系で，図2.10のように水平座標軸のうちx方
向にだけ気流がある簡単な場合を考える。この方向の風速をuとすると，微
少な時間Δtの間に，空気塊の位置xが変化する量Δxは，$u\Delta t$である。物理量
が温度Tの場合，放射や凝結など空気塊の温度を変化させる物理現象がなく，
空気塊の温度が変化しないとすれば，空気塊の温度の変化量$\Delta T_{(空気塊)} = T(x + \Delta x,\ t+\Delta t) - T(x,\ t) = 0$と表せる。

一方，地点xでの局所的な温度変化量$\Delta T_{(地点x)}$は，上記の式を変形した次の
式から求めることができる[注]。

$$\Delta T_{(空気塊)} = u(\Delta T/\Delta x)_{(地点x)}\Delta t + \Delta T_{(地点x)}$$

すなわち，この式の左辺は空気塊の温度が変化しない場合にはゼロであるから

$$\Delta T_{(地点x)} = -u(\Delta T/\Delta x)_{(地点x)}\Delta t$$

となる。図2.11で示すように，x軸の正の方向に風速uの一様な風が吹き，T
のx軸方向の空間変化率$\Delta T/\Delta x$が一定である場合を考える。このとき，時刻
tのTの値はx方向に破線のよ
うに変化している。tからΔt
だけ時間が変化したとき，風が
吹いているためTの分布はΔx
$= u\Delta t$だけ移動するので，図の
実線の分布になる。このとき，
地点xのTの値はΔTだけ変
化するが，この量はTのx方
向の変化率$\Delta T/\Delta x$と風速によ
るTの分布の移動距離$u\Delta t$に

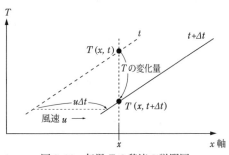

図2.11 気温Tの移流の説明図
横軸はx座標，縦軸は物理量（気温T）の変化

注) ラグランジェ的表現とオイラー的表現の式の変換
　　加えるとゼロとなる二つの項$-T(x,\ t+\Delta t)+T(x,\ t+\Delta t)$を入れて式を整理すると，$\Delta T_{(空気塊)}$ $= T(x+\Delta x,\ t+\Delta t)-T(x,\ t) = T(x+\Delta x,\ t+\Delta t)-T(x,\ t+\Delta t)+T(x,\ t+\Delta t)-T(x,\ t) = \{[T(x + \Delta x,\ t+\Delta t)-T(x,\ t+\Delta t)]/\Delta x\}\cdot|(\Delta x/\Delta t)\ \Delta t|_{(地点x,\ 時刻t+\Delta t)}+[T(x,\ t+\Delta t)-T(x,\ t)]_{(地点x,\ 時刻t)} = |[\Delta T/\Delta x]\cdot u\Delta t|_{(地点x)}+\Delta T_{(地点x)}$となる。ただし，必要に応じて，$\Delta t \to 0$と$u = \lim_{\Delta t \to 0}\Delta x/\Delta t$の関係
を用いた。

よって決まる。地点 x での T の時間変化率を考えれば，上の式を微少な時間変化量 Δt で除して，

$$\Delta T/\Delta t = -u(\Delta T/\Delta x)$$

と表すことができる。この式で両辺の（地点 x）の添え字は省いた。右辺の項は温度移流項という。温度以外の物理量である水蒸気や大気中の物質（汚染物質，黄砂など）の場合にも成り立つ式である。座標 x, y, z 方向の速度成分を，それぞれ，

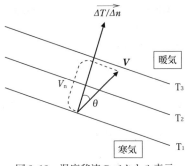

図2.12　温度移流のベクトル表示

u, v, w と表すとき，物理量 A に対して $-u(\Delta A/\Delta x) - v(\Delta A/\Delta y) - w(\Delta A/\Delta z)$ のように，ある座標軸の速度成分とその座標軸の物理量の空間変化率との積の和で表される項を，一般に移流項と呼ぶ。最初の2項は水平の気流（すなわち風）に関係する項であり，水平移流項と呼ぶ。気象の解析や予測には，普通，オイラー的方法を用いることが多く，移流という考え方は重要である。

　上に示した温度に関する水平移流項の式は，風ベクトルと水平温度変化率ベクトル（温度勾配ベクトルとも呼ぶ）の内積である[注]。二つのベクトルが同一方向でない場合は（図2.12），内積の性質から水平移流項は次のように表される。水平温度傾度ベクトルの方向を n として，高温に向かう方向を正とする。このとき，風ベクトル V と水平温度傾度ベクトル $\overrightarrow{\Delta T/\Delta n}$ のあいだをなす角を θ とすれば，風ベクトル V の n 方向の成分 V_n は $V_n = V\cos\theta$ であり，水平温度移流量は

$$\Delta T/\Delta t = -V_n(\Delta T/\Delta n) = -V\cos\theta(\Delta T/\Delta n)$$

と表される。V_n と（$\Delta T/\Delta n$）が同じ向きの場合には上の式は負の値となり，この場合を寒気移流という。逆の方向の場合には正の量となり，暖気移流である。すなわち，図2.12 からもわかるように，気温の低い（高い）方から風が吹けば，風下地点の気温が下がる（上がる）ことになる。

注）　ベクトルの内積
　　二つのベクトル A と B について，

　　　$A \cdot B = AB\cos\alpha\,(0 < \alpha < \pi)$

　で定義されるスカラー量を，ベクトル A と B の内積，あるいはスカラー積という。ここで α は，ベクトル A と B のそれぞれの始点を一致させたときに，これらのベクトルで挟まれる角である。内積は二つの見方ができる。一つは，ベクトル A の大きさ A と，ベクトル B をベクトル A の方向に影を写したときの大きさ $B\cos\alpha$（これはベクトル B を A 方向に射影した成分という）との積である。もう一つは，ベクトル B の大きさ B と，ベクトル A をベクトル B の方向に射影した成分 $A\cos\alpha$ との積である。このことから，$A \cdot B = B \cdot A$ が成り立つ。

　温度風を表す図2.9の場合のように，高度とともに風向が反時計回りに変化している場合は，上下二つの等圧面間で平均した風は寒気側から暖気側に吹くので寒気移流である。逆に，図は示さないが，高度とともに風向が時計回りに変化している場合は，暖気移流である。温度風は，この図のように平均気温T_mの等温線と平行であるため，上層と下層の地衡風の風向がわかると，暖気と寒気がどちらにあるのか，暖気移流なのか寒気移流なのかを知ることができる。

2.14　地表付近の風

　地表付近の空気は，気圧傾度力とコリオリ力のほかに，地表面から摩擦力を受ける。摩擦力は，第2.17節で述べる地表面付近の空気の乱れによって生じる。

　摩擦力はおおよそ風向と反対方向に働く。このため地衡風とは反対に向いた力であり，地衡風の風速を弱めるだけでなく風向も変える。北半球において流れが定常な場合，図2.13に示すように，地表付近の空気塊には，気圧傾度力（P），コリオリ力（C），摩擦力（F）が釣りあった状態で働き，風は等圧線を角度αで横切って，気圧の高い方から低い方へ吹く。このとき，角度αと風速Vは$P\sin\alpha = F$と$P\cos\alpha = C = fV$という関係を満たすように決まる。なお，これらの式からPを消去すると

$$F = C\tan\alpha = fV\tan\alpha$$

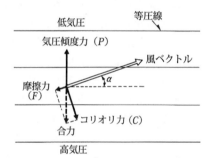

図2.13　地表付近の風（北半球）
P：気圧傾度力，C：コリオリ力，F：摩擦力

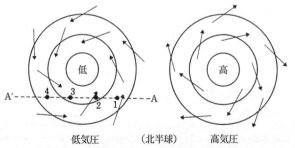

図2.14　地表付近の低気圧と高気圧の風系
低気圧の風系で，AA′上の1から4までの位置のおおよその風向は，
順に，南南西，南西，西，西北西

となる。

　したがって，図 2.14 のように，低気
圧では中心に向かって風が吹き込み，高
気圧では中心から風が吹き出す。等圧線
を横切る角度 α は，地上の摩擦の程度に
関係していて，中緯度ではふつう 25〜
35°であり，海上で小さく，陸上で大き
い。なお，大気の流れが，空間的にも時
間的にも，組織的な流れになっているも
のを風系という。図 2.14 に示したもの
は，低気圧・高気圧に伴う風系である。

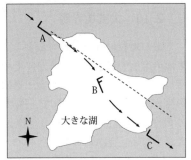

図 2.15　湖を横切る地表風の風向・
風速の変化

　地表面の摩擦が風系に影響する例として，次のような観測がある。地衡風を
もたらす気圧傾度力が湖やそのまわりでほぼ一様な場合，図 2.15 のように平
地を吹く風の風向は，大きな湖に入ると摩擦が小さくなって風向が変わり，再
び陸地で吹くときに風向がもとに戻る。

2.15　ボイス・バロットの法則

　地上風の経験則として，古くから航海者のあいだで用いられていたものに，
ボイス・バロットの法則がある。これは，「風が吹いてくる方向を背にして
立ったとき，左手前方に低気圧の中心がある。」というものである。この法則
は 1857 年にオランダの気象学者ボイス・バロットが提唱したもので，前節で
述べた，気圧分布と地上付近の風の関係を表している。

　この法則を用いると，風向の変化から，低気圧が自分のどちら側を進んでい
るのか判断できる。北半球において，低気圧の中心が自分のいるところの北側
を西から東に通る場合を考える。これは，自分の位置が低気圧の南側を図
2.14 の A から A′ に移動するのと同じである。図の AA′ 上の 1 から 4 までの位
置では，おおよその風向は南南西，南西，西，西北西の順に変化する。このよ
うに，風を観測していて，風向が時計回りに変化する場合を風の順転という。
すなわち，西から進行してくる低気圧の中心が自分の北側を通るときには，風
は順転になる。反対に，低気圧の中心が自分の南側を通るときは，風向は反時
計回りに変化する。この場合は風の逆転という。第 10 章で述べる台風では，
ふつう日本列島には，中心が南から北上してくる。この場合，自分の西側を
通って北上するときには風は順転し，東側を通って北上するときは逆転する。

2.16　大気境界層

空気が地表付近を運動するとき，地表面の摩擦の影響を受けるが，その影響は高さとともに小さくなる。摩擦の影響が小さくなるにつれて，図2.13の角度αの値は小さくなり，風速が大きくなる。地表の摩擦は，ふつう1

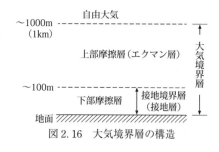

図2.16　大気境界層の構造

km くらいの高さまで影響しているので，この高さまでの大気層を大気境界層または摩擦層という（図2.16）。摩擦層より上では，地表面の摩擦はほとんど影響しないので，自由大気という。

　第2.14節で述べたように，地表付近で吹く風は地表面との摩擦の影響のために等圧線をある角度で横切るようにして気圧の低い方へ吹き，この角度は摩擦が大きいほど大きくなる。地表面との摩擦は地表に近いほど大きいので，地表付近では等圧線との角度が大きく，上空ほど角度が小さくなり，自由大気に入ると角度が0°となって等圧線と平行に地衡風が吹く。理論的な計算によれば，風ベクトルの先端は高度が高くなるにつれて「螺旋」を描くようにして地衡風に近づいていく（図2.17）。これを理論的な考察を行ったエクマンにちなんでエクマン螺旋といい，このように風向と風速が変化する境界層領域をエクマン層ともいう（図2.16）。なお，風ベクトルの先端を順次つないだ図はホドグラフという。

　大気境界層の中で地表面に接する薄い最下層は接地境界層あるいは単に接地層と呼ばれ，その厚さは大気境界層の1/10より小さい。そこでは気圧傾度力

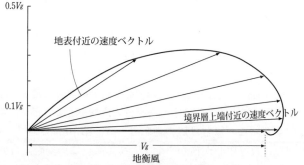

図2.17　大気のエクマン螺旋（風向風速のホドグラフ表示）
図は北半球の場合で，南半球では風は高度とともに左に転向する。

やコリオリ力は摩擦力に比べて無視できて，風速の鉛直分布は近似的に，

$$V(z) = C\ln(z/z_0)$$

の式で表される自然対数分布になる。ここで，C は起伏の激しい地表面上の流れに関係した定数であり，起伏が大きいほど大きな値となる。z_0 は，高度 z の関数として表した風速 $V(z)$ が 0 になる高さで，地表面の粗度（ラフネス）パラメーターと呼ばれる。このパラメーターの値は，地表面が水面，土壌，草地，森林などの状態で決まり，水や氷の場合に小さく（$10^{-4} \sim 10^{-6}$m 程度），草地や森林の場合に大きい（$0.1 \sim 10$ m 程度）。

2.17 大気の乱流

　大気境界層内には大小さまざまな渦があり大気の流れは乱れている。この乱れた渦を乱渦といい，乱れた流れを乱流という。煙突からの煙の変化の仕方を観察したり，風や温度の観測データを調べると，大気境界層はほとんどの場合に乱流であることがわかる（図 2.18）。乱流は，地形の起伏・建造物・海面の波など，凸凹した地表面を空気が流れるときに生じる。また，特に日中には地表面が日射で暖められ，地表面付近の大気の状態が不安定になって乱流を生じることもある（第 4.11 節）。大気境界層内の空気は，この乱流によって鉛直方向によくかき混ざっている。

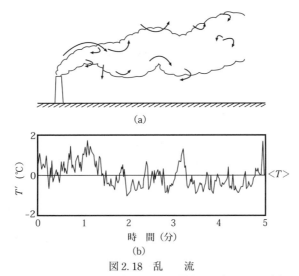

(a)

(b)

図 2.18 乱 流

(a) 煙突の煙の動き　(b) 温度計の自記記録の例（縦軸の目盛のゼロは $\langle T \rangle$ にあたる）

　この鉛直のかき混ぜによって，境界層内の物理量は鉛直輸送（乱流フラックスともいう）が生じている。輸送とは，ある点または面を通って物質や物理量を運ぶしくみのことである。鉛直輸送で運ばれる量は，物理量 A と鉛直流 w（上昇流や下降流であり，鉛直速度という）を用いて，これらの積 Aw で表される。大気境界層内では物理量 A も鉛直流 w も乱流になっている。物理量 A の場合，乱流量は平均値 $\langle A \rangle$ からのズレの量として $A' = A - \langle A \rangle$ で表すことにする。なお，$\langle\ \rangle$ の記号はある時間帯の物理量の平均量を求める数学的な演算を表す。鉛直流 w の場合も同様に乱流量は $w' = w - \langle w \rangle$ で表されるので，物理量 A の鉛直輸送量の時間平均値は

$$\langle Aw \rangle = \langle (\langle A \rangle + A') \times (\langle w \rangle + w') \rangle = \langle A \rangle \langle w \rangle + \langle A' w' \rangle$$

となり，平均的な鉛直流がなくても（すなわち，$\langle w \rangle = 0$ の場合であっても），乱流のみによって鉛直輸送 $\langle A' w' \rangle$ が生じることになる。なお，この式の導出で，$\langle w' \rangle = 0$ であるから，$\langle w' \langle A \rangle \rangle = \langle w' \rangle \langle A \rangle = 0$ の関係式を用いた。このことから大気境界層内で鉛直輸送に乱流の果たす役割が大きいことがわかる。

　前節で述べた大気境界層内で，地表の摩擦の効果として風向風速が鉛直方向に変化するのは，乱流によって水平運動量が鉛直方向に輸送されるためである。運動量は空気塊の質量と風ベクトルの積であり（コラム5参照），一般に，水平運動量は乱流によって下方に輸送される（上向き輸送量としては負の値である）。これによって，接地境界層やエクマン層の風速分布が説明できる。また，地表面付近の顕熱や地表面で水が蒸発したときの水蒸気の潜熱が，接地層を通して上層へ輸送されるのも乱流の効果である。なお，水平方向の乱流による輸送効果は，移流効果（第2.13節）に比べて相対的に小さいので，通常は乱流による輸送は考えない。

2.18　風の回転と渦度

　図2.14で示したように，北半球の低気圧では，風が反時計回りに回転しながら中心に吹き込む。風の回転を表す方法として，渦度と呼ぶ物理量を用いると便利である。気象学では多くの場合，高気圧や低気圧のように水平面内の回転を扱う。これを渦度の鉛直成分，鉛直渦度，あるいは単に渦度といい，ζ の記号で表す。図2.19のように東西・南北方向に風が変化しているとき，風の東向き（x 方向）成分 u の変化量を $\Delta u = u_2 - u_1$，北向き（y 方向）成分 v の変化量を $\Delta v = v_2 - v_1$，また，$\Delta x = x_2 - x_1$，$\Delta y = y_2 - y_1$ と表せば，渦度 ζ は，水平方向の風の変化率のことで，次の式で定義される。すなわち，

$$\zeta = \Delta v / \Delta x - \Delta u / \Delta y$$

である。渦度の単位は s^{-1} であり，渦度は回転が速いほど大きく，北半球の低気圧では正の値となり，高気圧では負の値となる。南半球では符号が逆になる。

　図2.20のように，流れが水平方向の波として見られる場合，これは平行な流れと渦との重ねあわせとして見ることができる。この場合には，平行な流れに重なった渦によって，波が低気圧性の曲率を示すところでは，正の渦度であり，高気圧性の曲率を示すところでは，負の渦度となる。

　渦度は低気圧や高気圧のように風の回転を表すだけでなく，風がある方向に増加したり，減少したり，水平方向に風速のちがいがある場合にも特有の値を示す。このような変化を風のシアあるいは風速勾配があるという。図2.21に示したように，y 方向の成分の風 v だけが変化する場合，図2.19にあてはめて考えれば，x_2 の風速 v_2 は x_1 の風速 v_1 よりも強いので，x 方向に風速シアがある。このように風の向きが同じで風速が異なる場合には，風が回転しているようには見えないが，ζ の式で計算される渦度は，正の値になる。

　これは次のように考えるとわかりやすい。図2.19に太い破線で示したように中心の黒丸のところに固定された仮想的な十字の板を考えると，十字板の中心の左側（x_1）よりも右側（x_2）にあたる風の方が強い（$v_1 < v_2$）ので，十字板は反時計回りに回転する。すなわち，渦度とは風が回転しているかではなく，風の中においた十字板がどのように回転するかを表す量であり，風速勾配が大きいほど十字板の回転が速くなり，渦度は大きくなる。このように考えれば，図2.21のように，南風が東向きに増加して極大になり，その後減少する場合には，ζ の式から計算した渦度の値は，西から東へ，正の値からゼロになり負の値に変化する。このことは，風の中に十字板を置いた場合の回転のしかたからもわかる。

　一般に，風の水平分布が複雑な場合で

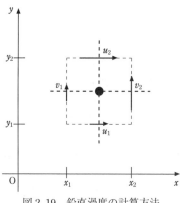

図2.19　鉛直渦度の計算方法

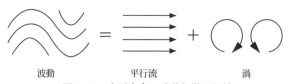

波動　　　　　　　平行流　　　　　　　渦
図2.20　水平方向の波動と渦の関係

も，温度の分布を計算することで，局所的な風
の回転や水平シアを見出すことができる。

2.19　絶対渦度と保存則

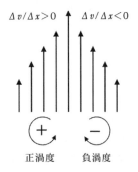

図2.21　x 方向に風速 v が変化する場合の渦度変化

地球は北極から見ると反時計回りに自転して
いるので，地面に対して回転していなくても，
人が北極に立つだけで鉛直軸のまわりを地球の
自転と同じ角速度 Ω で回転している。すなわ
ち，北極に立つだけで 2Ω の鉛直渦度を持っ
ている。一方，赤道に立つ場合にも自転軸のま
わりを回転しているが，このときの回転は，回
転軸が赤道の水平方向を向いているので，赤道に立つ場合には鉛直渦度はない。
このように，地球上では地表面に対して回転していなくても，地球の自転ベク
トル Ω の影響を受けて，緯度 ϕ では天頂方向の成分として $f=2\,\Omega\sin\phi$ の大き
さの鉛直渦度がある。この渦度のことを惑星（プラネタリー）渦度という。こ
の f はコリオリ・パラメータと同じである。一方，ζ の式で示した渦度は地表
面に相対的な渦度であり，これを相対渦度という。惑星渦度と相対渦度の和を
絶対渦度といい，

絶対渦度 $=f+\zeta$

である。

式の導出は省略するが，絶対渦度は，次節で述べる発散や収束がなければ，
保存される物理量である。この性質を絶対渦度保存則という。このことから，
発散・収束がない状態で，渦が高緯度の方へ移動すると，惑星渦度 f が増加す
るため相対渦度 ζ は減少する。逆に，低緯度の方へ移動すると，相対渦度は増
加する。すなわち，低気圧などの渦度を持った風系が，南北に移動して緯度が
変わることで，相対渦度が変化する。

2.20　上昇・下降流と収束・発散

図2.14で示したように，地上の低気圧には，まわりの気圧の高いところか
ら風が吹き込み，空気が集まる。このように，ある場所に空気が集まる現象を，
収 束という。これと反対に，高気圧のように，ある場所から周囲に向かって
風が吹き出すときには，発散があるという。また，図2.22に示すように，等
圧線が風下に向かって接近したり，離れたりしているときにも，収束・発散が
生じることがある。これは，摩擦がほとんどない自由大気の風を地衡風で考え

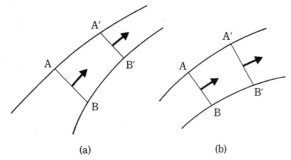

図 2.22　等圧線の分布が平行でないために生じる収束・発散
AB と A′B′ は等圧線を横切る上流と下流の切り口。切り口の風速に差がなければ
(a)は収束，(b)は発散となる。

る場合，等圧線から風は吹き出ないので，等圧線でつくる領域 ABB′A′ では，
切り口 AB から流れ込む空気量と切り口 A′B′ から流れ出る空気量が異なる。
空気量が溜まるときには収束が生じ，空気量が減るときには発散が生じる。
　一方，地表で流れが収束しているところでは，空気の行き場がなくなるので
上昇流を生じる。反対に，地表で発散があるところは，空気を補うために下降
流が生じる。収束・発散は，地表付近だけでなく，上空でも生じる。圏界面付
近に風の収束があるとき，ふつう対流圏から成層圏の中には空気が流れ込みに
くいので，そこでは上昇流ではなく下降流ができる。反対に，圏界面付近で発
散があればその下では上昇流ができる。これらのことが図 2.23 に模式的に示
してある。
　低気圧や高気圧のような風系の中では，収束・発散によって生じる上下方向
の速度は 1 cms^{-1} 程度のものである。これに比べて，低気圧に吹き込んだり，
高気圧から吹き出す風速は，10 ms^{-1} 程度である。このため，低気圧や高気圧
における大気の流れは，ほとんど水平流と考えてよい。しかし，第 4.6 節で述
べるように，上昇流は，速度が小さくても，雲が生じるときに大切な役目をす
る天気の要素である。
　大気の上下方向の流れは，収束・発散が原因で生じるだけでなく，前線や山
の斜面に沿った気流や，大気の不安定に伴う対流現象によっても生じる。これ
らの場合には，上下方向の流れはしばしば非常に強いものとなり，数 ms^{-1} を
超えることもある。このような鉛直流については第 2 部で述べる。
　前節で風の回転を相対渦度ζという物理量で定量的に表す方法を述べたが，
同様に発散を定量的に表すには，風の分布から次のように計算できる。図

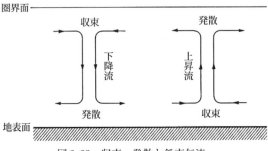

図2.23　収束・発散と鉛直気流

2.24のように東西・南北方向に風が変化しているとき，風の東向き（x方向）成分uの変化量を$\Delta u = u_2 - u_1$，北向き（y方向）成分vの変化量を$\Delta v = v_2 - v_1$，また，$\Delta x = x_2 - x_1$，$\Delta y = y_2 - y_1$とすると，発散量Dは

$$D = \Delta u / \Delta x + \Delta v / \Delta y$$

の式で定義される。この式で計算されたDの値が正のときに，風の分布は発散の性質を示し，値が負のときには，風の分布は収束の性質を示す。すなわち，収束は負の発散といえる。

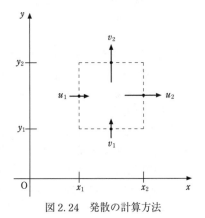

図2.24　発散の計算方法

第3章　放射と熱

3.1　放　射

　大気中においてエネルギーが輸送または伝達されるしくみには，主に3種類あり，顕熱輸送，潜熱輸送，放射伝達である。第一の顕熱輸送は，空気塊に含まれる熱エネルギーが風による移流によって運ばれるしくみである。第二の潜熱輸送は，水が蒸発するときに潜熱（蒸発熱）を空気塊の中に水蒸気として持ち込み，水蒸気を含む空気塊が移流した先で，水蒸気が凝結して潜熱を大気中に放出して，移流先の空気塊を暖める（潜熱については第4.1節参照）。すなわち，水蒸気の相変化と水蒸気の移流により潜熱を運ぶしくみである。これらの輸送のしくみでは，風により直接，物質を媒介してエネルギーを伝達する。

　第三の放射伝達は，電磁波によってエネルギーが運ばれるしくみであり，直接に物質の媒介は必要でなく，真空中でもエネルギーが運ばれる。放射という表現は，物体が電磁波によってエネルギーを放出すること，電磁波によってエネルギーが空間を伝わること，電磁波で運ばれるエネルギーの意味にも使われる。

　電磁波は，電場と磁場が交互に振動して，エネルギーを伝播する波である。電磁波の山から山までの距離を波長（λ），単位時間にある点を通過する山の数を振動数（ν）と呼び，波長と振動数の間には $\lambda\nu = c$ の関係がある。c は真空中の電磁波の速度で波長や振動数にかかわらず一定で，$c = 2.998 \times 10^8 \mathrm{ms^{-1}}$（$\fallingdotseq 30$ 万 $\mathrm{kms^{-1}}$）である。ただし，空気中ではごくわずかに遅くなる。

　電磁波は，波長のちがいによって，いろいろな名前がつけられている。電波はもとより，可視光線，赤外線，紫外線もその仲間である。私たちが体で感じることができるのは，可視光線と赤外線の一部である。そのうち，人間の眼は波長 $0.38 \sim 0.77\,\mu\mathrm{m}$ の間の電磁波に対して鋭敏なので，この波長領域の電磁波を可視光という。可視光は，プリズムなどで色分けできる。波長の短い方から紫，藍，青，緑，黄，橙，赤の7色の名前がつけられている。可視光の紫の波長より短い領域の電磁波は，（紫の光より外側の波長領域にあるという意味で）紫外線と呼ぶ。逆に，赤色の光より長い波長領域の電磁波を赤外線と呼ぶ。中間圏から下の大気放射では紫外線から赤外線までの電磁波が対象となる。なお，電波は大気の物理量の観測に使われているが，この章では対象としない。

　地球が太陽から受ける莫大な熱エネルギーは，大気の中で起こるさまざまな天気現象の源である。この熱エネルギーは，太陽から放射として地球に運ばれてくる。大気現象にかかわる放射伝達のしくみは，大別して地球外から入ってくる放射（太陽放射）と地球から宇宙空間に出ていく放射（地球放射）に分けられる。この章では放射にかかわる物理法則，大気中で放射がかかわる現象（散乱，吸収，反射），太陽放射と地球放射の釣りあい（放射平衡，放射収支，温室効果）などについて述べる。

3.2　放射の物理法則

　物体が電磁波によってエネルギーを放出することを，放射という。放射については，次のようなことが物理学でわかっている。すなわち，すべての物体は，その物体の絶対温度が 0 度でない限り，電磁波を放射し，吸収している。ある物体が放射する能力と吸収する能力との関係をキルヒホッフの法則という。この法則によれば，ある物体で波長 λ の放射率と吸収率は等しい。すなわち，ある波長の電磁波を最もよく吸収する物体は，最もよく放射する物体である。

　同じ温度の物体の中でも，その温度で可能な最大のエネルギーを放射する物体を黒体という。キルヒホッフの法則でいえば，放射率と吸収率が等しく，その値が 1 の物体のことである。太陽や地球（ここでは地表面や大気や雲をまとめて地球と呼ぶ）は，ほぼ黒体とみなせる。黒体では，放射する電磁波の波長とエネルギーの強さの関係は，その物体の絶対温度だけで決まっている。この法則をプランクの法則と呼び，温度を決めると，単位波長あたりの放射エネルギー量が，波長に依存して決まる。物体の温度が高いほど，波長が短くてエネルギーの強い電磁波を放射する性質がある。この法則は，一つの温度を与えて波長とエネルギーの関係として図示できる。図 3.1 は温度 6000 K と 300 K の黒体について示したものである。図は，横軸の波長も縦軸の単位波長あたりのエネルギーの大きさも，対数表現で示されている。

　地球が太陽から受ける放射を，太陽放射または日射という。後で示すように太陽は約 6000 K の黒体で近似できるので，図 3.1 の左側のグラフは太陽放射の近似的なエネルギー分布を表している。6000 K の黒体の放射エネルギーは波長約 0.5 μm のところで最大である。

　一方，地球も黒体として，たえず電磁波を放射していて，これは地球放射という。地球の温度は，地表面や大気の部分によって異なり，およそ 200〜320 K の範囲にある。図 3.1 の右側のグラフは，300 K の黒体が放射するエネルギー分布であり，近似的な地球の放射を表している。図のエネルギー分布は大

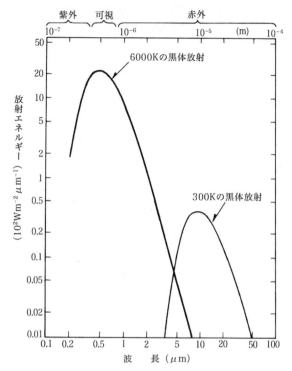

図3.1　プランクの法則による放射エネルギーの波長分布（スペクトル）
太実線：6000 K の黒体放射　細実線：300 K の黒体放射（セラーズ，1965 を一部修正）

部分が赤外線領域にあり，約 10 μm の波長で最大値を示す。図 3.1 で近似的な太陽放射と地球放射のエネルギー分布を比べると，約 5 μm を境にして，波長領域が分かれている。このため太陽放射は短波放射，地球放射は長波放射とも呼ぶ。また，地球放射は，大部分が赤外線の波長領域にあるため，赤外放射とも呼ぶ。

　黒体の温度 T^* と放射エネルギーが最大になる波長 λ^*_{max} のあいだには，プランクの法則から

　　　$\lambda^*_{max} = 2897/T^*$

の関係が導かれる。ただし，＊印は黒体の物理量を表す。この式の λ^*_{max} は μm 単位で表す。この関係式をウィーンの変位則と呼ぶ。この法則から，図 3.1 の 6000 K と 300 K の黒体では，λ^*_{max} の値はそれぞれ 0.48 μm，9.7 μm である。

　図3.1は，プランクの法則で表される6000 Kと300 Kの黒体が放射する電磁波の波長とエネルギーの関係を表すグラフを示しているが，それぞれの温度のグラフで，すべての波長についてエネルギーを加えあわせると，単位面積あたり1秒間に放出される全エネルギーI^*が求まる。これは黒体の温度T^*とのあいだに

$$I^* = \sigma(T^*)^4$$

の関係がある。この関係式をステファン・ボルツマンの法則と呼び，σはステファン・ボルツマンの定数（$= 5.67 \times 10^{-8} \mathrm{Wm^{-2}K^{-4}}$）である。この法則は以下の各節でしばしば用いられる。

3.3　太陽放射

　大気における放射を考える場合に第一に重要なのが，宇宙空間から地球に入射する太陽放射である。太陽放射のエネルギーは，太陽内部の核融合反応で発生したエネルギーが宇宙空間へ放射されたものである。図3.2に太陽と地球公転軌道の関係の模式図が示されている。太陽放射は平均的に太陽の光球部分から放出されていると考えられている。光球の表面温度をT_Sとすると，黒体として放射している太陽の全波域域にわたるエネルギー量は，ステファン・ボルツマンの法則から単位面積あたり$I^*_S = \sigma T_S^4 (\mathrm{Wm^{-2}})$である。太陽表面からあらゆる方向に射出される放射エネルギーの総量は，太陽光球の半径をr_Sとしたとき，上のI^*_Sに太陽の表面積$4\pi r_S^2$をかけたもので，$4\pi r_S^2 I^*_S$である。

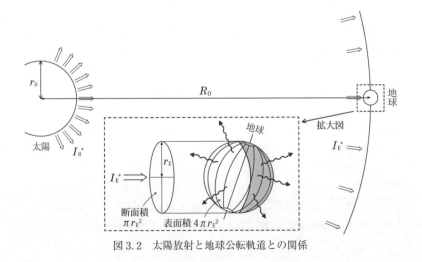

図3.2　太陽放射と地球公転軌道との関係

　太陽表面からあらゆる方向に放出された放射は，光速度 c で宇宙空間に広がっていくが，太陽から地球までの平均距離 R_0（これを天文単位と呼ぶ）に達したときには表面積 $4\pi R_0^2$ の球面に広がっている。地球大気の上端で，太陽に直面する単位面積が受ける太陽放射のエネルギーを I^*_E とすると，半径が天文単位の球面で受ける全エネルギーは，$4\pi R_0^2 I^*_E$ である。

　太陽から放出された全エネルギーは，地球軌道の球面上でも保存されることから，$4\pi r_S^2 I^*_S = 4\pi R_0^2 I^*_E$ が成り立ち，$I^*_E/I^*_S = r_S^2/R_0^2$ が導かれる。一般的に，エネルギー源から距離 d の位置の放射強度 I は，d の 2 乗に逆比例して減少し，$I \propto 1/d^2$ と表される（∝ は比例するという意味の数学記号である）。太陽光球の半径 $r_S = 6.96 \times 10^8$m と天文単位 $R_0 = 1.50 \times 10^{11}$m の値を代入すれば，$I^*_E/I^*_S$ の値は 2.15×10^{-5} である。

　太陽から天文単位 R_0 の距離にある地球大気の上端で，太陽の方向に直角な単位面積が，単位時間に受ける太陽の放射エネルギー量を，太陽定数という。地球大気上端に達した太陽放射は，大気中を通る間に次節で説明する散乱や吸収と呼ばれる現象で減衰して地表面に達する。したがって，減衰を受ける前の太陽放射エネルギーは，高い山頂やロケット・人工衛星で観測されている。観測された太陽定数の値は，1.37×10^3 Wm^{-2} であり，地球に入射するエネルギーに関する基本的な数値である。この値を先に求めた I^*_E の値として，太陽光球温度 T_S を計算すると 5780 K となり，6000 K よりやや低い値である。

　太陽定数の時間変化は，太陽活動に伴って紫外線より短波長領域で少し変化が見られるが，エネルギーの大部分を占める可視および赤外領域では，季節や年によって観測誤差の範囲を超える変化はない。ただし，地球は太陽を一つの焦点とする楕円軌道上を公転しているので，太陽と地球が一番近づく近日点と一番離れる遠日点の距離は，天文単位 R_0 から約 1.67% 変化する。このため，単位面積を通る放射エネルギーは，先に示したように放射源からの距離の 2 乗に反比例するので，地球が受ける放射量は，地球の公転とともに太陽定数から約 3.37% 変化する。

3.4 地表面で受ける太陽放射

　前節で述べたように，地球大気の上端には，太陽定数の放射エネルギーが入る。この太陽定数の値は一定であるが，地表面が太陽から受けるエネルギー量は，次に述べる二つの理由によって，太陽の高度角に依存して変化する。太陽高度角とは，太陽放射の方向と放射を受ける面がなす角度で，図 3.3 a の角度 a にあたる。太陽と地球は十分離れているので，太陽放射はすべて平行に地表

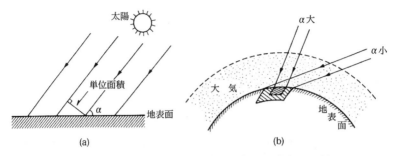

図3.3　太陽高度角（α）と地表面で受ける放射量の関係

面に入るとみてよい。

　理由の一つは，図3.3ｂからわかるように，太陽高度角が小さくなるほど，太陽定数の放射を受ける面積が広くなるためである。すなわち，太陽高度角が小さいほど，太陽放射は地表面で広がって1m²あたりに受けるエネルギーは小さくなる。もし，地球大気がないと仮定した場合，太陽高度角 α の地表面で受ける太陽放射は，太陽定数を S としたとき，単位面積あたり $S\sin\alpha$ である。ここで sin は角度 α に対する三角関数である。

　太陽高度角は，地球と太陽の位置関係で変化し，地球の自転軸が公転面に対して 66.5°傾いているため（図3.4ａ），1年のうちで夏に最大になる季節変化があり，地球自転により1日のうちで正午に最大になる日変化をする。また，同じ時刻でも，緯度によるちがいがあり，高緯度で小さく，低緯度で大きい放射を受ける（図3.4ｂ）。このように太陽高度角の変化に応じて，地表面が受ける太陽放射のエネルギーは，日変化を繰り返し，季節変化を示し，緯度による

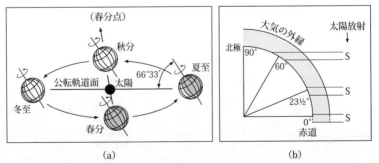

図3.4　地球の公転面と自転軸の関係（左）と春分・秋分時の地球の緯度と太陽高度角（右）

ちがいがある。

　これらの変化により，地表面の単位面積が受け取る1日平均した太陽放射量
は，季節と緯度で変わる。図3.5に，大気上端の水平な単位面積に入射する太
陽放射量が，季節を表す月と緯度とで，どのように変化するかが示されている。
もし大気による放射の減衰がないとすると，これは地表面が受ける太陽放射量
である。この図から，太陽の赤緯のところで値が大きくなること，両半球の夏
極（北半球で6月前後，南半球で12月前後）付近で値が大きくなること，両
半球の冬極（北半球で12月前後，南半球で6月前後）付近では値がゼロにな
ること，などの特徴が見られる。なお，赤緯とは，地球上の位置を緯度・経度
で表すように，天球上の天体の位置を表すときに，天の赤道（天の北極と南極
を結ぶ軸に直交した面）を0°として測った天体の緯度のことである。

　もう一つの理由は，大気による太陽放射の減衰が太陽高度角に関係している
ためである。太陽定数で地球大気の上端に到達した太陽放射は，大気の中を進

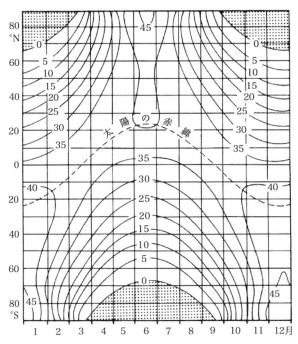

図3.5　大気上端の水平面に達する太陽放射の緯度・月変化

（単位，MJ m^{-2}day^{-1}）（ウォーレスとホッブス，1977）

むあいだに，次節以降で述べる散乱や吸収という現象によって減衰する。これ
らの減衰は，太陽放射が大気中を通る距離が長いほど大きい。図3.3bからわ
かるように，太陽高度角が小さいときには，太陽放射が大気中を通る距離が長
いため，太陽放射の減衰が大きく，地表面に達する放射エネルギーは小さくな
る。このため実際に地上で受ける太陽放射エネルギーの緯度・季節変化は，図
3.5とは大きく異なっている。

3.5　太陽放射の散乱

　太陽放射は，大気中の原子や分子またはエーロゾルにぶつかると，いろいろ
な方向に反射されて進む。この現象を散乱という。散乱の結果，もともと太陽
放射が進んでいた方向の放射量は少なくなる。太陽放射の波長とぶつかる粒子
の大きさとの関係で，散乱の様子が異なる。太陽放射の波長が，粒子の半径よ
り非常に大きい場合に生じる散乱を，レーリー散乱という。可視光線が，空気
分子（半径は10^{-8}m程度の大きさ）で散乱されるときが，これにあたる。こ
の散乱の強さは，光の波長の4乗に逆比例し，短い波長の放射ほど散乱されや
すい。また，光が粒子に進む方向に散乱（前方散乱と呼ぶ）する強さと反対方
向に散乱（後方散乱）する強さは同じ程度で，光が進む方向と直角方向に散乱
（側方散乱）する強さは，前方・後方散乱より弱く，これらの半分程度である。
また，方向による散乱の強さ分布は粒子の半径にはよらない。
　空が青く見えるのは，散乱される可視光線の中で，波長の短い青い光線の方
が，赤色の光線よりも約6.2倍強く散乱されるためである。可視光線で一番波
長の短いのは紫色であるが，空の色は紫には見えない。これは，紫色の波長の
エネルギーは，青色の波長のエネルギーより少ないのと，紫色の光の散乱は大
気の上空で始まり，大気中で散乱が続くうちに地表に届く光が弱くなってしま
うからである。一方，日の出や日没のときに，空が赤色や橙色に見えるのは，
この時刻の太陽高度が低いためである。太陽高度が低いと，太陽光線が大気を
通る距離が長くなり，波長の短い青色や緑色の散乱光は，地表に到達する前に
弱くなってしまう。この結果，波長の長い赤色や橙色の散乱光だけが，人の目
に見えることになる。
　太陽放射の波長と，これを散乱させる粒子の半径が，同じ程度の大きさの場
合に生じる散乱は，ミー散乱という。大気中のエーロゾルによる散乱が，これ
にあたる。この散乱では，どの波長でも散乱のしかたが同じなので，散乱光の
中に特別に強い波長の光はない。このため，散乱光は，もとの太陽光と同じよ
うに，白色光に見える。また，散乱の強さの角度分布は粒子の大きさによって

変化し，散乱の強さは前方散乱が一番強くなる性質があり，方向による散乱の強さ分布は，レーリー散乱と比べて複雑な性質を示す。

　霧，煙霧（多数の乾いた微粒子が空気中に浮遊している現象），霧と煙の混じったスモッグ，黄砂（中国の砂漠地帯で風に巻き上げられた砂塵が偏西風で流されて風下の日本などで降りる現象）などが生じた日は，大気中にエーロゾルが多い。これらの大気中のエーロゾルは，太陽放射の波長と同じ程度の大きさの微粒子からなり，ミー散乱が生じて，空が白っぽく見える。また，晴れた日の雲が白く見えるのも，エーロゾルを凝結核として成長した雲粒（第4.4節）によって，ミー散乱が生じているからである。

3.6　放射の吸収

　太陽放射や地球放射は，大気中を通るときに，大気中の気体分子に吸収される。一般にある大気層に入射した放射エネルギーは，その層を通るあいだに，一部は反射や散乱され，一部は大気層の中の物質（大気分子やエーロゾルなど）で吸収され，残りがその層を通過する。これを透過という。したがって，波長ごとに

　入射した放射量＝反射あるいは散乱された放射量
　　　　　　　　　　　＋その層で吸収された放射量＋その層を透過した放射量

の関係が成り立ち，左辺で両辺を割ると $1=r_\lambda+a_\lambda+\tau_\lambda$ となる。ここに，おのおのの波長 λ に対して r_λ は反射率，a_λ は吸収率，τ_λ は透過率である。$a_\lambda=0$ の場合，その物質層は透明であるという。一方，$\tau_\lambda=0$ の場合は不透明であるという。r_λ，a_λ，τ_λ は，その物質層の放射の特性を表す量であるが，同じ物質でも波長が異なる放射には，ちがった特性を示す。放射が大気中の一定の距離を通るとき，吸収率は波長と吸収する気体分子の量に関係する。吸収された放射は，熱になって大気を暖める。

　図3.6は，地球大気の上端で観測された太陽放射のスペクトル（エネルギーの波長分布のこと）と，地表面で観測されたスペクトルが比べてある。大気上端の太陽放射スペクトルは，図に破線で示した5780 Kの黒体の放射スペクトルでよく近似できる。なお，図中の5780 Kの黒体放射スペクトルと，地球大気外縁での太陽放射のスペクトルとのちがいは，太陽が近似的な黒体であることに加えて，太陽の外縁にあるコロナや彩層によって太陽放射が吸収されて減少した効果も含まれるためと考えられている。

　図3.6で，紫外線域（$<0.38\,\mu\mathrm{m}$）には全エネルギーの約7％が，可視光線域（$0.38\sim0.77\,\mu\mathrm{m}$）には約半分（約47％）が，赤外線域（$>0.77\,\mu\mathrm{m}$）に残り

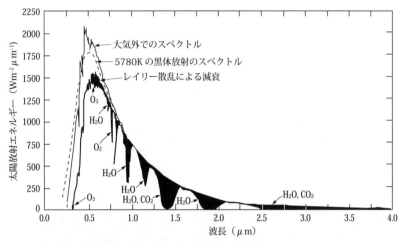

図3.6　太陽放射エネルギーのスペクトル分布（ウォーレスとホッブス，1977）
外側の実線：大気の上端に入射する太陽放射エネルギースペクトル，
破線：5780 K の黒体放射のエネルギースペクトル，
内側の実線：太陽が天頂にある場合に地表面で観測された太陽放射。
影をつけた部分は大気中のいろいろな気体による吸収を表す。

（約47％）が含まれている。地表面に到達した太陽放射は，大気上端の強さと
比べて全体的に弱くなっている。これは，大気中の気体分子，雲，エーロゾル
による吸収や散乱・反射が原因である。地表面で観測した太陽放射スペクトル
で影をつけた部分は，大気中の気体分子が吸収した放射エネルギーである。紫
外線域では，酸素分子やオゾンによる吸収が顕著であり，赤外線域では，水蒸
気や二酸化炭素などによる吸収が顕著である。すなわち，大気は紫外線や赤外
線に対して不透明である。

　一方，図3.7は，太陽高度角が40度の場合に，対流圏界面および地表面に
到達する放射量を，太陽放射から地球放射までの波長全体で，大気の吸収率を
用いて示したものである。図の上段は，高度11 km（ほぼ圏界面高度）より上
にある地球大気の吸収率が示してある。圏界面高度より上で，波長が約0.3
μm 以下の紫外線は，酸素分子とオゾンによってほぼ完全に吸収される。可視
光線は，約0.7 μm の酸素によるわずかな吸収を除いて，ほとんど透明である。
約5 μm までの赤外線領域では，二酸化炭素による吸収が大きい。

　図3.7の下段は，地表面で観測された，大気全体による太陽放射と地球放射
の吸収率と，それに寄与する気体成分が示してある。紫外線域の太陽放射
は，11 km より上で100％吸収されているので，大気全体による吸収率は11

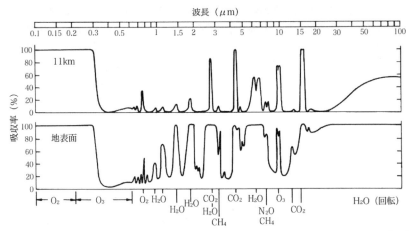

図 3.7　（上）太陽放射（太陽高度角 40 度）と地球放射が大気上端から高度 11 km（平均
　　　圏界面高度）までに達するあいだの大気の吸収率とその吸収に寄与する気体成分
　　　　　（下）これらの放射の大気上限から地表面までに達するあいだの大気の吸収率
（グッディ，1964：一部修正）

km 高度と同じ 100% である。可視光線域と赤外線域では，対流圏内の水蒸気
による吸収が増加し，水蒸気と二酸化炭素の吸収波長帯では吸収率が 100%
になっている。これは図 3.6 の赤外線帯で，大気上端から地表面までに，この
波長帯のエネルギーが吸収される様子と同じである。

　波長が約 5 μm 以上の赤外線帯では，地球放射の吸収率を表し，圏界面より
上ではオゾン，二酸化炭素による吸収率が大きい。対流圏では，圏界面より上
で吸収率があまり大きくなかった水蒸気でほぼ 100% 吸収されていて，さら
に，メタンや一酸化二窒素による吸収が大きくなっている。これらの気体成分
は，対流圏の中でも，地表に近いほど存在量が大きいためである。

　地球放射の吸収率は，大気の窓領域と呼ばれる約 8〜12 μm を除いて，ほぼ
100% になっている。窓領域では，中心部にオゾンによる吸収率の大きい波長
があるが，そのまわりの波長帯では吸収率が非常に小さい。すなわち，この波
長帯の地球放射は透過率が大きく，宇宙空間に放出されている。この性質は，
宇宙空間から人工衛星によって地球を観測するのに用いられている。宇宙空間
から観測した窓領域の放射量は，大気による吸収率が小さいため，雲がないと
きは地表面からの放射量であり，雲があるときは雲頂からの放射量である。第
3.2 節で述べたステファン・ボルツマンの法則によれば，黒体の温度の 4 乗に
比例したエネルギーを放出するので，この放射量を観測して，ほぼ黒体とみな

せる地面や海面あるいは雲頂の温度を求めることができる（第5.22節）。

　大気によって吸収された太陽放射や地球放射は，熱になって大気を暖めるので，大気の鉛直温度分布（第1.3節）を決める原因となっている。最上層の熱圏では，窒素や酸素の分子が，波長 $0.2\,\mu\mathrm{m}$ 以下の太陽放射の紫外線やX線などを吸収して，原子やイオンの状態の高温になっている。中間圏では，太陽放射の吸収はほとんどなく低温である。成層圏では，太陽紫外線を吸収してオゾン層が形成され，大気密度と熱容量の関係から成層圏界面付近で最も温度が高い（第1.4節）。

　最下層の対流圏では，太陽放射の可視光線はほとんど透明で吸収は少なく，大部分が地表面で吸収されて地表面を暖める。暖められた地表面から，顕熱や水蒸気の蒸発に伴う潜熱として，大気に熱エネルギーが移動し，大気の運動に伴ってこれらの熱が対流圏内を移動する。特に鉛直運動による上昇では，水蒸気が冷えて凝結（昇華）して水滴（氷晶）となり，多量の凝結熱（昇華熱）を対流圏内に放出する。この結果，対流圏内では高度とともに乾燥断熱減率（$9.8\,\mathrm{K/km}$，第4.7節参照）より小さい減率（約 $6.5\,\mathrm{K/km}$）で温度が下がっている（第1.3節）。一方，太陽放射の赤外線は，主に二酸化炭素と水蒸気に吸収されて，対流圏を暖める。また，太陽放射を吸収した地表面が大気に向かって赤外放射を放出し，これが対流圏内の二酸化炭素や水蒸気に吸収されて，対流圏を暖める（第3.11節）。これらも対流圏の温度減率の値を決めるのに寄与している。

3.7　太陽放射の反射

　地球の大気を通るときに，散乱も吸収もされなかった太陽放射は，雲頂や地表面まで達する。そこでは，吸収される太陽放射と，反射されてふたたび大気中を通る太陽放射に分かれる。太陽放射が雲頂や地表面で反射される割合（これをアルベドという）は，反射面の状態で異なる。

　地表面のアルベドは，雪や氷（0.3～0.5）で比較的大きく，新雪（0.95）で非常に大きい。湿った黒い土壌（0.05～0.1）や植生のあるところ（0.05～0.25）で小さく，乾いた土壌や砂漠（0.2～0.5）で比較的大きい。水面では太陽高度角によってアルベドが異なり，高度角が大きいときは小さく（～0.1），高度角が小さいときは大きく1の場合もある。

　反射されずに地表面に吸収される太陽放射は，地面や水面を温めるが，地面と水面では温められ方が異なる。仮に地面と水面が同じだけの日射のエネルギーを吸収しても，地面（土壌や岩石など）の比熱（0.5～$1.0\times10^3\mathrm{Jkg^{-1}K^{-1}}$ 程

度）は水面（海水や湖水）の比熱（$4.2 \times 10^3 \mathrm{Jkg^{-1}K^{-1}}$）より小さく，地面に吸
収されたエネルギーは，地面のごく薄い層の土壌や岩石を暖め，地表面温度が
上昇する。これに対して水面の場合は，太陽放射はかなり深くまで吸収される
うえ，地面と水面の比熱のちがいから，同じエネルギー量でも温度上昇は大き
くない。また，水面を温めた熱が，水の上下運動によってより深い層まで運ば
れるため，温める水の熱容量が大きいことと，水面の方が地面より蒸発量が大
きいため，水面を温めた熱が水蒸気の潜熱として失われるため（第4.1節），
水面の温度は上がりにくい。

　雲があれば，太陽放射のかなりの部分が雲の上面で反射され，一部が雲に吸
収され，残りが地表面に達する。雲の種類や厚さによって異なるが，雲の平均
のアルベドは約0.4〜0.5であり，また，平均してみると，地球の約半分は常
に雲におおわれているので，太陽放射のうち約20%が雲によって反射されて
宇宙へ戻される。このように，雲は太陽放射の減衰を考えるときに大切な役割
をしている。宇宙空間から見た地球全体の平均のアルベド（これを惑星アルベ
ドという）は，大気，雲，地表面の全体の状態から決まるが，衛星から観測し
た値として約0.3が得られている。このうち雲による反射がかなりの部分を占
めている（第3.9節）。

3.8　有効放射温度

　地球大気の上端に入射する太陽放射量は，太陽定数のエネルギー量である
が，1日平均として地球に入射する放射量は，図3.2に示すように太陽に面す
る地球の断面積を通る放射量である。すなわち，太陽定数をS，地球の半径を
r_Eと表せば，$\pi r_\mathrm{E}^2 S$である。たえず太陽放射が地球に入射するにもかかわらず，
地球は次第に暖まることなく，長期間の平均でみれば地球の温度は一定である。
これは，地球も宇宙空間から見ると，黒体として地球の温度に見あった放射エ
ネルギーを，たえず宇宙空間に出しているからである。

　宇宙空間から見た地球の平均温度をT_Eと表すと，第3.2節で示したステ
ファン・ボルツマンの法則により，単位面積あたりでσT_E^4のエネルギーが放
出される。このため，地球全体としては表面積をかけた$4\pi r_\mathrm{E}^2 \sigma T_\mathrm{E}^4$のエネル
ギーが放出される。惑星アルベドをαとすると，宇宙から地球に出入りする
太陽放射と地球放射の釣りあいから，$(1-\alpha)\pi r_\mathrm{E}^2 S = 4\pi r_\mathrm{E}^2 \sigma T_\mathrm{E}^4$が成り立つ。上
の釣りあいの式に，観測から得られた$S = 1.37 \times 10^3 \mathrm{W \cdot m^{-2}}$，$\alpha = 0.3$とステ
ファン・ボルツマンの定数σの値を用いて，T_Eを計算すると255Kとなる。これ
を有効放射温度（あるいは放射平衡温度）と呼び，セ氏の温度では$-18℃$で

ある。

3.9　地球の放射収支

前節の説明から，1 日平均した地球全体に入射する太陽放射の値は $\pi r_e^2 S$ であるが，これを地表面の単位面積あたりの値に換算するには，地球の表面積で割ればよい。この値は $S/4 = 342.5\,\mathrm{W \cdot m^{-2}}$ となる。この値を 100 として，その後の放射のゆくえを示したものが図 3.8 である。この図の値は，地球全体について，1 年を通して平均したものである。地球に入射した太陽放射のゆくえが図の左側に示してある。入射した 100 のうち，大気中で散乱されたものの半分 (6)，地表面によって反射されたもの (4)，雲によって反射されたもの (20) の，合計 30 が宇宙空間に戻る。この量が惑星アルベドである。

残り 70 は何らかの形で地球を暖める。雲 (3) と大気 (17) に吸収されるものが合計 20 である。地表面に吸収されるのは，大気中で散乱されたものの半分 (6)，雲を通ってから地表に到達したもの (24)，直接地表に到達したもの (20) の，合計 50 である。

大気や地表面は，短波放射や長波放射を吸収すると同時に，それらの温度に見あった長波放射を出す。これら全体の長波放射のゆくえは図 3.8 の右側に示してある。地表面からは 123 の長波放射が出るが，そのうち大気の窓領域を通して宇宙空間に出ていくものは 6 で，残りの 117 は大気に吸収される。雲を含めた大気全体が出す長波放射は 167 であるが，そのうち 64 は宇宙空間に出ていき，103 は地表面に吸収される。宇宙空間に出ていく長波放射量は，窓領域からと大気から放出されたものを合計した 70 になり，これは太陽放射が地球を暖めた 70 に相当する。地球全体から見れば，放射量の出入り（これを放射収支という）は同じであり，エネルギーは地球にたまりも減りもしない。これをもとに宇宙空間から見た地球の温度が前節で得られた有効放射温度である。

短波放射が地表面を暖めた 50 のうち 10 は，地表面から顕熱により大気に移り，対流現象によって上空に運ばれる。また，20 は水の蒸発に伴う潜熱として地表面から大気に移る。この潜熱は雲の中で水蒸気が凝結するときに大気を暖める。これら顕熱，潜熱，凝結については第 4 章で述べる。地表面が出す長波放射量 (123) は，大気が地表面に向かって出す長波放射量 (103) よりも多い。このため，その差 (20) の分だけ，地表面は長波放射によって熱エネルギーを失う。長波放射によって熱エネルギーが失われるのを放射冷却という。この現象は，夜間にきわだって明らかになるので，夜間放射ともいう。このように，地表面のエネルギーも収支が釣りあっていて，短波放射で暖まり続けた

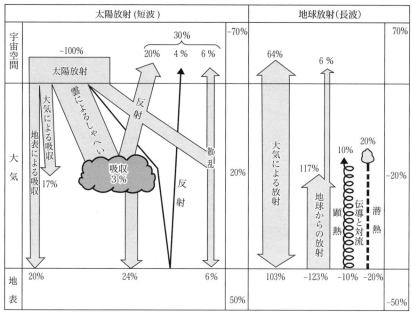

図3.8　大気と地表面の放射エネルギー収支（イーグルマン，1980：一部修正）
大気上端に入射する太陽放射量を100%とした場合の各項の割合を示す

り，長波放射で冷え続けたりしない。

　前述のような放射平衡は，地球全体では成り立っているが，緯度ごとに太陽
放射量と地球放射量を調べると，どちらも低緯度に多く高緯度に少ない。これ
については大循環を生じる原因として第6.4節で述べる。

3.10　地上気温の日変化

　図3.9の上段は，仙台で観測された，7月の1日の気温変化を示す。図の下
段には，この日変化の原因を，太陽放射と長波放射に分けて，模式的に表して
ある。夜間には太陽からの日射がなく，地表は夜間放射で温度が下がり，地表
付近の気温は日の出前後に最低気温になる。特に，よく晴れた，風の弱い夜に
は，夜間放射がよく働き，気温の下がり方が著しい。

　日の出後は，太陽放射が長波放射を上回って，地表が暖められる。太陽放射
は，正午に最大になり，その後減少するが，長波放射が太陽放射を上回る午後
2時頃まで，地表を暖め続けるので，その頃に最高気温が出る。すなわち，最
高気温が出る時刻は，太陽放射が最大となる時刻より遅れる。

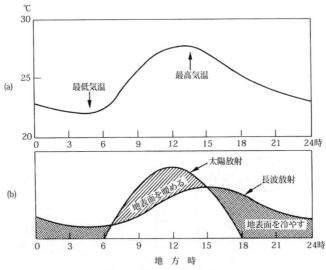

図 3.9　地上気温の日変化
(a) 仙台における 7 月の気温日変化（平年値）
(b) 放射による地表面の熱の出入り（模式図）

　気温の日変化は，太陽放射と長波放射の釣りあいで，だいたい説明できる。しかし，気温の変化は，放射だけが原因ではない。暖かいところから風が吹くと気温は高くなり，冷たいところから風が吹くと気温が下がる。このように，他の場所から移動してきた空気の温度で気温が変化するとき，温度の移流による変化という。温度移流は，天気現象の中の重要な性質であり，第 2.13 節で述べた。

3.11　温室効果

　図 3.7 で地球放射の赤外線域は大気の窓領域を除いてほとんど吸収率が 100% である。この吸収率をもたらす大気中の吸収物質は，水蒸気，二酸化炭素，メタン，オゾンなどの気体である。これらの気体は，吸収した赤外放射をふたたび赤外放射として出す。この赤外放射のうち，宇宙空間に出ていく部分は少なく，大部分は地表面や吸収物質を含む大気そのものに吸収されて，これらを暖める。この結果，大気中に赤外放射の吸収物質がある場合には，その物質がない場合より地表面温度が高くなる。このようにして地表面の温度が高まるしくみは，温室の中が暖かく保たれるしくみと似ていることから，温室効果という。温室効果の基本的なしくみは［コラム 3］で説明されている。温室の

場合には，ガラスが日射を通し，赤外放射をある程度防ぐ物質であるため，温室内は室外と比べて気温が高くなる。実際の温室の場合には，ガラスが赤外放射を吸収する効果よりも，外の冷気をさえぎる効果の方が大きいことが知られているが，慣用的に温室効果と呼んでいる。

　温室効果としては，冬の晴れた夜は放射冷却で非常に気温が下がるが，曇った夜には気温があまり下がらない，という現象がある。これは，水蒸気が赤外放射のよい吸収気体であり，雲には水蒸気が豊富なためである。すなわち，曇った夜は，雲の水蒸気による温室効果が働いて，気温が下がらない。

　人間は，活動のエネルギー源として，主に石炭や石油などの化石燃料を使用している。これらの燃焼の際に大気中に二酸化炭素が放出される。国際地球観測年（1957-58）から連続観測を行っている南極やマウナロア（ハワイ）と，1987年から観測が始まった綾里（岩手県）の，二酸化炭素濃度の変化が図3.10に示されている。これらの地点のほか，世界各地の大気中の二酸化炭素濃度の平均値は，産業革命（18世紀後半）以前の濃度約280 ppmから一方的に増加し続け，2000年には369 ppm，2020年には410 ppmが観測されている。2020年は産業革命以前の濃度より46％も増加している。なお，図3.10でマウナロアと綾里では，南極と比べて顕著な季節変化（夏季に減少，冬季に増加）が見られる。これは植生の光合成活動の季節変化によるものである。南極は，南半球には陸地が少ないことと，南極は植生のある地域から離れているこ

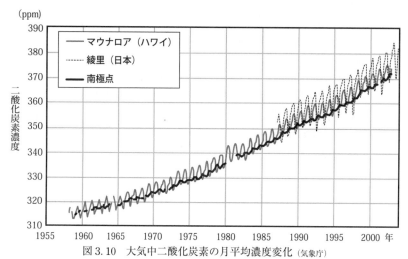

図3.10　大気中二酸化炭素の月平均濃度変化（気象庁）
太実線：南極点，細実線：ハワイのマウナロア，点線：岩手県綾里

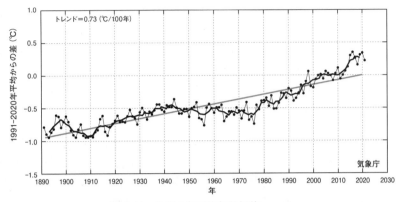

図 3. 11　世界の年平均気温偏差 (気象庁)

細線：各年の平均気温の基準値からの偏差，太線：偏差の5年移動平均値，直線：長期変化傾向

とから，光合成活動による季節変化の影響が小さい。

　二酸化炭素は赤外放射のよい吸収気体であるから，化石燃料の消費量が増加するにつれて，大気中の二酸化炭素が増加し，これによる温室効果の増大により，地表面の温度が上がる可能性がある。このほかにもメタン，一酸化二窒素，フロンガスなど温室効果の大きい気体が大気中で増えていることも観測されている。一方，図 3. 11 は最近約 130 年間の全地球を平均した年平均気温の変化を示す。図は 1991-2020 年の平年値からの差として示されている。平年値とは，気象要素の 30 年間平均値のことで，ふつう，10 年ごとに再計算される。

　図の細線は各年の平均気温の基準値からの偏差を，太線は偏差の5年移動平均値を，直線は約 130 年間の長期変化傾向を示す。様々な変動を繰り返しながら，長期的な変化傾向は一方的な上昇であり，上昇率は 0.73℃/100 年である。このように，人間活動が原因で大気中に放出された温室効果気体によって，地球の気温が高くなる地球温暖化と呼ばれる現象が懸念されており，国際的にその対策方法が議論されている。

［コラム3］　温室効果モデル

　大気の温室効果の基本的なしくみは，次のような簡単なモデルを考えるとわかりやすい。実際の地球大気とは異なるが，図に示したように地表面の上に，1 層の大気層を考える。さらに大気層は太陽放射に対しては完全に透明であり，地球放射に対しては完全に不透明であるとする。地球大気に入ってくる1日平均をとった地表面の単位面積あたりの太陽放射 I_S は，第 3.8 節の有効放射温度の計算と同じように，太陽定数 S と惑星アルベド α を用いて，$I_S = S(1-\alpha)/4 = 240\,\mathrm{Wm}^{-2}$ となる。一方，地球放射については，地表面の温度が T_g のときの単位面積あたりの放射量は，ステファン・ボル

ツマンの法則から$\sigma T_g{}^4$で，これが大気中で全部吸収されると仮定する。この大気層はその温度T_aで，黒体放射$\sigma T_a{}^4$を，上向きと下向きに出す。図はこれらの放射収支を表している。

地表面と大気のそれぞれで，放射の出入りが平衡しているとすると，地表面では$I_S - \sigma T_g{}^4 + \sigma T_a{}^4 = 0$が成り立ち，大気層では$\sigma T_g{}^4 - 2\,\sigma T_a{}^4 = 0$が成り立つ。これら二つの式から$\sigma T_a{}^4 = I_S$，$\sigma T_g{}^4 = 2\,I_S$が得られる。先に示した$I_S$の値を入れると，$T_a = 255$ Kと$T_g = 303$ Kが得られる。T_aは有効放射温度と同じ値である。一方，地表面の温度T_gは大気の温度T_aより48.3℃も高くなる。

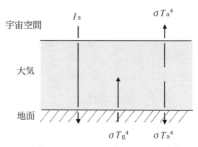

図　大気を一つの層で代表したときの大気の温室効果

I_Sは入射太陽エネルギー，T_aは大気層の温度，T_gは地表面の温度。大気は太陽放射に対して透明，地球放射に対して不透明と仮定。

地表面温度が大気温度より暖かくなっているのは，大気の温室効果によるものである。

実際の地表面温度は，第1.3節に示した標準大気の表1.2から288 Kである。上に得られた地表面温度とのちがいは，モデルでさまざまな仮定をしているためである。現実の値に近い値を計算から得るには，大気を多数の層に分けるとともに，それぞれの層に含まれる吸収気体（水蒸気，二酸化炭素，オゾンなど）の量と，それぞれの気体の吸収率が波長で異なる性質なども正確に与える必要がある。しかしながら，放射平衡だけで対流圏から成層圏までの温度分布を計算すると，対流圏の中の温度減率は，表1.2または図1.1で示された観測値の約6.5℃/kmよりかなり大きい値になる。特に，対流圏下部では約17℃/kmであり，これは，対流現象による潜熱や顕熱の効果を含めていないためである。第3.9節の放射エネルギー収支では，図3.8の右側部分で地表面から大気にエネルギーをわたす潜熱と顕熱の効果が重要な役割を果たすことを述べた。放射平衡だけでなく，対流現象による潜熱と顕熱のエネルギーのやり取りも含めて，放射対流平衡のしくみで温度の高度分布を計算すると，図1.1に示した分布とよく一致した結果が得られる。

このような計算方法は，第13章で述べる天気予報に用いられる数値予報モデルの最も基本となる鉛直1次元放射対流平衡モデルである。大気中の水蒸気や二酸化炭素は，上に説明したメカニズムで熱を地球に閉じ込め，地表面温度に影響する。この影響の大きさについて，1次元モデルで1960年代末に，二酸化炭素の濃度が2倍になれば，地球表面の平均気温が2度上がる，と予測された。当時は，まだ地球温暖化が広く意識されていなかったが，その後，大気と海洋も結合した3次元大気海洋結合大循環モデルが開発され，現在の増加率で二酸化炭素濃度が増加したときの21世紀後半の地球の状態が予測されている。すなわち，地球の平均気温が3度上昇する，日本では強い台風が増える，高緯度地域での気温の上昇が大きくなる，南極大陸・グリーンランドなどの氷床の氷が溶けて海面が上昇する，などの具体的な数字を示した将来の地球温暖化の予測結果が報告されている。これは将来の地球の危機として国際的に対策が議論されている。

第4章　水蒸気と雲

4.1　水と潜熱

　水には気体，液体，固体の三つの状態（これを相という）があり，気体は水蒸気，液体は水，固体は氷である。地球は水惑星と呼ばれるほど，水が多い惑星である。地表面や大気の温度は0℃に近いので，水は相変化を生じる。相変化するときは，図4.1に示した名前で呼ばれ，変化に伴って熱を吸収したり，放出したりする。この熱を潜熱という。たとえば，0℃の水1kgが蒸発するときには，2.50×10^6Jの熱量が必要であり，潜熱として水蒸気の中に貯えられる。反対に，水蒸気が水に凝結するときには，同じだけの熱が放出される。潜熱は，気温を変えたり，熱を運んだりして，天気現象の中で大切な役目をしている。なお，図の中で氷から水蒸気へ昇華の潜熱は，氷から水を経て水蒸気になるときの融解と蒸発の潜熱の和と同量である。

　潜熱に対比する熱として顕熱がある。物体を暖めるために使われる熱量で，同じ熱量が与えられるとき物質の比熱が小さいほど物体は暖まる。20℃で1kgの水を1℃暖める場合には4.2×10^3Jの熱量が必要である。図4.1の蒸発の潜熱は，水の温度が1℃高くなるときに必要な顕熱の595倍の熱量であり，水蒸気は多量の熱を貯えている。

　なお，熱量を測る単位としてカロリー（cal）もあるが，現在の国際単位（SI）には含まれていない。ただし，生物学や栄養学では現在でも慣用されており，水1gを1℃暖めるに必要な熱量は1calである。熱量の単位のカロリーとジュールの間には，ジュールの実験によって求められた1cal＝4.18Jの関係がある。

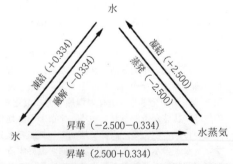

カッコ内は潜熱の値（単位:10^6J kg^{-1}，＋：放出，－：吸収）

図4.1　水の相変化と潜熱の吸収・放出量

4.2　水蒸気量

　水面付近の大気では，水面から蒸発が起こり，しだいに大気中の水蒸気の量が増加する。大気中に含むことができる水蒸気量には限度があるので，やがて水面から蒸発が止まる。この状態を飽和という。このとき大気中に含まれる水蒸気量を飽和水蒸気量という。1 m³ の体積に含まれる飽和水蒸気量を飽和水蒸気密度といい，慣習的に g 単位で表す。

　空気が，乾燥空気と水蒸気の混ざった状態のとき，これを湿潤空気という（第 1.1 節）。第 1.5 節でも述べたが，混合気体の気圧は各成分気体の分圧の和であるから，湿潤空気の気圧（全圧）は，乾燥空気の分圧と水蒸気の分圧の和に等しい。水蒸気の分圧（これを水蒸気圧という）は，同じ温度，同じ体積のもとでは，水蒸気量が多いほど大きくなる。このため，大気中の水蒸気量は水蒸気圧を用いて表すことができる。飽和状態の水蒸気圧は，飽和水蒸気圧という。

　飽和水蒸気密度や飽和水蒸気圧は，温度によって決まっている。表 4.1 はいろいろな温度の飽和水蒸気密度と飽和水蒸気圧を示す。どちらも同じような温度変化の特徴がある。飽和水蒸気圧で見ると，表の 0℃ 以下では，水面と氷面の二つの値があり，水面の値の方が大きい。このことは雨が降るしくみで大切な役割をする（第 4.19 節）。飽和水蒸気圧は温度とともに急激に増え，温度が 10℃ 上がることに約 2 倍になる。この結果，0℃ と 40℃ の飽和水蒸気圧では，約 12 倍のちがいがある。

　水蒸気密度や水蒸気圧は，大気中の水蒸気の量そのものを表す。このほかに，大気がどの程度湿っているかを表す相対湿度がある。相対湿度は，単に湿度とも呼び，

　　　相対湿度（％）＝（水蒸気圧/飽和水蒸気圧）×100

で求められる。乾燥空気では湿度 0％，飽和した湿潤空気では湿度 100％ である。湿度の値が同じときには，気温が高いほど大気中に含まれる水蒸気量は多くなる。大気中に含まれている水蒸気量にちがいがなければ，気温が高いほど湿度は小さい。相対湿度の観測は，乾球湿球温度計を用いて，乾球温度と湿球温度の温度差の表より相対湿度を求める（第 5.8 節）。この場合観測した湿球温度も大気中の水蒸気量を表す。

　現在飽和していない空気塊があったとき，この空気塊の水蒸気量が変わらないまま温度が下がると，やがて飽和の状態に達して，凝結が始まる。このときの温度を露点温度という。露点温度がわかると，現在の大気の水蒸気圧がわか

表 4.1　飽和水蒸気密度と飽和水蒸気圧の温度による変化

気温（℃）	飽和水蒸気密度（gm^{-3}）	飽和水蒸気圧（hPa）
40	51.1	73.8
35	39.6	56.2
30	30.4	42.4
25	23.0	31.7
20	17.3	23.4
15	12.8	17.0
10	9.4	12.3
5	6.8	8.7
0	4.9 (4.9)	6.1 (6.1)
−5	3.4 (3.3)	4.2 (4.0)
−10	2.4 (2.1)	2.9 (2.6)
−15	1.6 (1.4)	1.9 (1.7)
−20	1.1 (0.9)	1.3 (1.0)
−25	0.7 (0.6)	0.8 (0.6)
−30	0.5 (0.3)	0.5 (0.4)
−35	0.3 (0.2)	0.3 (0.2)
−40	0.2 (0.1)	0.2 (0.1)

（注）　0℃ 以下では過冷却水に対する値，（ ）内は氷に対する値

るので，露点温度も水蒸気量の表し方の一つである。ある温度の大気に対しては，露点温度が高いほど，湿度が高く，大気中の水蒸気量が多い。

　天気図では，湿数が湿度を表す量として用いられることが多い。これは現在の大気の温度と露点温度の差であり，湿度が 100％ のときは，温度と露点温度が一致して湿数はゼロであり，空気が乾燥しているときは，温度と露点温度の差は最大値を示す。通常は，湿数がこの間にあり，空気が湿っているほど湿数は小さく，乾いているほど湿数は大きい値を示す。

　このほか大気中の水蒸気量を表すのには，混合比や比湿と呼ばれる量が用いられる。混合比は，空気を乾燥空気と水蒸気に分けたとき，1 kg の乾燥空気に対して含まれる水蒸気の質量を比で表したものである。一方，比湿は，1 kg の湿潤空気（乾燥空気と水蒸気の和）とこれに含まれる水蒸気の質量を比で表したものである。これらの物理量は無次元の量で，空気が水平や鉛直に運動しても蒸発や凝結がなければ値は一定に保たれる。このような量を保存量と呼ぶ。

4.3 過飽和と水の表面張力

　水蒸気を含んだ空気は，温度が下がるとともに湿度が大きくなり，露点温度に達すると湿度は100%になる。さらに温度が下がると，余分な水蒸気量は凝結して水滴になり，空気中に浮かぶようになる。ところが実験室などで，空気中の微粒子を取り除いたきれいな空気の中では，湿度が100%を超えても，なかなか凝結が起こらない。このように，飽和水蒸気密度以上の水蒸気が大気中に含まれている状態を，過飽和の状態にあるという。

　液体には表面張力が働き，液体の表面積を最小にしようとする性質がある。このため水滴は面の曲がり方（曲率）の大きい球形になる。水蒸気が蒸発するのは，水面の表面張力に打ち勝って，液体の中の水分子が空気中に出て行くことである。球面のように曲率を持った水面の表面張力は，平らな水面よりも表面張力が弱い性質があり（曲率効果あるいはケルビン効果と呼ぶ），水分子が空気の中に出て行きやすい。水滴が小さいほど球面上の曲率が大きいので，この効果が働きやすい。このため凝結によって最初にできる微細な水滴では，水分子が水滴から容易に離れるが，水分子が水滴に入り込むのは容易ではない。このため，小さい水滴ほど，まわりの空気の相対湿度が高くないと平衡状態として存在できない。

　図4.2は，横軸に水滴の大きさを対数表現で示し，縦軸に相対湿度を示して，平衡状態として存在できる水滴の大きさを表したものである。この図で，たとえば，半径0.01μmの水滴は，相対湿度が112%のときに平衡状態になり，これ以下の相対湿度では蒸発してしまう。この図の相対湿度は平面に対する値が

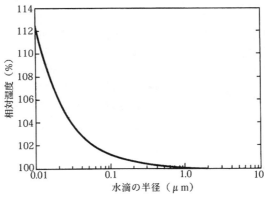

図4.2　水平な面に平衡状態にある純粋な水の水滴半径と相対湿度の関係

示されているので，球面の水滴に対しては表面張力の効果により，まわりの大気の相対湿度がこれより大きい場合に平衡になる。すなわち，微小水滴ほど図に示された相対湿度より過飽和の場合に平衡状態になっている。はじめに凝結で生じた水滴は小さいので，さらに水蒸気が水滴に凝結するより，水滴から蒸発する方がまさり，この微細な水滴は消えてしまう。これが清浄な空気中ではなかなか凝結により水滴が生じない理由である。

4.4　エーロゾルと凝結核

　自然の大気中では，ふつう湿度が100% を超えると，ほとんどすぐに凝結が始まる。これは，大気中にはいろいろな化学成分を含んだ大きさの異なる微粒子が浮かんでいて，この微粒子を核として水滴ができやすいためである。第1.1節でも述べたが，この微粒子をエーロゾルと呼ぶ。エーロゾルの大きさは，半径がほぼ $10^{-4} \sim 10 \, \mu$m の範囲にあり，3つのグループに分けられる。半径が $0.1 \, \mu$m より小さいエイトケン核，半径が $0.1 \sim 1 \, \mu$m の間にある大核，半径が $1 \, \mu$m より大きい巨大核と呼ばれている。

　エーロゾルの起源はいろいろあり，地表から吹き上げられた土壌粒子（土ぼこり），海水から放出された気泡・飛まつが乾燥した海塩粒子，火山噴火で大気中に放出された火山灰，自動車や工場などから放出される汚染粒子などがある。エーロゾル粒子の数は場所によって異なり，陸上で多く 10^{10} 個 m^{-3} くらい，海洋上で少なく 10^9 個 m^{-3} くらいである。陸上でも特に市街地では多く 10^{11} 個 m^{-3} くらいである。数からいえば小さいエイトケン核が一番多く，質量からいえば大部分は大核が占めている。大核の半径は可視光線の波長と同じ程度なので，放射のミー散乱現象により，大気の視程や地表面に達する日射量にも大きな影響を与える（第3.5節）。

　水蒸気の凝結が始まるときに核の役目をするエーロゾルは，凝結核という。大気が過飽和の状態になると，一部のエーロゾルの表面に水蒸気が凝結して，薄い水膜で覆われた微細な水滴ができる。はじめの微細な水滴が $0.1 \sim 1 \, \mu$m より小さいときには，過飽和の程度にもよるが，ふつうはさらに水蒸気が凝結するより，水滴から蒸発する方がまさり，微細な水滴は消えてしまう。ところが水滴が $0.1 \sim 1 \, \mu$m より大きくなると，表面張力の効果が弱くなり，平面に対する飽和水蒸気圧に近い過飽和の状態で，微小水滴にさらに水蒸気が凝結しやすく，水滴は成長して大きくなる。図4.2によれば，たとえば半径が $0.3 \, \mu$m の凝結核は，表面に水蒸気が凝結して薄い水膜で覆われると，わずか100.4% の過飽和の相対湿度で平衡状態になる。まわりの大気が，これ以上の過飽和の状

態であれば，さらに水蒸気が凝結して，より大きな水滴に成長する。

　雲や霧ができるときに重要なのは，比較的大きな，吸湿性のよい，水に溶けやすい凝結核である。主なものとして土壌粒子，海塩粒子，人工的汚染物質，燃焼でできた酸化物などである。特に，凝結で生じた水滴に化学成分が溶けている場合（これを溶液という）には，図4.2に示した純水の場合より小さな過飽和の相対湿度で，水滴がまわりの水蒸気と平衡状態になる性質がある（これをラウールの法則という）。溶液の濃度によっては相対湿度が100%以下でも過飽和になることがあり，まわりの水蒸気が容易に凝結して水滴が大きくなりやすい。

4.5　雲粒と氷晶

　凝結核をもとに生じた微細な水滴が，さらにまわりの水蒸気の凝結によって大きく成長したものを，雲粒という。水滴のまわりの水蒸気が凝結して水滴が大きくなるのは，拡散によるしくみとも呼ぶ。拡散とは，空間に水蒸気の密度差があったとき，時間とともに密度が一様になる現象のことである。図4.3には，凝結核と雲粒の代表的な大きさの程度（これをスケールという）が示してある。代表的な雲粒のスケールは半径10 μm程度である。図には，第4.16節で述べる霧粒，雨滴などのスケールと，これをもたらす大気現象のスケールも示してある。図に示した大気現象は雨雲を伴うことが多い。大気現象の雨雲のスケールと雨雲をつくる凝結核，雲粒，雨粒のスケールの比が，10^{14}〜10^{6}もあ

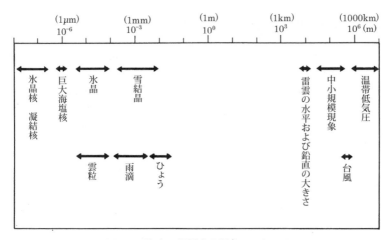

図4.3　降水に関係する現象のスケール

ることが大気現象の特異な点である。

　ふつう，水は0℃以下で氷になるが，いつでも凍るとは限らず，0℃以下で
も水のままのことがある。これを過冷却水という。雲の中の温度が0℃～
約-4℃のときは，ほとんどの水滴が過冷却の水滴である。大気中の雲粒は氷
点下でも凍結しにくいといえる。さらに温度が下がって約-10℃になると，
過冷却水の雲粒が凍結して，氷の結晶（これを氷晶という）になり始める。
約-20℃になると，過冷却水滴より氷晶の割合が多くなり，-30～-40℃程
度になると，ほとんどが氷晶になっている。純粋な水からなる水滴は，-40℃
程度まで凍結しないが，これより高い温度で氷晶ができるのは，空気中の微粒
子との接触で凍結がうながされるためである。氷晶ができるのをうながす微粒
子を氷晶核と呼ぶ。このうち過冷却水滴の凍結をうながす微粒子を凍結核と呼
び，水蒸気が昇華して直接氷晶のできるのをうながす微粒子を昇華核と呼ぶ。
この両者をまとめて氷晶核と呼ぶ。

　自然の氷晶核としては，主に大気中に舞い上がった黄砂や火山灰などの，土
壌粒子に含まれる粘土鉱物が知られている。過冷却水滴の温度が低下したとき
に，水滴の中に含まれていた氷晶核の助けにより，凍結して氷晶ができたり，
過冷却水滴に氷晶核が接触した瞬間に，水滴が凍結して氷晶ができる。あるい
は，まわりの水蒸気が直接氷晶核に昇華して，氷晶が生じる。約-40℃前後
の過冷却水滴は，氷晶核の助けなしで自ら凍結して，氷晶が生じる。この結果，
約-40℃より温度が下がると，過冷却水滴は存在せず，氷晶のみになる。氷
晶は，冷たい雨のしくみ（第4.19節）で大切な役割をする。

4.6　熱力学の式と断熱変化

　大気中で雲粒ができるには，空気が冷えて，気温が露点温度より下がる必要
がある。空気が冷える原因にはいくつかあるが，最も重要なものは大気の上昇
運動である。大気の上昇運動は，第2.20節で述べた収束が原因で生じる。こ
のほかにも，第4.11節で述べる対流現象に伴って生じたり，第2部で述べる
ように，前線面や山の斜面に沿って空気が上昇するときにも生じる。

　大気中の空気塊が何らかの原因で上昇するとき，短時間で上昇すれば，空気
塊とまわりの空気の間で，熱の出入りはほとんどない。このように熱の出入り
のない変化を，断熱変化という。空気塊が上昇するときは，気圧が下がり，断
熱膨張して，空気塊の温度が下がる性質がある。これを断熱冷却という。逆に，
空気塊が下降するときは，断熱圧縮が起こり，空気塊の温度が上がる。これを
断熱昇温という。

　気体の断熱膨張で空気塊の温度が下がるしくみは，次のように説明できる。準備として，空気塊にわずかな熱量 ΔQ を加えた場合を考える。このとき熱量の一部は仕事 ΔW に使われ，残りは内部エネルギー ΔU の増加になる。ここで，仕事とは物体に働く力とこの力で物体が動いた距離の積である（[コラム4] 参照）。空気塊が膨張する場合には，空気塊の表面がまわりの空気を押しながら広がって，仕事をする。簡単な考察のため，球形の空気塊で，半径 r が Δr だけ広がる場合を考える。空気塊の表面積 A と気圧 p（単位面積に働く力）の積 pA は，空気塊に働く力である。仕事 ΔW は，この力と空気塊が広がった距離 Δr の積で表されるので，$\Delta W = pA\Delta r$ である。$A\Delta r$ は体積 V の増加分 ΔV であるから，$\Delta W = p\Delta V$ と表される。

　一方，単位質量の空気塊が持つ内部エネルギー U は，空気塊の比熱 C_v と温度 T を用いると $C_v T$ と表される（[コラム4] 参照）。この比熱は定容比熱あるいは定積比熱と呼び，乾燥空気では $717\,\mathrm{JK^{-1}kg^{-1}}$ である。このため微小な温度変化 ΔT による内部エネルギーの変化量は $\Delta U = C_v \Delta T$ と表される。この結果，$\Delta Q = \Delta U + \Delta W = C_v \Delta T + p\Delta V$ となる。単位質量の空気塊を考えると，ΔV の代わりに比容の微小変化 $\Delta \alpha$ で書き表され，

$$\Delta Q = C_v \Delta T + p\Delta \alpha$$

である。この式は熱力学第一法則と呼ばれるエネルギー保存則である。

　断熱変化では空気塊に熱の出入りがないので，$\Delta Q = 0$ である。上の式から $C_v \Delta T + p\Delta \alpha = 0$ が導かれる。空気塊が上昇して，膨張により体積が増加するとき，単位質量の空気塊では $\Delta \alpha > 0$ であるから，この式は $\Delta T < 0$ でないと成り立たない。すなわち，断熱膨張によって温度は下がる。

［コラム4］　仕事とエネルギー

　大気中のエネルギーの形としては，熱として表される内部エネルギー，力学エネルギーとしての位置エネルギーと運動エネルギーが考えられる。物体に力 F を働かせて，距離 s だけ移動させるのに必要なエネルギーを仕事という。第2.9節の運動方程式によれば，力が働くと加速度が生じて，速度が増加する。簡単のため，静止した質量 m の物体に，座標 x 方向の力 F_x が働いて運動する場合を考える。力 F_x による仕事は，物体が動いた距離の積分（コラム1）で表され，$\int F_x dx$ である。力が働いて変化した物体の速度を u とすると，$\int F_x dx = \int m(du/dt)dx = \int m(du/dt)(dx/dt)dt = \int mu(du/dt)dt = \int md/dt[(1/2)u^2]dt = (1/2)mu^2$ である。$(1/2)mu^2$ は u の運動エネルギーと呼ぶ。同様に，座標 y，z 方向の v，w の運動エネルギーも求められ，全運動エネルギーは $(1/2)m[u^2+v^2+w^2]$ と表される。運動エネルギーは，力による仕事によって増加し，力が働かなければ一定値を保つ。すなわち，保存する。

　大気にはいろいろな力が働くが，このうち重力を考えた場合，重力は鉛直下向きに働く。鉛直座標の上向きを正とする場合，鉛直座標の運動方程式は，$m(dw/dt) =$

$-mg$ である。重力の加速度 g は，場所や高さによって変化するが，気象の分野では，9.81 ms^{-2} の一定値（標準重力）として扱う。はじめに静止した物体が重力で落下するとき，時間 t が経過すると，運動方程式の積分から，物体の速度 $w=-gt$，落下距離 $z=-(1/2)gt^2$ となる。運動エネルギーは，静止の状態のゼロから $(1/2)mw^2 = (1/2)m(gt)^2$ に増加している。このあいだに重力によってなされた仕事は，重力×落下距離 $=(-mg)\times[-(1/2)gt^2]=(1/2)m(gt)^2$ であり，運動エネルギーの増加に等しい。これは，物体が高いところに位置していたために持っていたエネルギーが，重力で落下することにより仕事をして，運動エネルギーに変化したと考えることができる。物体が高い位置にあることで持つエネルギーを，位置エネルギーと呼ぶ。ある基準の位置から高さ h だけ高い位置にある単位質量の物体は，gh の位置エネルギーを持つ。このエネルギーは目に見えないことから，潜在（ポテンシャル）エネルギーとも呼ぶ。重力の中で落下する物体のエネルギーは，運動のエネルギーと位置エネルギーの和が一定であり，これを力学エネルギー保存則という。

　一方，大気は多数の分子の集まりであり，個々の分子は互いに衝突しながら，あらゆる方向に不規則に飛び回っている。分子の速さを v，質量を m としたとき，分子の運動エネルギーは $(1/2)mv^2$ である。熱力学の理論では，ある容積の気体について，すべての分子の運動エネルギーの平均が，その容積内の気体の絶対温度 T に比例すると定義される。すなわち，分子の速さの平均値を v_0 としたとき，$kT=(1/2)Mm_\mathrm{H}v_0^2$ の関係がある。ここで，k はボルツマンの定数（$=1.38\times10^{-23}$JK^{-1}），M は分子量，m_H は水素原子 1 個の質量（$=1.67\times10^{-27}$kg）である。分子の数が同じなら気体の分子運動が活発なほど気体の温度は高い。この分子の運動エネルギーと大気温度の関係は，単位質量の空気塊の内部エネルギー U と温度 T の関係でみると，定容比熱 C_v を用いて，$U=C_\mathrm{v}T$ と表される。

　運動する空気塊のエネルギーは，位置エネルギー，運動エネルギー，内部エネルギーの空気塊全体の総和であり，空気塊が断熱変化をするときには，エネルギーの総和は保存される。これを全エネルギー保存則という。大気の場合，位置エネルギーの全部が運動エネルギーに変化することはない。これは，大気中のどこかで空気の下降（位置エネルギーの減少）があれば，それを補う空気の上昇（位置エネルギーの増加）が起きるためである。大気の全位置エネルギーのうち，最大の運動エネルギーをもたらす部分を有効位置エネルギーという。

4.7　乾燥断熱減率と温位

　比容を用いた気体の状態方程式は，$p\alpha=RT$ と表される（第1.5節）。この式は，断熱過程で体積，気圧，温度が微少量だけ変化する場合，$\alpha\Delta p+p\Delta\alpha=R\Delta T$ と表すことができる[注]。さらに，前節の断熱膨張冷却を表す式を用いると，$C_\mathrm{v}\Delta T+R\Delta T-\alpha\Delta p=0$ が得られる。ここで，$C_\mathrm{p}=C_\mathrm{v}+R$ と表すと，$C_\mathrm{p}\Delta T$

注）　微分演算の公式 $(fg)'=f'g+fg'$ を用いた。

$-\alpha\Delta p = 0$ となる。C_pは定圧比熱と呼び，乾燥空気では 1004 JK^{-1}kg^{-1}である。

　この式と第 2.1 節の静力学の式から，鉛直方向の温度変化の割合は，

　　$-\Delta T/\Delta z = g/C_p \equiv \Gamma_d$

と表される。高さでわずかに変化する重力の加速度 g を，一定値の 9.81 ms^{-2}とすれば，Γ_d の値は一定で 0.0098 Km^{-1}である。この値を乾燥断熱減率という。すなわち，乾燥した空気塊は，断熱的に 100 m 上昇するごとに，温度が約 1℃下がることを示す。空気が湿っていても，温度が露点温度より高い場合には水蒸気の凝結は起こらない。このときにも，温度の下がる割合は乾燥断熱減率である。逆に，空気塊が下降して断熱圧縮するときには，乾燥断熱減率で温度が上がる。

　空気塊が水蒸気の凝結を生じないで上昇したり下降すると，空気塊は冷却したり昇温したりする。このとき空気塊の温度は，一定の値の乾燥断熱減率で高度変化するので，ある基準の高度の気温が決まると，ほかの高度の気温も一義的に決まる。基準の高度を気圧の $p_0 = 1000$ hPa としたとき，この高さの基準気温を温位と呼び，普通 θ で表す。θ は任意の気圧 p と気温 T から

　　$\theta = T(p_0/p)^{R/C_p}$

と表される[注]。温位は，乾燥空気塊または含まれる水蒸気が凝結しない空気塊では，空気塊の運動に際して保存される物理量であり，気層の安定の判定などに用いられる（第 4.10 節）。

4.8　湿潤断熱減率と相当温位

　水蒸気を含んでいる空気塊が断熱上昇して冷却したとき，水蒸気の凝結が起こる場合，微細な水滴が生じると同時に，凝結による潜熱が出る。この熱のため，空気塊の温度が断熱冷却によって下がる割合は，乾燥断熱減率より鈍くなる。このように，凝結を伴って断熱冷却するときの温度変化の割合を，湿潤断熱減率 Γ_m という。この場合の湿潤とは，大気が飽和していることを意味する。湿潤断熱減率の大きさは，乾燥断熱減率のように一定の値でなく，空気塊の温度とまわりの気圧によって異なる。表 4.2 に，温度と気圧の関数として，具体的な湿潤断熱減率の値が示されている。温帯地方では，地表付近で 100 m に

注）　温位 θ の式の導出
　　　断熱変化の式 $C_p\Delta T - \alpha\Delta p = 0$ と状態方程式 $p\alpha = RT$ から α を消去すると，$(C_p/R)\Delta T/T = \Delta p/p$ が得られる。この式を基準の気圧 $p_0 (= 1000$ hPa$)$ と基準の気温 θ から任意の気圧 p と気温 T まで積分すると，自然対数関数を用いて，$(C_p/R)\ln(T/\theta) = \ln(p/p_0)$ となる。この式から θ を求めると，$(1/p)$ の指数関数として，本文の式が導出できる。

表 4.2　湿潤断熱減率 Γ_{m} の値（℃/100 m）

気温/気圧	1000 hPa	850	700	500	300	200
−50℃	0.97	0.96	0.96	0.96	0.94	0.93
−40	0.95	0.95	0.94	0.93	0.90	0.86
−30	0.92	0.91	0.89	0.87	0.81	0.75
−20	0.86	0.84	0.81	0.77	0.68	0.60
−10	0.76	0.74	0.70	0.64	0.53	0.45
0	0.65	0.61	0.57	0.51	0.41	0.35
10	0.53	0.50	0.46	0.40	0.32	0.28
20	0.43	0.40	0.37	0.32		
30	0.35	0.33	0.31	0.27		
40	0.30	0.29	0.27			
50	0.27					

（注）　この表は定圧比熱として $c_p = 1005\,\mathrm{JK^{-1}kg^{-1}}$ の値を用いて計算されている。

つき約 0.5℃ であり，上空へ行くほど気温が下がるため，より大きな値になる。湿潤断熱減率は，湿潤大気の鉛直安定性を判定するときに大切な役割をする。

　乾燥した空気塊あるいは空気塊の中の水蒸気が凝結しないで断熱変化する場合は，温位 θ が保存する量であることを述べた。同じように，飽和している空気塊が断熱的に上昇して水蒸気が凝結する場合，次の式で定義される相当温位 θ_{e} が保存する量である。

　　$\theta_{\mathrm{e}} = \theta \exp(Lq_{\mathrm{s}}/C_pT)$

　ただし，この式は e を底とする指数関数（第2.2節コラム1参照）になっている。指数に表れる L は凝結（水蒸気が水滴になるとき）あるいは昇華（水蒸気が氷粒になるとき）の潜熱，q_{s} は空気塊が飽和に達したときの飽和混合比（第4.2節で述べた混合比が，飽和した空気塊の場合に示す値），C_p は定圧比熱である。この式の導出は，やや難しい積分と近似が必要なため専門書にゆずるが，相当温位は次のような意味を持つ物理量である。

　まず，空気塊が水蒸気（水蒸気量は飽和混合比 q_{s} で表す）として持っている潜熱を，凝結（あるいは昇華）によりすべて放出し，その際に生じた水滴や氷粒は，すべて降水として空気塊から落下させる。この結果，空気塊に水蒸気は含まれておらず，もともと含まれていた水蒸気の潜熱は空気塊を暖めるのに使われている。この乾燥した空気塊を，温位の場合と同じように，基準の気圧（1000 hPa）まで移動させたときの温度が相当温位である。すなわち，空気塊が水蒸気の潜熱で暖められる効果を含んだ，実質的な温位といえる。水蒸気を

含んだ空気塊の相当温位は，水蒸気の潜熱の分だけ温位より高い値となる。このことから，高温で多くの水蒸気を含んだ空気塊は，相当温位が高い。

　なお，未飽和であるが水蒸気を含んだ空気塊の相当温位は，飽和するまで乾燥断熱変化で空気塊を上昇させ，その後は湿潤断熱変化で水蒸気が凝結するときに放出される潜熱を空気塊に含めた温位である。

4.9　大気の浮力

　雲を生じる原因の一つである対流現象は，大気の鉛直方向の安定と不安定な状態が関係している。その準備として大気の浮力について考える。水の中に入れた物体には浮力が働く。これをアルキメデスの原理という。浮力とは，物体の体積が押しのけた水の重さと同じ力が重力とは逆方向に働く現象である。木材のように物体の密度が水の密度より小さいときは，物体の方が水より軽いので，浮力の方が物体に働く重力より大きく，浮かび上がる。金属のように物体の密度の方が大きいときには，浮力よりも物体の重力が大きいので沈んでしまう。物体と水の密度が等しいときは，浮力が物体の重力と釣りあうのでそのままの位置にとどまる。

　これと同じことが，大気中に空気塊を考えたときにも起こる。ただし，気象学では，上に述べた浮力（物体が押しのけた空気の重さ分だけ上向きに働く力）と，物体に働く重力との差を，浮力と定義するのが普通である。また，物体としてはまわりの大気とは密度の異なる空気塊を考える。すなわち，図4.4に示したように，大気中にまわりの大気の密度（ρ_s）とは異なる密度（ρ）の体積Vの空気塊を考える。重力の加速度をgとして，空気塊には，まわりの空気を押しのけることで生じる上向きの力$F_1 = g\rho_s V$と空気塊の重力$F_2 = g\rho V$が働く。これから空気塊に働く上向きの浮力は，$F_1 - F_2 = g(\rho_s - \rho)V$となる。$\Delta\rho = \rho - \rho_s$と表すと，空気塊の質量は$\rho V$であるから，

　　　単位質量あたりの浮力 $= -g\Delta\rho/\rho$

である。$\Delta\rho < 0$のとき，すなわち，まわりの大気より空気塊の密度が小さいときは，上向きに浮力が働き，空気塊は上昇する。この場合，正の浮力が働くという。逆に，$\Delta\rho > 0$のとき，下向きに浮力が働き，空気塊は下降する。この場合，負の浮力が働くという。

　密度差$\Delta\rho$で表した浮力は，次のように空気

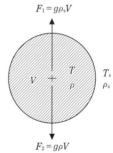

図4.4　空気塊に働く力と浮力

塊とまわりの空気の温度差で表すこともできる。図4.4のように，まわりの大気の温度をT_s，気圧をp_sと表し，空気塊の温度をT，気圧をpと表すと，状態方程式$p_s = R\rho_s T_s$と$p = R\rho T$が成り立つ。一方，まわりの大気と空気塊の高度は同じであるから，気圧は等しく$p_s = p$であるため，$\rho_s T_s = \rho T$が成り立つ。$\Delta T = T - T_s$と表して，$T_s = T - \Delta T$，$\rho_s = \rho - \Delta\rho$を状態方程式に代入し，近似を用いると[注)]，$\Delta\rho T + \rho\Delta T = 0$が得られる。この式から，単位質量に働く浮力の式を温度で表すと，

　　　単位質量あたりの浮力$= g\Delta T/T$

となる。すなわち，$\Delta T > 0$のときに正の浮力が働き，$\Delta T < 0$のときに負の浮力が働く。状態方程式からもいえることであるが，ある高度の空気塊は，その温度が高いほど密度が小さく（空気塊は軽く），正の浮力が働いて上昇し，空気塊の温度が低いほど密度が大きく（重く），負の浮力により下降する。

4.10　大気の安定・不安定

　図4.5の実線で示されているような，まわりの大気が，気温減率$\gamma = -\Delta T/\Delta z$で，気温が下がっている場合を考える。もし，高度Aにある空気塊が，何らかの原因で断熱上昇して，高度Bに達したとき，空気塊の中で凝結が起こらなければ，破線で示された乾燥断熱減率Γ_dで温度が下がり，Bで示した温度になる。図4.5(a)のように，上昇したBの空気塊の温度が，まわりの空気の温度より低い場合には，空気塊はまわりの空気より重く，負の浮力が働いて，もとのAの位置に戻ろうとする。このような場合を，大気の状態は安定であ

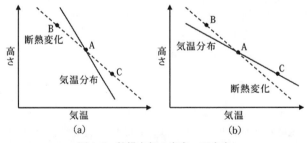

図4.5　乾燥大気の安定・不安定
(a) 安定な場合，(b) 不安定な場合

注)　微少量の積の近似

　　$\rho_s T_s = \rho T$に$\rho_s = \rho - \Delta\rho$，$T_s = T - \Delta T$を代入して整理すると，$\Delta\rho T + \rho\Delta T - \Delta\rho\Delta T = 0$が得られる。微少量の$\Delta\rho$，$\Delta T$と比べて，これらの積である$\Delta\rho\Delta T$は十分小さいので，$\Delta\rho$，$\Delta T \gg \Delta\rho\Delta T \fallingdotseq 0$の近似が成り立ち，$\Delta\rho T + \rho\Delta T = 0$が得られる。

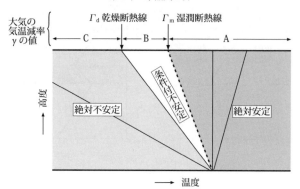

図4.6 大気の気温減率と安定・不安定
(A) 絶対安定領域, (B) 条件付不安定領域, (C) 絶対不安定領域

るという。一方, 図4.5(b)のように, 乾燥断熱減率で上昇した空気塊Bの温度が, まわりの温度より高いときには, 正の浮力が働き, ますます上昇する。このように空気塊の上昇が続くような場合を, 大気の状態は不安定であるという。また, 上昇した空気塊の温度が, まわりの温度と同じであるときには, 空気塊は上昇したそのままの位置にとどまる。この場合を, 大気の状態は中立であるという。空気塊を下降させた場合 (空気塊は図4.5のCの位置になる) も同じように考えることができる。

　空気塊の安定・不安定を考えるとき, 上に述べたことを式で表せば, $\Gamma_d > \gamma$ の場合は安定, $\gamma = \Gamma_d$ の場合は中立, $\gamma > \Gamma_d$ の場合は不安定である。また, 温位の鉛直変化率を用いて表せば, $\Delta\theta/\Delta z > 0$ (温位が高度とともに増加する) の場合は安定, $\Delta\theta/\Delta z = 0$ の場合は中立, $\Delta\theta/\Delta z < 0$ の場合は不安定である。

　ところが, Aから上昇した空気塊の中で水蒸気が凝結するときには, 湿潤断熱減率で温度が下がる。この場合も, 上昇して断熱冷却した空気塊の温度が, まわりの温度より低いときには, 空気塊はまわりの空気より重いので, 負の浮力が働き, もとの位置に戻ろうとする。まわりの温度より高いときには, 正の浮力が働き, ますます上昇する。このように, 空気塊が上下方向に運動が起こりやすいかどうかは, まわりの大気の気温減率に関係している。すなわち, まわりの大気の気温減率が, 図4.6のAで示す範囲にあって, 湿潤断熱減率より小さいときには, 空気塊が飽和していても, 飽和していなくても, 空気塊の上昇に対して安定である。このような気温減率の大気の状態を, 絶対安定という。これに対して, 大気の気温減率が乾燥断熱減率よりも大きいとき (図のCの範囲) には, 空気塊が飽和していても, 飽和していなくても, 大気は不安定

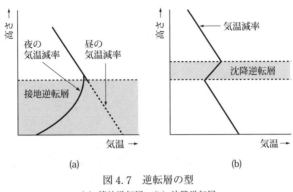

図 4.7　逆転層の型
(a) 接地逆転層　(b) 沈降逆転層

である。このような状態を，絶対不安定という。

　大気の気温減率が，乾燥断熱減率と湿潤断熱減率の中間にあるとき（図のBの範囲）は，水蒸気で飽和していない空気塊の上昇に対しては安定であるが，飽和している空気塊の上昇に対しては不安定である。このような状態を，条件付不安定という。ふつう，中緯度の対流圏の気温減率は 100 m につき約 0.5〜0.6℃ であるので，対流圏の大気は，条件付不安定の状態にある。

　第 1.3 節で示したように，対流圏では，ふつう，気温は高度が増すにつれて減少し，上空ほど低温である。ところが図 4.7 に示したように，高度とともに気温が上昇している場合がある。ふつうとは逆の温度変化のため，このような気温の上昇が見られる大気層を逆転層と呼ぶ。逆転層には，ふつう接地逆転層，沈降逆転層，移流逆転層がある。

　接地逆転層は，夜間の放射冷却により地表面が冷され，その上の大気層の温度が下がって生じる。冬季の晴れた夜の陸地に生じることが多く，放射霧が発生しやすい。ふつう，日の出とともに，逆転層や放射霧も消える。図 4.7(a) に夜間の接地逆転層と昼間にこれが消えたときの温度の鉛直変化が模式的に示してある。南からの暖かい空気が冷たい海上に吹いてくるときにも，接地逆転層が生じ，このときは移流霧と呼ばれる霧が発生しやすい（第 4.15 節）。一方，沈降逆転層は，空気塊が下降流の断熱圧縮で昇温して，地上より上空にできる逆転層であり，鉛直温度変化の模式図が図 4.7(b) に示してある。このほか，第 7.3 節で述べる前線の転移層では，移流逆転層と呼ばれる逆転層が生じる。

4.11　対　流

　部分的に高温の空気塊が，正の浮力によって鉛直上方に移動する現象を対流

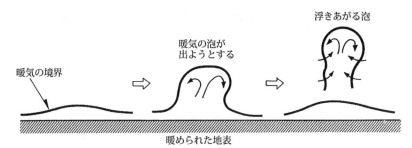

図4.8　サーマルのできる様子

という。部分的に低温な空気塊が，負の浮力で沈み込むのも対流である。対流
現象が起こると，下層の高温の空気が上層の低温な場所に移動する。これは鉛
直方向に熱を運ぶことを意味する。このため対流は，大気中で鉛直方向に熱を
運ぶ重要な役割をしている。対流は，次に述べるように，大気の不安定が原因
で生じるので，自由対流あるいは熱対流とも呼ばれる。

　部分的に高温の空気塊は，地表面が日射で暖められるときに生じる。地表面
の状態が場所によって異なると，日射のアルベドの違いにより，部分的に強く
暖められる場所が生じて，まわりより高い温度の熱気泡（これをサーマルと呼
ぶ）ができることがある。図4.8に，サーマルのできる様子が模式的に示して
ある。サーマルは，まわりの空気と比べて密度が小さいので，浮力により地面
から離れて上昇する。上昇する空気を補うため，上昇気流のまわりには下降気
流ができる。サーマルは，大気中で不安定な状態が続くかぎり浮力により上昇
するが，まわりの大気から密度の大きい冷たい空気がサーマルに入り込む（こ
の現象をエントレインメントと呼ぶ）と，しだいに浮力を失い，ついには消滅
する。

　地表面が一様に加熱される場合には，大気の上層と地表面の間の温度差がし
だいに大きくなる。大気は広い範囲で不安定になり，上層と地表面の温度差が
ある限界の値に達すると，図4.9に示すような，上昇流と下降流が規則正しく
並んだ対流が生じる。このような対流は，細胞状対流という。発見者の名前を
とって，ベナール型対流とも呼ばれる。この対流はもともと実験室の中で発見
されたが，実際の大気の中でも発生していて，実験室ほど規則正しくはないが，
雲の分布で見ることができる。晴れた夏の日の午後は，陸地が日射で温められ，
対流が起こりやすく，上昇流の部分で生じたひつじ雲のような斑点状の雲は，
細胞状対流で発生したものと考えられている。

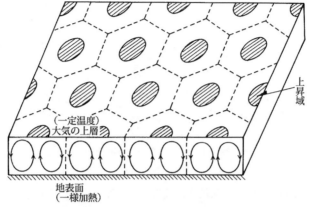

図 4.9　細胞状対流（模式図）
大気の上層と地表面の間の温度差がある限界を超えたときに発生する

　また，冬季に，シベリア大陸の寒気が日本海や太平洋に吹き出したとき，上空の寒気と比べて相対的に暖かい海面との温度差により細胞状対流が発生する。この様子が，気象衛星の雲画像にしばしば観測される。この場合，実験室で発見された細胞の中心に雲が発生する閉細胞型（クローズドセル型ともいう）と，細胞中心には雲がなく細胞縁辺に雲が発生する開細胞型（オープンセル型）の二つの型の細胞状対流が見られる。下層と上層の安定度を比べたとき，下層がより不安定なら閉細胞型が生じ，上層がより不安定なら開細胞型が生じることが明らかにされている。

　シベリア大陸から寒気が吹き出すときに，日本海には筋状の雲が発達するのがしばしば観測される（第14.2節）。これも細胞状対流雲の一種である。寒気は日本海上で海面から暖められて対流が生じ，細胞状対流雲が発生する。この細胞雲は強い風が吹いているところでは，その風下の方向に並ぶ性質があり，筋状の雲列として観測される。

4.12　積雲対流

　大気が条件付不安定の場合には，水蒸気の凝結を伴う対流が，次のようなしくみで生じる。これを積雲対流という。大気が図 4.10 の実線で示すような温度分布をしているものとする。このような，実際の大気の状態の鉛直変化を表す曲線を状態曲線という。図の場合，C から X あたりまでは条件付不安定であり，XDY では絶対安定の状態になっている。

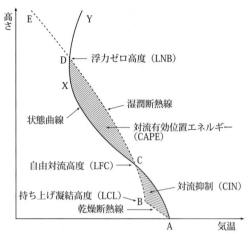

図 4.10　大気の状態曲線と空気塊の上昇による温度変化（模式図）

　　いま地表面の A 点に，まだ飽和していない空気塊を考えると，この空気塊
は A 点では安定である。しかし，何らかの理由で上向きの力が働いて，空気
塊が上昇したとする。空気塊は，図の点線で示すように，乾燥断熱減率で温度
が下がる。ある高さ（B 点とする）までくると，飽和して凝結が始まる。この
高さを持ち上げ凝結高度（LCL; lifting condensation level の略）という。凝結
が始まる B 点より上では，空気塊は雲を生じながら湿潤断熱減率で温度が下
がる。C 点の高さまで上昇すると，空気塊の温度はまわりの気温と等しくなる。
C 点より上では湿潤空気に対して不安定であり，空気塊が C 点より少しでも
上に動けば，空気塊の温度がまわりより高くなり，自由に上昇していく。この
ことから C 点を自由対流高度（LFC; level of free convection の略）という。C
点から D 点までは，空気塊は浮力により点線に沿って上昇し，雲を生じなが
ら温度が下がる。D 点の浮力がゼロになる浮力ゼロ高度（LNB; level of neu-
tral buoyancy の略）より上では絶対安定の状態になっているが，それまでの上
昇の勢いで，空気塊は D 点を過ぎてもしばらくは上昇し続けて，やがて上昇
がとまる。
　　このように条件付不安定な大気の場合には，空気塊が何らかの原因で自由対
流高度まで上昇すると，その後は大気の不安定により対流が生じる。空気塊を
自由対流高度まで上昇させる原因には，サーマルによる熱対流や前線面・山の
斜面に沿った上昇流や低気圧に気流が収束して生じる上昇流がある。積雲対流
によって空気塊が上昇すると，下層の空気は失われることになるが，これはま

わりの空気が下降して補う。積雲対流の中で生じる降水粒子や上昇・下降流の
ふるまいについては第12.2節で述べる。

4.13　エマグラムと安定指数

　空気塊が断熱変化をするとき，温度や水蒸気量の変化を簡便に調べられる断
熱図と呼ばれるものがある。その一つがエマグラム（emagram; energy per
unit mass diagram の略）である。これは，横軸には気温を，縦軸には高度と
ほぼ対応する気圧の自然対数値 $-\ln(p)$ を表し，補助線として乾燥断熱線，湿
潤断熱線，等飽和混合比線の3種類が描かれたものである。

　図4.10に示した持ち上げ凝結高度を，エマグラムで具体的に求める方法は，
以下のとおりである。ある地点の高層気象観測データから，エマグラム上に気
温と露点温度の状態曲線を描画する。このうち，ある高度（普通は地上）の空
気塊の気圧，気温，露点温度をそれぞれ p, T, T_d としたとき，この高度付近
のみのエマグラムを示したものが図4.11である。この図で空気塊はA点にあ
り，露点温度 T_d の点 A′ を通る等飽和混合比線の値から，空気塊の飽和混合比
がわかる。なお，図4.11は，図が複雑にならないように，A点を通る乾燥断熱
線やA′ 点を通る等飽和混合比線が描かれているが，これらが通常エマグラ
ムに描かれている補助線（図4.11では省略）と一致する場合は少なく，ふつ
うは，補助線と補助線のあいだ
に実際に必要な補助線を，内挿
により描いて利用する必要があ
る。

　前節で述べたように，A点を
通る乾燥断熱線とA′ 点を通る
等飽和混合比線の交差点が，持
ち上げ凝結高度のB点であり，
ここから空気塊中で水蒸気の凝
結が始まる。空気塊がさらに上
昇するときには，B点を通る湿
潤断熱線に沿って温度が変化す
る。この湿潤断熱線と状態曲線
が交差して，状態曲線の方が温
度の方が低くなり始めるところ
が自由対流高度である。このよ

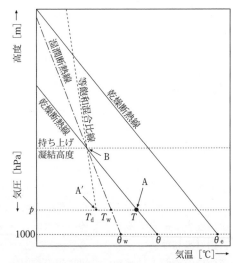

図4.11　エマグラム上で空気塊の温度変化と
　　　　熱力学量の関係

うに，エマグラムを用いると，容易に，持ち上げ凝結高度や自由対流高度を求めることができる。

　なお，エマグラム上の閉じた線が囲む面積は仕事（エネルギー）量を表す。図4.10の中で自由対流高度のC点より下でA点まで右斜線で示した面積は，負の浮力により空気塊になされる仕事であり，対流を抑制する仕事に相当する。これを対流抑制（CIN; convective inhibition の略）と呼ぶ。一方，C点より上でD点まで左斜線で示した面積は，正の浮力により空気塊になされる仕事であり，対流活動をひき起こす仕事に相当する。これを対流有効位置エネルギー（CAPE; convective available potential energy の略）と呼ぶ。これらの二つのエネルギー量を比べて，CAPE＞CINの場合には対流が発生しやすい目安として使われる（有効位置エネルギーについてはコラム4参照）。

　予報の現場では，大気の鉛直安定性を見積もるのに，さらに実用的なショワルター安定指数（SSI; Showalter stability index の略）が用いられている。この指数は，850 hPaの空気塊を500 hPaまで断熱的に持ち上げたときに，持ち上げた空気塊の温度T_cと500 hPa高度で観測した温度T_eから(T_e-T_c)の値を1℃単位の数値で求めたものである。この値が負であると，持ち上げられた空気塊は500 hPaでも浮力が働き，さらに上昇するので鉛直的に不安定な大気と判定できる。

　図4.11には，これまでに説明した温度(T)，露点温度(T_d)，温位(θ)，相当温位(θ_e)が図示してあり，これらから新たに定義される湿球温度(T_w)，湿球温位(θ_w)が図示してある。すなわち，持ち上げ凝結高度から空気塊を湿潤断熱線に沿って下降させたとき，空気塊がもともとあった気圧高度pの線と交差する温度が，相対湿度の観測に現れる湿球温度T_w（第4.2節，第5.8節）であり，1000 hPa高度まで下降させたときの温度が，湿球温度に対応する湿球温位θ_wである。

4.14　雲の分類

　雲は，水滴または氷晶が集団で大気中に浮かんでいるものである。水滴ができるには，第4.6節で述べたように，温度が下がって水蒸気が凝結しなければならない。温度が下がる原因は，主に上昇流による断熱冷却である。このため雲の高さや形を観察すれば，雲の中や雲のまわりの上昇流の特性，大気の安定度，水蒸気の分布，大気の運動などを知る手がかりとなる。すなわち，雲は大気の状態を目で見える形で表す天気の要素である。

　雲の形は，イギリスの気象学者ハワードがラテン語で分類した，次の四つが

表4.3　雲の分類（10種雲形）

			英　　　　名	記号	高　度（m）	温度（℃）
層状雲	上層雲	巻　雲	Cirrus	Ci	5000 以上	−25 以下
		巻積雲	Cirrocumulus	Cc		
		巻層雲	Cirrostratus	Cs		
	中層雲	高層雲	Altostratus	As	2000〜7000	0〜−25
		高積雲	Altocumulus	Ac		
		乱層雲	Nimbostratus	Ns	上層および下層に広がっていることが多い	——
	下層雲	層積雲	Stratocumulus	Sc	2000 以下	−5 以上
		層　雲	Stratus	St		
対流雲	積　　　雲		Cumulus	Cu	600〜6000 ないしそれ以上	——
	積　乱　雲		Cumulonimbus	Cb	12000 にのびることあり	−50 （雲頂）

高度は温帯地方の場合

基礎になっている。すなわち，空一面が隙間なく覆われている層状の雲，盛りあがった状態または積み重なった状態で塊りになって空に浮かんでいる積雲，すじ状または羽毛のような巻雲，および雨雲である。雲の国際分類では，これらの四つの形を組みあわせ，発生のしかたや高さも含めて，表4.3の10種雲形を用いる。それぞれの雲の特徴については，巻末の付表1に説明してある。雲を撮影した写真による分類については，専門書を参考にされたい。

　層状の雲は，安定な大気の層が広い範囲にわたって上昇する場合に発生する。雲の高さによって下層雲，中層雲，上層雲に分けられる。中層雲は，中層の高さを示すalto という接頭語を用いて分類する。表4.3の中の高度は，温帯地方の典型的な場合が示してあり，季節や緯度によって異なる。温帯地方で最も典型的な層状の雲は，第8.3節で述べる温帯低気圧に伴う雲である。

　鉛直にひろがる雲は，条件つき不安定な大気中を，暖かく湿った空気塊が上昇するときに発達する。これは積雲や積乱雲であり，発生する原因から対流雲と呼ぶ。対流雲が発生したばかりのときは積雲であり，ある程度発達すると雄大積雲となる。これがさらに発達すると積乱雲になり，積乱雲の雲頂が対流圏界面まで達すると，かなとこ雲として水平に広がっていく。対流雲の構造は第12.2節で述べる。

4.15　霧

　水蒸気が凝結して大気中に微細な水滴が生じ，これが空に浮かんでいる場合には雲であり，地面に接している場合には霧という。このように雲と霧は本質的なちがいはない。山地では二つの区別はあいまいとなり，遠方からは雲と見えるものでも，山にいる人は霧と観測することがある。また，霧粒が，水滴の場合には霧というのに対して，氷晶からできているものは氷霧（こおりぎり）という。霧の中では，霧粒のために視界が悪くなる。水平の視界，すなわち視程が，1 km未満の場合を霧と呼び，視程が1 km以上の場合を靄（もや）と呼ぶ。

　雲は，湿った空気が上昇することによって，たえず過飽和になっているときに生じる。これに対して霧は，地表面近くの湿った空気が露点温度以下まで冷やされるときや，空気が飽和するまで蒸発などで水蒸気が加えられるときに生じる。ふつう霧は，発生原因によって次のように分類されている。

(1)　放射霧……夜間の放射冷却により地表面の温度が下がり，地面に接している空気の温度が下がって生じる。風が弱く，雲のない夜とその明け方によく発生するが，日の出後は気温が上がり，霧粒が蒸発して消える。寒い時期の山間の盆地で発生することが多い。

(2)　移流霧……暖かく湿った空気が，冷たい地表面（地面や海面）に移流したとき，地表面から冷やされて生じる。暖かい空気を移流させるために適当な風が吹いていること，地表面の温度が移流してくる空気の露点温度より低いことが必要である。海上にできる霧の代表的なものであり，広い範囲に発生し，持続時間も長い。日本近海でいえば，北海道付近でよく発生する。

(3)　上昇霧……山の斜面に沿って空気が上昇するときに，断熱冷却により飽和して霧となる。雲との区別があいまいで，遠方からは雲に見える。比較的風が強いときに生じる。滑昇霧ともいう。

(4)　蒸気霧……水面上にそれよりずっと低温な空気が流れてくると，水面近くの湿った空気が低温な空気と混ざり，飽和に達して，霧となる。大きな湖や河が凍結する前に冷たい北風が吹くときに発生する。この霧は水面から湯気のように立ち昇るが，高さは水面から数 m以下と低い。

(5)　前線霧……温暖前線（第7.4.1節）などが通過するときによく見られる霧である。これは，前線面より上空の，比較的暖かい空気中に生じた雨滴が，落下する途中で蒸発して生じる霧である。

　一方，霧は発生しやすい地形によって，山霧，谷霧，盆地霧，川霧，都市霧などと分類することもある。

4.16　雨滴の大きさ

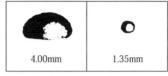

図4.12　風洞実験で求めた落下中
の雨滴の形（ブルパッチャーとベ
アード，1970：一部修正）
図中の数字は相当する水滴の直径

　雲粒が大きくなって，半径が約 0.1 mm 以上になると雨滴という。これが地上に落ちてくると雨と呼ぶ。温帯地方の雨滴は，半径 1〜3 mm 程度のものが最も多く，第 4.19 節で述べるひょう（雹）のような極端に大きいものはない。これは，雨滴が大きくなると次節で述べるように落下速度が大きくなり，また，雨滴の形も球形とはちがって，図4.12 に示すように水滴の下面が偏平になり，この結果雨滴が二つに分裂してしまうためである。なお，雨滴の大きさが直径 0.5 mm 以上の場合を雨といい，これより小さい場合は霧雨と呼ぶ。

　第4.5 節で述べたように，代表的な雲粒の大きさは，半径約 0.01 mm（10 μm）である。これに対して，代表的な雨滴は，半径約 1 mm である。図4.13 には雲粒と雨滴の大きさが比べてある。これを体積で比べると，どちらも球形をしていると仮定すれば，球の体積は $(4/3)\pi r^3$ であるから，半径が 100 倍大きい雨滴の体積は，雲粒の体積より百万倍大きい。第4.4 節で述べたように，ある大きさ以上の凝結核を中心としてできた微細な水滴は，水滴が 0.1〜1 μm より大きい場合にはさらに凝結が続いて水滴が成長する。

　理論的に導かれた，凝結で水滴が成長する式によれば，水滴の質量の増加速度は，まわりの水蒸気密度，過飽和度，水蒸気の拡散係数に関係し，水滴の半径に比例する。ここで，過飽和度とは，相対湿度の値のうち 100% を超えた

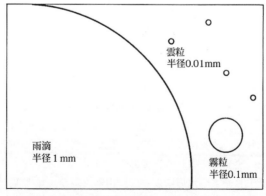

図4.13　代表的な雲粒・霧粒・雨滴の大きさの比較

分をいう。たとえば，相対湿度が 120% の場合，過飽和度は 20% である。水蒸気拡散係数とは，空間に水蒸気の密度差があった場合，どれくらい速く水蒸気密度が一様になるかを表す度合いである。水滴の質量は半径の 3 乗に比例するので，成長の式を，水滴半径の増加速度の式に書き直すと，半径に反比例する式になる。すなわち，水滴半径を r，微小時間 $\varDelta t$ のあいだに半径が増加する分を $\varDelta r$ としたとき，$\varDelta r/\varDelta t \propto 1/r$ である。したがって，大きさの異なる水滴が，水蒸気の凝結により成長する場合，小さな水滴ほど半径の増加速度が大きい。この結果，いろいろな水滴半径の大きさのちがいは，時間とともに小さくなる。エーロゾルを凝結核とした水滴の雲粒は，はじめのうちはまわりの水蒸気が凝結して急速に成長するが，やがて成長が鈍る。

　計算によれば，過飽和度が 0.25%（すなわち相対湿度が 100.25%）の場合，半径 0.5 μm の水滴は 10 分後には 10 μm にまで成長する。半径の成長率でいえば約 2000%（20 倍）である。代表的な雲粒の大きさである 10 μm の水滴は，同じ 10 分後には半径 14 μm 程度までしか成長できず，半径の成長率では約 140%（1.4 倍）である。成長率は半径が大きくなるとともに鈍ってくるので，代表的な半径 10 μm の雲粒から代表的な半径 1 mm の雨滴まで，凝結により成長するには 2〜3 日もかかることになる。ところが実際の雨は，雲ができてから数時間のうちに降ってくることがある。このことから雲粒から雨粒へは，水蒸気の凝結とは異なるしくみで成長すると考えられている。これらは暖かい雨と冷たい雨のしくみと呼ばれている。

4.17　水滴の落下速度

　暖かい雨と冷たい雨のしくみには，雲粒の落下速度の性質が関係している。雲の中には，さまざまな大きさの雲粒の水滴や氷粒があり，雲粒は重力によって落下している。雲を見たとき，落下速度が小さい雲粒は空に浮かんで見えるが，雲粒一つ一つは大きさによって異なった速度で落下している。雲粒が重力で落下するとき，まわりの大気から抵抗力と浮力が働く。ただし，浮力は重力に比べて 1/1000 程度であるので無視できる。抵抗力は，雲粒の落下とともに大きくなり，ついには雲粒に働く重力と釣りあうようになって，一定速度で落下するようになる。この一定速度を終端速度と呼ぶ。

　雲粒を球形の水滴と考えた場合，小さな雲粒にあたる水滴半径 r が 0.5〜10 μm 程度の場合，水滴の落下速度を U，大気の粘性係数を η_{a} とすると，水滴に働く大気の抵抗力は，$F_{\mathrm{d}} = 6\pi\eta_{\mathrm{a}}rU$ と表される。この抵抗力の式をストークスの式という。この式の粘性係数とは，流体のねばり度を表すもので，流体がサ

ラサラしているほど粘性係数は小さい。ちなみに，20℃，1気圧のもとで，空気の粘性係数は約 1.8×10^{-5} Pa·s であり，水の粘性係数はこれより約200倍大きい値である。

　一方，球形の水滴に働く重力は，水の密度を ρ_w，重力の加速度を g とすると，$(4/3)\pi r^3 \rho_w g$ である。重力と抵抗力が釣りあうときの落下速度が終端速度 U_t であるから，$U_t = (2/9)r^2 \rho_w g/\eta_a \propto r^2$ となり，U_t は水滴の半径の2乗に比例する。

　専門書によれば，大きな雲粒～小さな雨滴にあたる水滴半径が 10 μm～0.5 mm 程度の場合には $U_t \propto r$，小さな雨滴～大きな雨滴にあたる水滴半径が 0.5～3.5 mm の場合には $U_t \propto r^{1/2}$ の結果が得られている。ただし，水滴が大きくなると水滴は変形して球形でなくなるが，球形と仮定して得られた結果である。いずれの大きさの水滴でも，半径が大きければ大きいほど，終端速度が大きいことを意味する。また，半径 3.5 mm 程度以上の大きい水滴では，水滴の表面水流などの影響で偏平となり（図4.12），球形として扱えず，水滴の終端速度は流体力学的な理論計算や実験によって求められている。

　上記の結果に，大気の粘性係数 η_a などの具体的な値を用いて計算すると，代表的な雲粒（半径 10 μm）の終端速度は約 1.2 cms^{-1} であり，代表的な雨粒（半径 1 mm）では約 7 ms^{-1} である。なお，ひょうを含めた氷粒子の終端速度についても流体力学的な理論計算や実験によって落下終端速度が求められているが，ひょうになると終端速度は 10～60 ms^{-1} にもなる。

4.18　暖かい雨

　低緯度や中緯度の層状雲では 0℃ より高い温度の雲から雨が降る。この場合，雲は水滴の雲粒から成り，水雲と呼ばれる。低緯度や中緯度の 0℃ より高い温度の雲の中には，最初に水滴をつくる凝結核の大きさの分布と，その後の凝結による水滴の成長のちがいによって，さまざまな大きさの雲粒の水滴が含まれている。前節で述べたように，水滴の大きさによって落下の終端速度が異なる。図4.14 の模式図のように，大きな水滴は落下速度が大きく，落下の途中で小さな水滴に衝突する。このとき大きな水滴は，小さな水滴を自分のまわりに付着させて成長する。この衝突と付着によるしくみを，併合と呼ぶ。水滴の半径が大きいほど，小さな水滴を取り込む面積（断面積）が大きいので，併合が起きやすい。併合で大きくなった水滴は，さらに落下速度が増すとともに，断面積も大きくなるので，いっそう他の水滴と衝突しやすくなり，加速度的に成長する。このように，水滴の併合によって雲粒から雨粒に成長するしくみを，暖

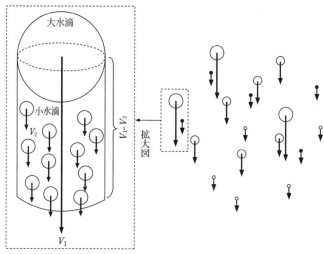

図 4.14　雨滴の併合のしくみの模式図
大きな水滴は落下速度（V_1）が大きいため，小さな水滴（落下速度V_2）に追いつき，これを併合して成長する。大水滴が単位時間に併合する小水滴はV_1-V_2の円筒形に含まれる。

かい雨と呼ぶ。その場合の雲を暖かい雲という。

　暖かい雨のしくみでは，雲粒の中に大きな凝結核からできた雲粒が混ざっていること，落下するあいだに何度も衝突して成長するために雲が厚いこと，が必要である。ふつう，海洋上の積雲の中には，比較的大きな雲粒が含まれているため，併合によって急速に雨滴まで成長しやすく，暖かい雨を降らせることになる。雨滴が約 3 mm 以上に成長すると分裂し，水滴の数が増加して併合が起きやすくなる。また，雲の中に上昇流や空気の乱れがあれば，いっそう併合が起きやすくなる。

4.19　冷たい雨

　雲粒の生成や降水粒子の成長の過程で，氷晶から氷粒子の過程を経過し，落下の途中で融けて，地上の降水粒子が水滴となっている場合を，冷たい雨という。日本付近の中緯度では，約 80 % の降水が水滴と氷晶が混在する混合雲から，冷たい雨のしくみで降るといわれている。図 4.15 に冷たい雨のしくみの模式図が示してある。

　冷たい雨を降らせる氷晶雲や混合雲の中で，氷晶ができる条件は第 4.5 節で述べた。観測によれば，氷晶核の個数は，凝結核の個数に比べて非常に少ない。

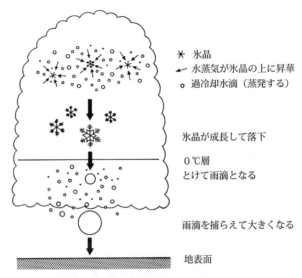

図4.15　冷たい雨の降るしくみの模式図

このため，温度が0℃以下の場合でも氷晶より過冷却水滴が多いはずである。ところが，観測による雲中の氷晶の個数は，氷晶核の100倍から1万倍もある。これは，過冷却水滴が凍結するときに，いくつもの氷晶に飛び散ったり，壊れやすい氷晶が，落下途中で多くの氷晶に分裂するため，と考えられている。−30〜−40℃程度より温度の高い雲の中では，過冷却水滴と氷晶が混ざっていることから，雲の中の氷粒子は次のメカニズムで成長する。

　まず第一には，大気中の水蒸気が氷晶に昇華して，氷晶が大きくなるしくみがある。これは，第4.16節で述べた水滴の雲粒が水蒸気の凝結で成長するしくみと同じである。このしくみでは，表4.1で示したように，氷点下で過冷却水面と氷面とで，飽和水蒸気圧にちがいがあることが重要である。たとえば，気温−10℃では，過冷却水面に対する飽和水蒸気圧 e_s と氷面に対する飽和水蒸気圧 e_{si} との差は約0.28 hPaである。雲の中で過冷却水滴と氷晶が混ざっている場合，$e_s > e_{si}$ であるため，過冷却水滴は蒸発して，蒸発した水蒸気は氷晶に昇華して，氷粒子が成長する。昇華による氷粒子の成長の速さは，第4.16節で述べた凝結による水滴の成長の速さよりかなり大きい。過飽和度0.25％で，半径0.5 μm の氷粒子は，10分間で半径約70 μm まで成長し，半径の成長率でいえば約14000％（140倍）である。半径10 μm の氷粒子では，成長率が約700％（7倍）である。このように，氷晶は昇華によって速く成長して氷粒

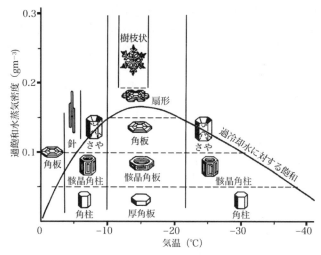

図 4.16　雪の結晶の形と気温，過飽和水蒸気密度の関係 (小林. 1984)

子になる。

　水蒸気の昇華によって成長する氷粒子は，さまざまな規則的な形をした雪結
晶になる。雪結晶の形状には，大きく分けて，細長く柱状に伸びたものと薄く
板状に広がったものに区別され，この性質を晶癖という。どのような雪結晶が
できるかは，氷晶が成長するときの気温と水蒸気の過飽和度に関係する。図
4.16 に気温と過飽和度による，雪の結晶の型と成長の変化の型が示してある。

　冷たい雨で氷粒子が成長する第二のしくみは，混ざっている過冷却水滴との
衝突付着である。氷晶が大きくなって雪結晶として落下中に，過冷却水滴の雲
粒に衝突すると，水滴は雪結晶に付着して凍結する。このしくみをライミング
という。過冷却水滴が付着して，雪結晶の質量が増加して，落下速度が大きく
なると，ますます多くの過冷却水滴が雪結晶に付着して，もとの雪結晶の形が
わからなくなる。このような氷粒子をあられという。

　第三のしくみは，落下中の氷粒子（雪結晶やあられ）の形や大きさによって，
落下速度がちがうために生じる氷粒子どうしの衝突と付着である。付着した氷
粒子は質量が増加して，落下速度が大きくなり，さらに他の氷粒子に衝突と付
着が起こりやすくなる。付着の特性として，樹枝状の雪結晶どうしは，温度が
高いほど付着し合う割合が高くなる。特に，－5℃ より高いと付着する確率が
高くなり，ぼたん雪ができる。一方，角板の雪結晶どうしは，はね返って付着
しにくい。

　上のしくみで0℃より温度の低い雲の中で成長した氷粒子は，これらが地上にまで到達すれば，雪やあられとして観測される。雪やあられが落下する途中で，気温が0℃の大気層に達すると溶け始める。しかし，もし雲底の下の空気が乾燥していると，氷粒子の昇華によって熱を奪われるために，氷粒子自身は0℃以下の状態で落下を続ける。みぞれは，雨と雪とが混ざって降るものをいう。また，溶けかかって降る雪のことも，みぞれという。

　0℃より下の層で雪やあられが完全に溶けると雨滴となる。地上気温が+4℃程度以上になると，たいていの場合は雨になる。この雨滴は地上に達するまでに，ほかの小さな雨滴を併合してさらに大きくなる。

　ひょうは，あられが大きく成長したもので，直径5mm以上の氷粒子のことである。また，このような粒子が落下する現象も，ひょうという。ひょうは，ふつう発達した積乱雲の中で生じる。第12.2節で述べるように，積乱雲の中には強い上昇流がある。上昇流のところでは，あられは地上に落ちないで，雲の中で過冷却の水滴が浮かんでいる層へ吹きあげられる。この層の中をあられがふたたび落下するとき，過冷却水滴があられに衝突して凍結し，あられは大きく成長する。このように，あられが，雲の中を繰り返して落下したり上昇したりして，ひょうにまで成長する。図4.3に示したように，ひょうの大きさは，ふつう直径が5〜50mmである。

　ひょうが降るのは初夏の頃に多く，真夏には少ない。これは，真夏には0℃の気温の層が高いところにあるので，上のしくみで生じたひょうが地面に落ちてくるまでに，途中で溶けて水滴になってしまうためである。

4.20　雲や雨による光学現象

　第3.5節で放射の散乱のうち，レーリー散乱は可視光線の波長によって散乱強度が異なるため，晴れた日の青空や夕焼けの光学現象が生じることを述べた。ここでは，雲粒や雨粒によって生じる光学現象について述べる。これらの粒子は，可視光線の波長より著しく大きいため，生じる現象は幾何散乱と呼ばれ，次の三つが主なものである。

(1)　虹……日が射している状態で雨が降っている場合に，太陽を背にして前方で雨が降るのを見ると，雨粒の中を通る太陽光が分光され，同心円状に7色の帯が見える現象である。図4.17(a)は雨粒の中で太陽の可視光線が分光されるようすを示している。太陽光が雨粒の水滴に入るときに屈折して，水滴内で反射して，水滴から出るときに再び屈折する。屈折する場合，可視光線の波長によって屈折率が違うため，太陽光は分光される。太陽光が水滴に

入る方向と水滴から出てくる方向がなす角を偏角（図の角度 D）という。図に示した偏角の補角 δ（$=180° - D$）は虹角という。波長が短いほど屈折率は大きく，紫色の光は虹角 $40°$ の角度で出てくる。波長の長い赤色の光の虹角は $42°$ である。この結果，前方の雨の中にある無数の水滴のうち，虹角

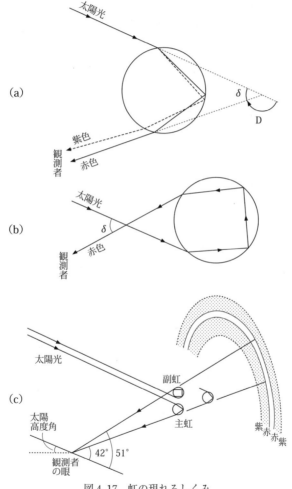

図4.17　虹の現れるしくみ
(a) 主虹の場合に雨粒の中で太陽光が分光される様子（虹角 $\delta = 42°$ の赤色と $\delta = 40°$ の紫色）
(b) 副虹の場合に雨粒の中で太陽光が分光される様子（$\delta = 51°$ の赤色）
(c) 観測者から主虹と副虹が見える模式図

40°の位置にある水滴からは，水滴の中で2回の屈折と1回の反射で分光された紫色の光が，同心円の帯の内側に見える（図4.17(c)）。一方，虹角42°の位置にある水滴の中を屈折と反射した光は，同心円の外側に赤色の光の帯として見える。このように水滴の中で，2回の屈折と1回の反射で分光された虹は，主虹と呼ぶ。まれに，主虹の外側に主虹より光が弱く，色の並びが逆になった虹が見られることがある。これは副虹と呼び，水滴の中で太陽光が2回反射して出てくる場合に現れる（図4.17(b)）。この場合，虹角51°の同心円の位置に，赤色の光の帯が見える（図4.17(c)）。

(2)　光環……雲粒が水滴である水雲を通して太陽や月を見た場合，明るい光の輪が太陽や月にかかって見える現象である。これは雲粒による光の回折で生じる。回折とは，波が進むとき途中に障害物がある場合，波が障害物の後方に回り込む現象である。電磁波の可視光線は，雲粒によって回折を生じ，入射した方向とはそれた方向に光が進む。雲中の雲粒が小さいほど回折が大

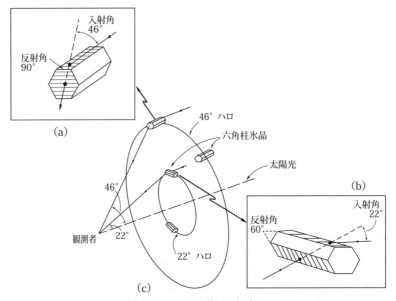

図4.18　ハロの現れるしくみ

(左上) 六角柱状の氷晶のある側面から入った光が底面から出ていく場合は，入射した光の
　　　 進む方向とは46°の角度だけ方向が曲げられる

(右下) 六角柱状の氷晶のある側面から入った光が，一つ離れた隣の側面から屈折して出て
　　　 いく場合，入射した光の進む方向とは22°の角度だけ方向が曲げられる

(中央) 22°と46°のハロが現れる模式図

きく，大きな光環が見られる。雲粒の大きさが一様なときには，可視光線の波長によって回折の大きさにちがいが生じ，青い光は円盤の内側に，赤い光は外側に現れる。雲粒の大きさがさまざまなときには，色の分離は起こらず，白っぽい光の輪として見られる。なお，御光やブロッケンの虹と呼ばれる光学現象も回折が原因で現れる。

(3)　かさ……上空に主として巻層雲が現れているとき，太陽や月の外側を取り巻く光の輪が見える現象である。ハロともいう。太陽や月の光が，巻層雲の中にある氷の結晶で，屈折や反射することが原因で現れる。図4.18の右下に示したように，六角柱状の氷晶のある側面から入った光が，一つ離れた隣の側面から屈折して出ていく場合，入射した光の進む方向とは22°の角度だけ方向が曲げられる。この結果，太陽や月の中心から22°離れた方向に光の輪として現れるのものが，内かさ（22°ハロ）である。ふつうは，ほとんど白色の光の輪として現れるが，波長により氷の屈折率が違うため，光の輪の内側が赤く，外側が青く色づくこともある。一方，図の左上に示したように，六角柱状の氷晶のある側面から入った光が，底面から出ていく場合には，入射した光の進む方向とは46°の角度だけ方向が曲げられる。このとき太陽や月の中心から46°離れた方向に現れる光の輪は，外かさ（46°ハロ）である。

　　上空の氷晶は，形や大きさや雲の中で浮かんでいる姿勢などがさまざまである。このため，太陽や月の光が氷晶で屈折や反射して現れる光の現象もさまざまである。上に述べた内かさや外かさ以外にも，氷晶の屈折が原因の幻日，天頂アーク（天頂弧）などがあり，反射が原因の太陽柱（光柱），映日，幻日環などがあり，すべてを総称して，かさ（ハロ）と呼ぶ。

第5章 気象観測

　気象の観測は，たえず変化する大気の状態を知るために，各種の気象要素を測定することである。第2部で述べる天気を構成する気象現象の発生のしくみや構造は，過去の多くの観測結果からわかったものである。また，第3部で述べる天気の判断にとっても，第一に大気の現在の状況（実況と呼ぶ）を表す観測データが必要である。気象観測には，観測する測器の感部を観測対象の大気中に置く現場測定と，観測対象の大気とは離れた場所に測器を置いて，電波などにより大気要素を観測する遠隔（リモートセンシング）測定に分けられる。現場観測は地上気象観測（アメダスや船舶・ブイ観測を含む），航空機による気象観測，ゾンデによる上層気象観測などであり，遠隔観測は気象レーダー観測，ウィンドプロファイラ観測，気象衛星観測などである。

　一方，測器を置く場所としては地表面，大気上層，宇宙空間の場合に分けられる。宇宙空間に測器を置く観測は気象衛星観測であり，航空機による気象観測では航空路上に測器が置かれ，その他の観測は地上に測器を置いて直接現場観測を行ったり，現場観測データを電波で受信する装置を地上に置いたり，遠隔測定の電波などを発射・受信する装置を地上に置いて観測する。

5.1　地上気象観測

　地上気象観測では，地表面付近の気圧，風向・風速，気温，湿度，雲などの，いろいろな要素を観測して，通報する。通報されたデータは，天気図に記入され，天気予報に利用される。天気図に見られる天気現象の規模は，たくさんの国にまたがることが多いので，世界気象機関（WMO; World Meteorological Organization の略）が中心となって，観測方法を国際的に統一している。

　観測時刻は，協定世界時を用いる。協定世界時（UTC; Universal Time Coordinated の略）は，イギリスのグリニッチの子午線を基準とした時刻である。気象界では，経度15°ごとに英文字を割りあてて呼ぶ習慣があり，経度0°にはZがあてられていることから，Z時とも呼ぶ。協定世界時を日本標準時に直すには，9時間を加えればよい。たとえば，0 UTC は日本時間の午前9時であり，18 UTC は翌日の午前3時である。

　協定世界時の0時を基準とする，6時間または3時間おきの観測は，定時観測と呼ばれている。定時観測の結果は，国際的に交換されて，広域の天気図を

描くための基礎資料となっている。観測所の 1 日の観測・通報回数は観測所の役割によって異なる。

　世界各地には約 5300 か所の地上気象観測所がある。日本国内では約 60 か所の気象台で地上気象観測を行っている。観測要素は限定されるが，多くの無人の気象観測点でも地上観測が行われている。海上については，気象観測船や各種の調査船が観測を行っているほか，一般の商船や漁船にも依頼した約 500 の船舶で気象観測や，陸上と同じように，無人の観測点である海洋気象ブイロボットによる，約 1100 の観測がある。以下では，天気を理解するうえで必要な要素の地上気象観測について述べる。

5.2　気圧の観測

　気圧を測るには，水銀気圧計が基本である。水銀気圧計は，非常に精度の高い標準用の気圧計で，観測の原理には，トリチェリの真空を用いている。これは図 5.1 に示すように，長さ約 1 m のガラス管に水銀（元素記号 Hg，比重13.6）を満たし，ガラス管の開いている方を下にして，水銀の入った容器の中に立てると，ガラス管の水銀柱は，容器の水銀面から約 760 mm の高さのところまで下がって止まる現象である。これは水銀柱の重さが大気の圧力と釣りあっているからである。この原理を用いたフォルタン型水銀気圧計は，水銀柱の高さを正確に測って気圧を求める測器である。このため，場所によって重力がちがうことや，温度によって水銀の密度がちがうことの補正をする。標準の水銀柱が 760 mm の高さのとき，気圧は 1 気圧（atm）という。水銀の比重から，水銀柱 1 mm の高さに相当する圧力は 1.333 hPa なので

　　1 atm = 760 mmHg = 1013.25 hPa

の関係がある。

　最近は，電気式気圧計が開発され，一般に水銀気圧計にとって代わっている。これらには，薄い金属製の円筒の中を真空にして，これに強制的に振動を与えるとその振動数が圧力によって変化することを利用した気圧計や，単結晶シリコンなどの弾性体で真空の空間（ダイアフラム）をつくり，ダイアフラムの

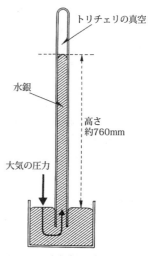

図 5.1　水銀気圧計のしくみ
（トリチェリの真空）

容積が気圧によって変化することを利用した気圧計である。いずれも気圧は振動数や静電容量の変化によって電気的に検出する方式なので，測定結果をデジタルデータとして表示したり，処理したりすることができる。気圧の絶対値の測定はできないので，基準器としてフォルタン型水銀気圧計を用いる。

　気圧計で読みとった値に，器差や温度の補正などを行った気圧は，現地気圧という。天気図には，現地気圧に第2.3節の海面更正をした海面気圧を用いる。

5.3　風の観測

　地上の風の観測は，風車型風向風速計，風杯型風速計，矢羽根式風向計，超音波風速計などの器械で行う。図5.2は，日本で多く用いられている風車型風向風速計の感部の外観を示す。大きな鉛直尾翼のために，風が吹くと風向に向いて，プロペラが回転する。プロペラ軸と風向軸には発電機やセンシルモーターがついていて，風速に比例した電圧や，回転角に相当する電圧を発生する。この電圧を測定して，変動する風速や風向を表示したり，データの記録や処理をする。

　風は，地表面の摩擦の影響で，高さによって風速が変わる。また周囲の地形や建物などで，風向も強く影響を受ける。このため，風向風速計は，平坦な土地を選び，高さ10 mに設置するのが標準とされている。しかし，実際には，観測点として平坦な場所を求めるのは困難なので，10 mより高い建物の屋上や，船舶のマストの上端付近に，風向風速計を据えつけることが多い。この場合，観測した風速は地表面付近の空気の乱れが影響して，ふつう，その地点の高さ10 mの風速より大きな値になっている（第2.16節）。ただし，観測する高さによって風向風速がちがうのを，10 mの基準高の風に補正する一般的な方法はないので，観測値はそのまま通報される。

　風向や風速は，たえず不規則に変動している。図5.3は，風速の観測記録の例を示す。風速が，たえず強くなったり，弱くなったり変動する様子は，あたかも風が息をしているように感じられるので，風の息という。

　風の息をならすために，日本の気象官署では，ふつう，風向も風速も，観測する時刻の前10分間の平均値が用いられる。単に風向・風速といえば，10分間の平均風向や平均風速のことであり，たとえば，9時の観測値は，8時50分から9時

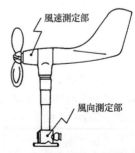

図5.2　風車型風向風速計
　　　の感部の外観

風速測定部

風向測定部

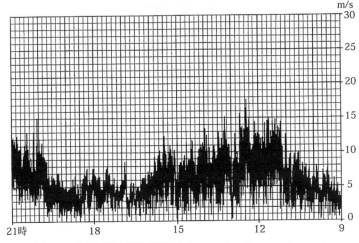

図 5.3　地上風速の観測記録（仙台，1992 年 1 月 23 日 9 時〜21 時）

までを平均した風向・風速である。これに対して，変動する風速の，瞬間的な値を瞬間風速という。ただし，瞬間値といっても，風向風速計の感部の応答特性や電気的信号を取り出す間隔にも左右されるので，日本の気象庁の観測では，0.25 秒ごとに電気信号を計測して，3 秒間（12 個の信号値）の平均を瞬間風向や瞬間風速としている。

　ある観測時間内の，平均風速と瞬間風速の最大値を比べてみると，ふつう最大瞬間風速の方が最大平均風速よりも 1.5〜2 倍くらい大きい。この倍率を突風率という。たとえば，最大風速が 20 ms^{-1} というときには，瞬間的には 30〜40 ms^{-1} の突風が吹いていることがある。風の対策を考えるときには，突風率を考えた対策が必要である。

5.4　ビューフォート風力階級

　風を測る器械がないときでも，煙のたなびき方，木のゆれ方，海面の波立ち方などから，目視観測で，風向や風速を推測することができる。風速は大きさに応じた階級に分けて表し，この階級を表す番号を風力という。風力の判定には，国際的に取り決められたビューフォート風力階級が用いられる。これは，19 世紀後半の帆船時代に，イギリスのビューフォートが提案したものである。はじめは，帆船の帆の張り方から階級がつくられたが，現在は，海面の状態や陸地の地表物の状況も入れて改良されている。表 5.1 には，ビュー

表 5.1　気象庁風力階級表 (部分)

風力	記　号	地上 10m の風速		和　名	およその最大波高(メートル)	陸上の状態	海 上 の 状 態
		メートル(毎秒)	ノット				
0		0.0〜0.2	1 未満	静　穏	—	静穏，煙はまっすぐにのぼる。	鏡のような海面。
1	Γ	0.3〜1.5	1〜3	至軽風	0.1	風向は煙がなびくのでわかる。	うろこのようなさざ波。
3	F	3.4〜5.4	7〜10	軟　風	1	木の葉や細い小枝が絶えず動く。	波がしらが砕け始める。ところどころ白波が現れる。
6	F	10.8〜13.8	22〜27	雄　風	4	大枝動く。電線が鳴る。傘はさしにくい。	波の大きいものができ始める。至るところで白く泡立つ波がしら。
9	Y	20.8〜24.4	41〜47	大強風	10	煙突が倒れ，かわらがはがれる。	大波。波がしらはのめり，崩れ落ちさか巻く。しぶきのため視程が落ちる。
12	Y	32.7 以上	64 以上	颶　風	—	被害甚大。記録的な被害が生じる。	大気は，泡としぶきが充満。海面は吹き飛ぶしぶきで白くなる。

フォート風力階級をもとに定めた，気象庁風力階級 0〜12 のうち 6 個の階級の抜粋が載せてある。風力は，もともと海上用につくられたので，風力に相当する風速は，ノット（kt）で表されている。このため，これを毎秒メートル（ms^{-1}）に換算すると，小数以下の数字がつく（第 2.6 節）。

5.5　日射の観測

太陽放射（日射）の強さは，直達日射量と全天日射量に分けて観測される。直達日射量は，太陽から直接地上に達する日射を，太陽光に垂直な面で測った量である。全天日射量は，直達日射量に加えて，空気分子やエーロゾルによる散乱光と雲による反射光を，水平面で測った量である。それぞれ直達日射計や全天日射計で測るが，どちらの器械も，黒体が日射を吸収して温度が上昇することを利用して測定する。なお，単に日射量というときは，普通，全天日射量をさす。

一定の基準値（120 Wm^{-2}）以上の直達日射量があった時間を，日照時間という。これは回転式日照計や太陽電池式日照計で観測する。回転式日照計は，太陽の高度角に追随して回転する鏡を用いて太陽光を受光素子に導き，受光量

の大きさが基準値以上の場合に電気信号が出るしくみになっていて，この電気信号を積算して日照時間を測定する。一方，太陽電池式日照計は，南東面，南西面，直達日射のあたらない面（散乱光を測定）の 3 個の太陽電池の出力を組みあわせて，直達日射量に相当する値を計算で求め，基準値以上の直達日射の有無を判定して，日照時間を測定する。日照時間は，目視観測の天気や雲量などに代わる天気の指標となる。

5.6 気温の観測

気温を測るには，液体の熱膨張を利用した液体温度計や，金属・半導体の電気抵抗が温度で変化することを利用した電気式抵抗温度計が用いられる。液体温度計には，棒状のガラス容器の中に水銀やアルコールを封入したもので，この温度計は測りやすく，性能が安定している。

抵抗温度計では，金属の白金温度計や半導体のサーミスタ温度計を使うことが多い。抵抗温度計は，感度がよいことと，応答がはやいことに特徴がある。温度の変化を電気信号として取り出せるので，観測場所から離れたところで測ったり，記録するため，最近の温度測定に幅広く使用されている。

地表付近の気温は日射などの影響を受けて高さによって変化する。このため，ふつう地上気温は，地表面から 1.25〜2 m の高さで測るように国際的に定められている。日本の気象庁では 1.5 m を基準としている。積雪があるときは，雪面から温度計の高さが 1.5 m になるように，温度計の高さを調節する。

温度を測るときには，日射や建物の影響をさけ，風通しのよいところで測る。このため，温度計は露場に設置した百葉箱や通風筒に入れて測るのがふつうである。露場とは，屋外で観測測器を設置するために芝生を植えるなど整備した場所のことで，周辺が平坦で風通しが良く，付近に観測に影響する建造物や大きな樹木がないことが求められる。百葉箱は，放射熱をなるべく遮断するために白色に塗った箱で，側面は二重のよろい戸で，底面と天井は，すのこ張りが一般的なものである。通風は，側面や底面からの自然通風を利用している。ただし，百葉箱では平均的に昼間の気温がやや高く（0.1〜0.2℃ 程度），夜間はやや低く測定されることから，気象庁では現在は使用していない。

気象庁では百葉箱の代わりに，通風筒を用いている。これは，日射の影響を少なくするため，光沢のある金属と断熱材の二重の筒でつくられている。上部にはファンが取りつけられ，強制的に下部からまわりの空気を，速度 5 ms^{-1} 程度で取り込むしくみになっている。通風筒の中心部には，電気式温度計と第 5.8 節に述べる電気式湿度計が取りつけられる。

5.7　温度計の目盛り

　温度を測る目盛りとして，日本では摂氏（せし，記号℃）を用いているが，アメリカやイギリスなどでは華氏（かし，記号℉）を用いている。摂氏の温度目盛りは，スウェーデンのセルシウスが提案したもので，1気圧のもとで，溶けつつある氷の温度（氷点）を0度，沸騰している水蒸気の温度（沸点）を100度として，その間を100等分している。華氏の温度目盛りは，ドイツのファーレンハイトが考案したもので，氷と塩の混合物が示す最低温度を0度，健康な人の体温を96度としたものである。二つの温度目盛りのあいだには

$$t(℉) = 9/5\, t(℃) + 32$$

の関係式がある。なお，摂氏と華氏は，セルシウスとファーレンハイトの名前に，中国で摂爾修と華倫海の字をあてたことからきている。

5.8　湿度の観測

　大気中の水蒸気量を表す量としてはいろいろなものがある（第4.2節）。気温と水蒸気量を表す一つの量を測定すれば，そのほかの量は計算で求めることができる。通常，乾湿計，電気式湿度計などを用いて相対湿度を測る。乾湿計は2本の同規格の液体温度計を組みあわせたものである。一方の温度計の球部に薄い布（寒冷紗という）を巻きつけて水でぬらす。これを湿球温度計という。もう一つの温度計はそのままで気温を測り，乾球温度計という。二つの球部にモーターで強制的に$3\sim5\ \mathrm{ms}^{-1}$の風を送る装置がついているものは，通風乾湿計という。

　大気中の水蒸気が少ないときは，湿球から水蒸気の蒸発が多くなり，蒸発の潜熱が奪われて湿球温度が低くなる。乾球温度と湿球温度の差がわかれば，理科年表などに載せられた換算表から相対湿度，水蒸気圧，露点温度を求めることができる。高い精度の観測ができるので，他の方式の湿度計に対する基準の湿度計として用いられるが，観測員による目視の観測が必要なので，連続観測には向かない。

　電気式湿度計は，感部の物質が乾燥したり湿ったりすると，誘電率や電気抵抗が変化することを利用して，これらの変化を湿度に換算して測定する。感部の物質としては，高分子化合物や多孔質セラミックなどが用いられる。感部は大気の汚れの影響を受けやすいので，感部に保護フィルターをつけ，定期的に交換する必要がある。通常，電気式温度計と組みあわせて露場に設置した通風筒の中で測定し，屋内の観測室で表示したり記録する。

5.9　雲の観測

　雲の観測は，視界の広い場所を選んで，雲量，雲形，雲の高さ，雲の状態について行う。雲量は，空をぐるりと見わたして，空全体の何割が雲におおわれているかを目分量で測り，0 から 10 の数字で表す。雲量 0 は，空にまったく雲がないか，あっても 1 割にならないときである。雲量 10 は，全天が雲でおおわれていたり，雲の隙間があっても 1 割にならないときである。ただし，0 の場合に 1 にするほどではない場合は 0^+，10 の場合でも隙間が見られるときは 10^- と表すので，13 階級で観測する。なお，濃霧，煙霧，黄砂などのために空が見えない場合や一部が見える場合は，これらを雲と同じようにみなして空の見える割合を測り，雲量を決める。

　雲形は，表 4.3 に示したように，10 種類の基本雲形に分けて観測する。10 種雲形の特徴については，巻末の付表 1 に載せてある。雲の高さは，観測地点の，地上から雲底までの高さを測る。雲の高さは，目視だけではよい観測値が得られないので，山や高い建物を利用して観測する。表 4.3 に示したように，雲の種類によって，雲の高さはおおよそ決まっている。

　実際に空に現れる雲の状態はさまざまである。これを観測することで，雲が発達しているのか，衰弱しているのかを知ることができる。雲の状態は，下層雲，中層雲，上層雲の三つに分けて，それぞれをさらに 10 種類に分けて観測する。実際に雲形や雲の状態を観測する場合は，雲の写真集を利用するのが有効である。

　ここで述べた雲の観測（雲量・雲形・雲の向き）は観測員により目視で行う。後で述べる視程，天気，大気現象なども従来は目視観測で行われていたが，管区気象台など 11 の気象台を除いたその他の気象台・測候所では，地上気象観測装置の導入や気象衛星，気象レーダー，雷監視システムの自動観測データの処理技術の開発によって，自動的に観測通報を行うようになってきている。

5.10　視程の観測

　視程は，地表付近の大気の透明度を距離で表すものである。地形や目標物がどの程度遠くまで見えるかを測る。観測は，ふつう目視で行うので，あらかじめ観測点のまわりに距離のわかっている建物や山などの目標物を選んでおく。方角によって視程が異なる場合は，すべての方角で最も小さい視程距離を観測値とする。視程の観測には，視程計による気象光学距離の測定も行われる。気象光学距離とは，光源から照射された光が，大気や大気中に浮遊する粒子に

よって散乱吸収されて減衰し，もとの光の5％の強さになる距離のことである。

　視程を悪くするものには，第4.15節で述べた霧（視程が1km未満）や靄（視程が1km以上）のほかに，煙霧，地吹雪，砂塵嵐などがある。煙霧は，乾いた微細な塵あいが，空気中にただよって見通しが悪くなる状態をいう。塵あいとしては，ばい煙，塵，排気ガスなど人間活動によるものや，火山噴出物，海洋の塩分粒子など天然のものもある。地吹雪と砂塵嵐は，それぞれ，降り積もった雪や砂塵が，強い風のために吹きあげられて視程が悪くなる状態をいう。日本では大規模な砂塵嵐は起こらないが，春先に中国の黄河流域で吹きあげられた細かい砂塵が，上空の風に乗って運ばれてくる黄砂現象がある。また，雨や雪などが激しく降る場合にも視程が悪くなる。海上では，風速が強くなると海面から泡やしぶきが飛ばされて視程が悪くなる。

5.11　降水の観測

　降水は雨だけでなく，雪・ひょう・あられ・みぞれなど固形のものも含めて，すべて水になるものをいう。降水量とは，ある時間内に水平な地面に貯まった降水の量のことをいい，水の深さをミリメートル（mm）の単位で測る。降水が雨だけの場合には，雨量という。雪などの固形降水の場合は，降った雪の深さを測るほか，降った雪を溶かして水にした場合の降水量も測る。ただし，夏季のひょうや氷あられは積もっても積雪とはしない。

　降水量は，貯水型雨量計や転倒ます型雨量計で測る。貯水型雨量計は，最も基本的な雨量計であり，口径20cmの受水器で受けた降水が下に置いた貯水びんに貯まるしくみである。この降水を雨量ますで観測者が測る。雪などの固形のものが受水器に積もったときは，あらかじめ量のわかっているぬるま湯で溶かし，湯の分を差し引いて降水量とする。

　転倒ます型雨量計は，降水量を自動遠隔測定できる測器である。図5.4に外形と内部構造が示してある。受水器の下には，二つに仕切られた金属製のますがある。仕切りの左右は対称で，ますを受ける支点は，ますの重心より下にあるため，ますの左右どちらかが必ず上になっている。上側のますは一定量の雨水（通常0.5mmまたは1.0mm）が貯まると転倒して，貯まった雨水は捨てられ，反対のますが上側になり新たに雨水を貯め始める。ますが転倒するたびにパルスが発生し，そのパルスの回数で雨量を測る。寒冷地の転倒ます型雨量計には，受水器に入った雪などの固形降水を溶かしたり，転倒ますに貯まった水が凍結するのを防ぐために，ヒーターなどの装置が組み込んである。

　雪の深さは，積雪の深さと降雪の深さの二つを測る。積雪の深さは，ある時

刻に積もっている雪の深さである。目盛りのついた雪尺を地面に垂直に立てて測る。降雪の深さは，ある時間内に降り積もった雪の深さである。すでに積もった雪の上に，雪板を置いて新雪の深さを測る。雪板は平らな板の中央に，目盛りのついた柱を垂直に立てたものである。積雪の深さと降雪の深さを自動観測するには，超音波積雪計が用いられる。逆 L 字型のポール先端に超音波の発信機と受信機を取りつけ，下向きに超音波を発射し，雪面で反射して受信機に届くまでの時間で雪面までの距離を測定して，積雪の深さを連続観測する。降雪の深さは，一定時間ごとの積雪の深さの測定値の差から計算で得られる。

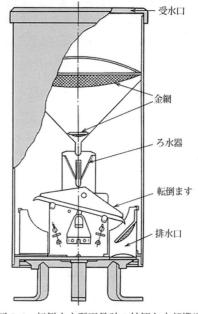

図 5.4　転倒ます型雨量計の外観と内部構造

受水口

金網

ろ水器

転倒ます

排水口

　なお，降水の有無の判定は，感雨器が用いられる。この機器の感部は，セラミック製の基板に電極を張りつけたもので，降水があたると通電してパルス信号が出力され，降水の始まりや終了を知ることができる。

5.12　雷の観測

　雷をもたらす雷雲や雷雨については，第 12 章で詳しく述べる。雷とは，雷雲の中に貯まった正負の電荷が，ある一定の量を超えたときに起こる火花放電のことである。これを雷放電という。雷放電に伴う発光現象を電光（稲妻）といい，そのとき聞こえる音を雷鳴という。電光が見え，雷鳴が聞こえた場合が雷電である。雷の観測は，電光，雷鳴，雷電の，始まりと終わりの時刻や，これらの強さについて観測者が目視で観測する。また，雷を伴う雨についても観測する。目視観測通報を自動化した 47 の地方気象台等では，気象台を中心とした半径 40 km の範囲を対象として，後述の雷監視システム（LIDEN）による対地雷と雲間雷の観測結果に，気象レーダー観測で得られた対流セルの情報を組み合わせて，雷を自動で判別し，気象台で観測した雷としている。

雷観測には，雷監視システム（LIDEN; Lightning Detection Network system の略）と呼ばれる自動観測でも行われている。これは，雷放電が起きるときに発生する VLF から UHF 帯の電波を用いて，雷放電の位置を特定する装置である。気象庁の場合，全国 29 か所に雷放電の電波を受信する装置があり（雷検知局という），雷検知局で観測したデータを，東京の中央処理局で自動収集する。二つ以上の雷検知局で，雷放電の電波の到来方向を同時に測定すると，それらの方位の組みあわせから，雷放電の位置が計算できる。また，電波の電界強度の特性を測定して，対地放電か雲中放電かの区別（第 12.4 節）や放電の強さなども判定できる。観測した全国の落雷発生位置などの雷情報は，雷ナウキャスト（第 15.8 節）などの予報の基礎資料としても利用されている。日本国内の電力会社なども，用いる電波の周波数帯や位置特定方法は異なるが，気象庁と同様な雷監視システムを展開して，それぞれの用途に利用している。

5.13 天気の観測

天気とは，大気現象と雲に着目した大気の総合的な状態のことで，表 5.2 のように，15 種類に分類して観測する。降水がないときには，雲量 0〜1 を快晴，2〜8 を晴，9〜10 を曇として天気を分類する。ただし，国際式地上天気図に記入する天気は，大気現象とその強さや変化傾向も含めて細かく分け，付表 2 のように 100 種類に分類して観測する。

目視観測通報を自動化した 142 の地方気象台等や特別地域気象観測所では，天気や大気現象は，視程計や電気式温度計などの地上気象観測装置による観測結果に加えて，気象衛星から得られる情報などを利用して，自動で判別している。また，晴と曇の判別は，気象衛星観測による雲の有無等を推定した情報（高分解能雲情報）と日照時間の観測による前 1 時間日照率に基づき，晴と曇を判別する。雨，みぞれ，雪の判別は，感雨器により降水現象を観測した際に，気温および湿度の観測値から行う。

5.14 海上の気象観測

地球の面積の約 70% は海洋であるため，地上気象観測には海上の観測が重要である。海上では離島を除いて，船舶あるいはブイによる観測であり，陸上の地上気象観測とは観測要素が異なる。船舶の観測は，海洋観測船，ボランティアによる商船や漁船で行われ，気圧，気温，風，視程など陸上に共通な観測要素に加えて，海上に特有な海面水温，海洋表層の水温と塩分，海上の波浪を観測する。ブイは主として漂流ブイであり，気圧，海面および表層の水温，

表 5.2　気象庁天気種類

種類番号	天気種類	説　　　　　明	天気記号
1	快晴	雲量が 1 以下の状態	○
2	晴	雲量が 2 以上 8 以下の状態	◐
3	薄曇	雲量が 9 以上であって，巻雲，巻積雲が見かけ上もっとも多い状態	◍
4	曇	雲量が 9 以上であって，高積雲，高層雲，乱層雲，層積雲，層雲，積雲または積乱雲が見かけ上もっとも多い状態	◎
5	煙霧	煙霧，ちり煙霧，黄砂，煙もしくは降灰があって，そのため視程が 1km 未満になっている状態または視程が 1km 以上であって全天が覆われている状態	∞
6	砂じんあらし	砂じんあらしがあって，そのため視程が 1km 未満になっている状態	⊖
7	地ふぶき	高い地ふぶきがあって，そのため視程が 1km 未満になっている状態	✛
8	霧	霧または氷霧があって，そのため視程が 1km 未満になっている状態	≡
9	霧雨	霧雨が降っている状態	❢
10	雨	雨が降っている状態	●
11	みぞれ	みぞれが降っている状態	✳
12	雪	雪，霧雪または細氷が降っている状態	✳
13	あられ	雪あられ，氷あられまたは凍雨が降っている状態	▽
14	ひょう	ひょうが降っている状態	▼
15	雷	雷電または雷鳴がある状態	℞

（注）　同時に 2 種類以上の天気に該当する場合には，種類番号の大きいものを一つ選ぶ。

波浪が観測される。船舶やブイの位置は，ふつう，全地球測位システム（GPS; Global Positioning System の略）の受信機を備えていて，この電波を受信して決める。観測結果は船舶あるいはブイの位置とともに通信衛星を通して気象機関に送られる。

　海洋観測船やブイでは，温度計を海中に投入して表面から深層まで海水温を測り，商船や漁船では，エンジンを冷やすために船内に取り入れた海面の水温を測る。いずれも，直接海水温を測るが，船舶の航路やブイの移動経路のみに限られる。一方，近年では，人工衛星に搭載した，赤外線放射計によるリモートセンシングによる観測も用いられている。この方法は，雲のない領域を広範囲に短時間で測ることができるが，直接測った海水温による補正が必要となる。現在は二つの方法で補完しあっている。

　海上の観測要素の一つである波浪は，海面上の風によって生じた波のことで，

波は不規則に高低を繰り返すが，その代表的な波の高さは有義波高で表す。有義波高とは，ある点を連続的に通過する波を波浪計で観測したとき，一定時間に観測した波のうち，波高の高い方から数えて3分の1までの波の高さを平均した値で，目視で観測した波高に近いといわれる。測器による波浪の観測は，それぞれの観測場所に適したいろいろなしくみの波浪計で測定する。

　なお，波浪は風浪とうねりに分けられ，風浪は風が吹くことで水面との摩擦によって生じた波である。この波は強い風が長時間吹き，長い距離を吹き渡るときに大きく発達する。一方，うねりは，風浪のうち短周期のものに比べて減衰しにくい長周期の変動が，遠方まで伝播したものである。

5.15　自動観測システム

　気象台では，いろいろな要素の観測を行い，通報している。しかし，気象台の配置では捕らえることのできない，規模の小さい気象現象がある。このような気象現象を捕らえるため，日本国内には，気象台より配置の細かな無人の観測所で，自動的に観測を行い，データを集めるシステムが運用されている。一つは地域気象観測システムであり，これは略してアメダス（AMeDAS; Automated Meteorological Data Acquisition System の略称）と呼ばれている。全国の約1300か所（約17 km四方に1か所の配置になる）で雨量を観測し，このうち約840か所（約21 km四方に1か所）では降水量に加えて，風向・風速，気温，湿度の4要素を観測している。このほか雪の多い地域には積雪・降雪の深さの観測点が約330か所ある。測器は基本的に気象台の地上観測に用いられているものと同じであり，各要素の観測は10分ごとに行われ，風向・風速については10分間平均の風向・風速と最大瞬間風速が観測されている。4要素観測点では，従来，日照時間も観測していたが，気象衛星等のデータを基に日照時間の面的データを推計した「推計気象分布（日照時間）」から得た推計値で代替されている（第5.22節）。

　もう一つのシステムは，一般気象官署を無人化した特別地域気象観測所で，全国に約90か所あり，気象官署と同じ地上気象観測装置を用いて自動観測が行われている。観測している気象要素は，アメダス観測点の観測要素に加えて，気圧，視程，現在天気，大気現象の観測が行われている。視程は散乱方式の視程計が用いられ，天気や大気現象は，地上気象観測装置による観測結果に加えて，気象衛星から得られる情報などを利用して，自動で判別している。積雪は多雪地域のみで観測する。

　アメダスの観測結果は，電話回線で東京のアメダスセンターに集められる。

なお，アメダスセンターでは気象台・特別地域観測所のデータも収集し，これらの観測地点もアメダスの観測点数に含められている。収集したデータは，過去データや周囲のデータなどを用いて誤りがないかチェックをしたうえで，地域別や要素別に整理される。その後，ただちに全国の気象台にそれぞれ必要な地点のデータを取りまとめて配信され，天気予報に利用される。また，放送局や民間気象会社にも配信されてテレビなどで放送される。

　なお，雷監視システム（第 5.12 節），ブイ観測システム（第 5.14 節），気象レーダー観測システム（第 5.16 節），ウィンドプロファイラ観測システム（第 5.20 節）も自動観測システムに分類できるが，これらについてはそれぞれの節で述べる。

5.16　気象レーダー観測

　アメダスの観測網は，気象台の配置に比べるとずっと細かいが，それでも雷雲のような規模の現象になると，いつでもアメダス観測網で捕らえることはできない。これに対して，次に述べる気象レーダーは，観測の対象が主に降水現象に限られるが，時間的・空間的にほぼ連続で気象現象を観測できる。

　レーダー（radar; radio detection and ranging の略）は，電波が雨滴などの目標物にあたって散乱される性質を利用して，目標物の位置を測定する器械である。気象レーダーはふつう 3〜10 cm（周波数 10〜3 GHz）のマイクロ波を用いることが多い。この波長の電波は，雲の中の降水粒子（雨滴や雪の結晶，半径 1 mm 程度）でよく散乱されるが，雲粒（1〜100 μm）ではあまり散乱されない。この性質を利用して，雲の中で雨や雪が降っている状況を，次のようにして知ることができる。気象庁の気象レーダーでは約 5.7 cm（5.3 GHz）の電波（通常 C バンドと呼ぶ）を用いている。

　レーダーのアンテナから，電波を細いビームのパルスにして発射したとき，降水粒子があれば電波は散乱され，ごく一部がアンテナの方向に戻ってくる。この散乱によって戻ってくる電波を，レーダーエコーという。電波の発射とエコーの受信は，同一のアンテナで行う。降水粒子までの距離は，パルスを発射してから，エコーが戻ってくるまでの時間を測って求める。また，エコーの強さは，ビームの中にある雨滴の大きさと数に関係しているので，エコーの強さを測ることで雨の強さが推定できる。

　エコーの時間平均の強さ $|P_r|$（すなわち，平均受信電力）は，発信電力の強さやアンテナの受信感度などレーダーの仕様によって決まる定数を C，散乱体である降水粒子までの距離を r，レーダー反射因子を Z とすると，次のよう

なレーダー方程式で表される。

$$|P_r| = CZ/r^2$$

　レーダー反射因子 Z は，単位体積内にあるさまざまな降水粒子の直径 D を6乗して集計したものである。これと降雨強度 R を結びつける関係式は，$Z-R$ 関係と呼ばれている。降雨強度は，この強さの雨が一定時間降り続いたときの雨量を表す。通常，1時間降雨強度（単位 mm/hr）で表される。$Z-R$ 関係は，エコーを生じる降水粒子の直径分布と，地上の降水量から求められる。対象となる降水粒子を含む空間を，目標体積と呼ぶ。実際には，レーダー観測のつど，目標体積中の降水粒子の直径分布を求めるのは困難である。このため，層状性や対流性の雨雲など，いろいろな種類の降水について，前もって降水粒子の直径分布を調べ，これと観測から得られた雨量との間で求められた統計的な経験式

$$Z = BR^\beta$$

が用いられている。気象庁のレーダーでは，式に表れる定数の値として $B=200$ と $\beta=1.6$ を用いている。このように気象レーダーは，平均受信電力を測定して，$Z-R$ 関係を通して，距離 r における降雨強度 R を求める測器である。

　電波ビームは，水平の方位角や鉛直の仰角を連続的に変えて，また，一定時間間隔で連続的に発射される。この電波のエコーを観測すれば，降水粒子の分布している立体的な様子の時間変化がわかる。気象庁では，5分ごと，360方位，19仰角に電波を発射し，時間空間のエコー強度を測定している。これから得られる降雨強度 R を1時間分積算して，1時間雨量としている。このようにして求められる雨量を，レーダー雨量と呼ぶ。

　通常の気象レーダーの観測範囲は，半径がほぼ300 km の円内である。これは，次のような理由による。図5.5に示すように，地球が丸いため，水平に発射されたビームの高さは距離とともに高くなる。距離300 km では高さが約6 km となる。ところが，雨雲の中で降水粒子が存在するのは，ふつう数 km の高さまでである。このため300 km より遠い距離では，ビームが雨雲の降水粒子の上を素通りしてしまい，エコーは観測されない。ただし，山頂に設置した気象レーダーの場合のように，レーダーアンテナの位置が海面から高ければ，レーダービームを水平面より下向きに発射できるので，平地のレーダーの場合と比べて，距離とともに地上から離れていく高度は小さくなり，探知範囲は大きくなる。

　気象レーダーの観測結果は，コンピュータを使って，エコーの強さを水平方向に区切った格子点ごとに，デジタル化して表示する方法が一般的である。気

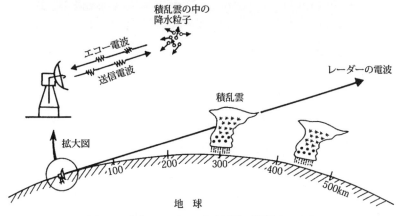

図 5.5　気象レーダーによる雨雲の観測（模式図）

象庁の場合，20 か所のレーダー観測所で自動観測が行われており，0.25 km 格子間隔でデジタル化したデータは通信回線で気象庁に集められる。すべてのレーダー観測所で観測したエコーの強さを合成して表示したものを，レーダーエコー合成図と呼ぶ。この場合，一つのレーダーでは山などが障害になって電波が届かない地域も，別なレーダーで観測したエコーを用いて，エコーの空白域がないように合成できる。レーダーエコー合成図は，ある一定の高度に特定して合成すると，レーダー雨量の水平分布として利用する場合に便利である。気象庁では，2 km の高さごとに 5 高度で日本全体の合成図を作成している。図 5.6 は最も基本的な 2 km 高度の全国レーダーエコー合成図の例を示す。エコーの分布から，雨雲の形や雨の強さ分布や雨雲の移動の細かな様子を知ることができる。

　観測したレーダーエコーには，降水粒子によるエコーのほかに，山など地形によるエコー，海面によるエコー（高い波浪や波しぶきによる散乱でシークラッターと呼ぶ），大気の屈折率の乱れから生じるエコー（エンゼルエコーまたは晴天エコーと呼ぶ）などが含まれている。このうち，地形エコーは，あらかじめ晴天時に地形エコーの大きさを調べておき，降水時にデジタル化したエコーデータから地形エコーの強さ分を差し引いて，ほぼ除くことができる。一方，シークラッターやエンゼルエコーは除くことができないので，気象現象の知識をもとにエコー分布図を利用する必要がある。

　レーダー雨量は，広い範囲にわたって，細かく観測した雨量である。しかし，この雨量は，相対的な強弱分布を表すだけで，雨量計で測った雨量とは必ずし

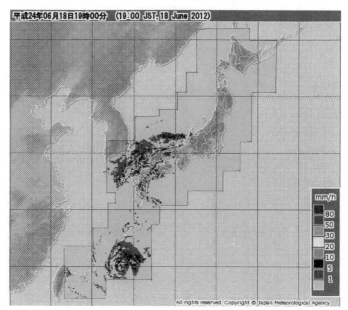

図5.6　全国レーダーエコー合成図　2012年6月18日19時00分
日本列島を囲んだ四角の枠内がレーダーエコーの観測範囲である。

も一致しない。これはレーダー雨量には，さまざまな原因の誤差が含まれるためである。主な誤差としては，$Z-R$ 関係の係数 B や β に特定の値を用いる誤差，途中に降雨があると電波が減衰するための誤差，水平に発射した電波の経路が距離とともに地表面から離れたり，距離とともにビームが空間的に拡がり目標体積が増すための誤差，ブライトバンドと呼ばれるエコーが強まる誤差，エコーとして観測した降水粒子が，落下中に蒸発したり風で移動して地上の雨量計の降水量とは異なる誤差，上で述べたシークラッターやエンゼルエコーなど降水現象とは異なるエコーによる誤差などである。

　ブライトバンドとは，雲の中の 0℃ 層付近で層状に強い散乱が観測されるエコー分布のことである。第4.19節で説明した冷たい雨のしくみで，氷粒子が 0℃ 層より下で溶けながら落下するとき，溶けつつある氷粒子による電波の散乱は，氷粒子や水滴よりも強く観測される性質がある。このため，ブライトバンドのエコー分布から計算されるレーダー雨量は，地上で実際に降る雨よりも強くなる。

　発射したレーダー電波とそのエコー電波は，電波が進む途中に雨雲があると，

雨雲の降雨強度に応じて電波が減衰する。これを途中降雨による減衰と呼び，誤差の原因の一つである。途中降雨は，ふつう観測するまでその存在はわからないので，これによる減衰はレーダー方程式の中には含められない。このため，データから利用者が途中降雨の有無とこれによる減衰の程度を判断しなければならない。

5.17　解析雨量図

レーダー雨量に対して，アメダスによる雨量は，観測精度はよいが空間的な配置が粗く，観測所間の雨の様子はわからない。そこで，レーダー雨量のきめ細かな強弱分布はそのまま保ちながら，絶対値としてはアメダス雨量計の値と一致するようにレーダー雨量を補正すると，最も精度のよい細かな雨量分布が得られる。まず同じ格子点にあるレーダー雨量と地上雨量計の値の比を雨量換算係数として求め，雨量計がない格子の雨量換算係数は内挿の手法で求める。この雨量換算係数をレーダー雨量に乗じて計算した1 km格子間隔の1時間雨量分布を解析雨量図と呼ぶ。最近では，レーダー雨量として気象庁に加えて国土交通省のレーダー雨量も利用し，さらに，地上雨量計データとしてアメダス雨量計データだけでなく，国や自治体などの機関が観測した全国の雨量計データも用いて，解析雨量図を計算している。このため，雨量分布図の精度が一段と高まっている。なお，解析雨量図はレーダーの観測範囲で作成され，海上では陸上で得られた雨量換算係数を外挿した値を用いている。

解析雨量図は30分間隔で作成されており，さらに速報版解析雨量図は10分間隔で作成されている。天気予報の現場では雨量の実況値として大雨の監視に用いられ，雨量計で観測した雨量に準じるものとして，記録的短時間大雨情報（第15.7節）の中で観測雨量値として発表される。また，解析雨量は，降水短時間予報（第15.8節）や局地およびメソ数値予報モデル（第13.6.1節）の初期値，天気予報ガイダンス（第13.8節）を作成するときの説明変数の資料にも用いられている。さらに，解析雨量とこれをもとに作成した降水短時間予報は，防災気象情報発表の基礎資料である土壌雨量指数，流域雨量指数，表面雨量指数の計算に用いられている（第15.6節）。解析雨量図は，レーダーエコー合成図と同様に，1 km格子間隔のカラー表示で気象庁のホームページ（https://www.jma.go.jp/jma/）に公開されている。

5.18　気象ドップラーレーダー観測

音波や電磁波の発射源が，これらの波の受信者と相対的に移動しているとき，

受信者が測る波の周波数が発射源の周波数と異なる現象をドップラー効果という。降水粒子が落下中に風で流されて気象レーダーに近づいたり遠ざかったりすれば，ドップラー効果でエコー電波の周波数が高くなったり低くなったりする。気象ドップラーレーダーは，平均エコー強度から降水強度を測定すると同時に，エコー電波の周波数を測定して，レーダービーム方向の降水粒子の速度を測定する。この速度を動径速度という。

　ドップラーレーダーから発射された電波の周波数をf_0，エコーとして受信した電波の周波数をf_1とするとき，これらの差$f_d=f_1-f_0$をドップラー周波数という。目標物の動径速度V_rとf_dのあいだには

　　　$V_r = -cf_d/2f_0$

の関係がある。ただし，cは電波の速度であり，真空中では$c=3\times10^8 \mathrm{ms}^{-1}$であるが，地上付近の大気中では真空中の速度より約0.03%遅い。動径速度V_rはレーダーから遠ざかる場合を正として表す。

　V_rとf_dの関係式から，ドップラー周波数f_dが測定できれば，動径速度V_rを計算できる。ただし，ドップラーレーダーで直接測定できるのは，雲や雲底下にある降水粒子の動径速度のみという限界がある。離れた2台のドップラーレーダーを用いて，同時に降水粒子の二つの動径成分を測定すれば，降水粒子を流す風ベクトルを計算できる。しかし，2台のドップラーレーダーを用いる方式は，探知範囲が重複する狭い範囲でしか風速が測定できないため，業務用のドップラーレーダーの観測網には適さない。このため気象庁のドップラーレーダー観測網では，1台で測定した動径成分から，風に関する情報を取り出す方法がとられている。

　一つは，動径成分からレーダー観測点上空の風速を推定するVAD（Velocity Azimuth Display の略）法である。この方法では，レーダーから距離rの円内で，風速Vが一様と仮定する。このとき，一定距離の動径成分は方位角とともに変化するので，距離r内の平均風向風速が求まる。レーダービームの仰角とレーダーからの距離rが一定の場合，動径速度成分は厳密には水平風でなく，仰角分だけ上向きの風であるが，ほぼ水平風と仮定する。図5.7はVAD法を図に示したものである。図の (a) には，ある仰角の距離rの円上で風速が一様の場合に，動径成分は風の吹く方位角で極大になり，風が吹いてくる方位角（すなわち，風向）で極小になる様子が描かれている。図の (b) は，方位角を横軸に動径速度を縦軸に描いたもので，グラフは三角関数のサインカーブとなり，その振幅が風速の2倍に相当する。

　ドップラーレーダーから風向風速の値そのものはわからなくても，動径速度

の正負分布の特徴から，風による渦や発散の情報を引き出す方法もある。図5.8に示したように，動径速度の分布で，巨大雷雨の中のメソサイクロン（第12.5節）の渦は，方位角方向に並んだ＋と－の極値として現れる。また，積乱雲の雲底に発生するダウンバースト（第12.3節）は風の発散であり，動径方向に並んだ＋と－の極値（－の方がレーダー側）として現れる。

　気象庁の気象レーダー観測網では，20観測所すべてにドップラーレーダーの機能がある。これらのレーダーでは，レーダー雨量と動径速度を同時に測定して，降水短時間予報で降水域の移動ベクトルを求める補助資料（第15.8節）や，局地およびメソ数値予報モデルの初期値解析（第13.6.1節）に利用されている。また，防災情報の一つである竜巻注意情報の発表で，メソサイクロンの検出（第15.8節）に利用されている。

　気象庁では従来の気象ドップラーレーダーを，雨の強さや雨雲の動きを従来よりも正確に捉えられる二重偏波気象ドップラーレーダーに更新している。このレーダーは，水平・垂直の2種類の電波を用いて雨粒の

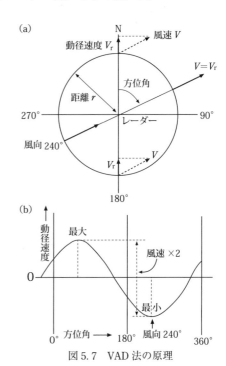

図5.7　VAD法の原理

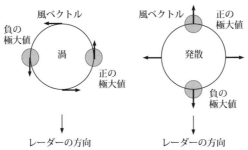

図5.8　ドップラー動径速度の正負分布から「うず」や「発散」を見出す模式図

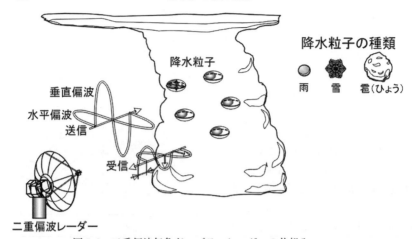

図5.9　二重偏波気象ドップラーレーダーの仕組み（気象庁）

水平・垂直偏波の2種類の電波を送信し，雨雲からのエコー電波の水平・垂直の位相の違いを解析し，雨粒などの形や大きさ，雨の強さを推定する。

特徴を捉え，雨の強さや雨雲の動きを従来よりも正確に観測する方式である。図5.9に二重偏波気象ドップラーレーダーの仕組みが示されている。図に示したように，雲中を落下する雨滴の扁平度は，空気の抵抗で大きな雨滴ほど扁平度が大きくなる（第4.16節）。また，雪・霰・雹は大きさによらず扁平度は1に近い。このためエコー電波の水平偏波と垂直偏波の電力の比から，降水粒子の形が推定できる。一方，電波は水の中を通るとき速度が少し遅くなる性質がある。このため，二重偏波レーダーの電波が雨雲を通過する時，雨粒の変形により水平偏波の方が垂直偏波より雨水の中を多く通ることになり，水平電波の速度は垂直電波の速度より遅くなる。この性質を利用して水平・鉛直偏波のエコー電波の位相差を測定して，雨の強さが推定できる。これらから，現在の雨の降り方の面的分布（第5.17節）や降水ナウキャスト等の雨量予測精度の向上が期待できる（第15.8節）。

5.19　上層気象観測

　第2部で述べるさまざまな気象現象は，地上の天気図に現れるだけでなく，高度10km付近までの立体的な構造を持つものが多い。さらに，この気象現象のふるまいを予測するには，あらかじめ地上から上空までの大気の状態を知ることが不可欠である。

　上層の大気の状態は，測定器を吊るした気球を飛ばして観測する。測定器は

ラジオゾンデと呼ばれ，上空の気圧・気温・湿度を自動的に測るセンサーと小型無線発信器と電池を一組にしたものである。気球には水素やヘリウムが詰められ，毎分 300〜400 m の速さで上昇する。上昇中にセンサーで測定した結果は，符号にして地上に電波で送られる。これを地上の受信器で受けて，符号を解読して測定値を知る。

　一方，上昇中の気球から発信された電波を，パラボラアンテナの無線方向探知器で自動的に追跡して，気球の方位角と高度角を測定する。これらの角度と気球の高度を用いて気球の位置が決められる。気球の高度は，気圧と気温の観測値から層厚の式（第 2.2 節）により，空気層の厚さをつぎつぎに求め，これを積みあげて計算する。層厚の式には，水蒸気の効果が含まれていないが，雲中など水蒸気が多い場合には，水蒸気を補正した仮温度を用いて計算する[注]。気球は風に流されると考えて，気球の位置の変化から各高度の風向と風速を計算する。このようにして上空の風を測ることをレーウィン観測という。ラジオゾンデによる観測とレーウィン観測を同時に行うことをレーウィンゾンデ観測という。

　気象庁のラジオゾンデ観測では，気球の位置を全球測位システム衛星（GPS）で測定する方式が用いられている。気球位置の観測方式が，方向探知機でレーウィンゾンデを追跡する方法と異なるため，GPS ゾンデ観測と呼ばれている。この場合，大型アンテナの方向探知機は必要としないが，ゾンデに GPS 衛星で位置を測定する装置（GPS 測位器という）を載せることと，ゾンデから送られてくる電波を地上で受信する装置が必要になる。気圧，気温，湿度の測定はレーウィンゾンデ観測と同じである。風速・風向は，ゾンデの位置を GPS 測位器で観測し，位置の時間変化から風向風速を求める方式（GPS 測位方式）と，ゾンデと GPS 衛星の位置の相対的な移動から，GPS 衛星の電波の周波数変化からドップラー効果で移動速度を求める方式（GPS 測位ドップラー方式）がある。いずれの場合も，ゾンデで観測した位置あるいはドップラー速度のデータを地上に電波で送り，受信解析装置で風向風速を求める。

　レーウィンゾンデ観測や GPS ゾンデ観測は，世界の約 700 か所（日本の気象庁では 16 か所）の観測所で協定世界時の 0 時と 12 時の 1 日 2 回行ってい

注）　仮温度
　　空気は乾燥空気と水蒸気の混合気体（湿潤空気）である。湿潤空気と乾燥空気の気体定数は異なるので，湿潤空気の気体定数として，ふつう，第 1.5 節で定義した乾燥空気の気体定数 R（= 287 $Jkg^{-1}K^{-1}$）をそのまま使う代わりに，温度を仮温度 T_v に置き換えて使う。湿潤空気の温度を T とすると，第 4.2 節で定義した混合比 q（$kgkg^{-1}$）を用いて，$T_v = T(1 + 0.608 q)$ と表される。この結果，湿潤空気の状態方程式は，$p = R\rho T_v$ あるいは $p\alpha = RT_v$ を用いることになる。

る。世界的にみると，陸上の観測所は WMO が目標とする 300〜500 km 間隔に配置されているが，海上では離島や気象観測船で観測されているだけで，目標とする地点数はない。海上では観測点が不足しているため，上層天気図を描くときには，航空機や気象衛星による観測が利用されている。

　上層気象観測に用いる気球は，上空にいくと気圧が低くなるため，地上の大きさ（直径約 1.5 m）の約 7〜8 倍まで膨らみ，ついに破裂する。このため気球による観測は，ふつう下部成層圏の約 30 km の高さまでである。これより高い上部成層圏や中間圏の風や気温は，気象ロケットによって観測されている。ラジオゾンデを積んだロケットを高度約 60 km まで打ち上げ，最高点に到達したとき，ラジオゾンデをロケットから放出する。ラジオゾンデは，パラシュートでゆっくり降下しながら，気球の場合とほぼ同じ方法で，気圧，気温，風の観測を行う。日本では，気象ロケット観測所（宮城県三陸町綾里）で週1回の観測が 2001 年 3 月まで行われていたが，現在は行われていない。

5.20　ウィンドプロファイラ観測

　前節のゾンデによる上層気象観測は 12 時間間隔が基本である。しかし，空間スケールや時間スケールの小さい現象を捉えるには，時間的空間的にもっと密な観測が必要である。時間的に密な上層風の観測が行えるリモートセンシングの測器として，ウィンドプロファイラがある。ウィンドプロファイラは風（ウィンド）の分布の輪郭（プロファイル）を描く測器という意味である。この測器は，図 5.10 の模式図に示したように，地上に水平に配置した矩形のアンテナから，上空 5 方向（天頂方向と東西南北に仰角約 80° の 4 方向）に電波を発射する。上空に向けた電波が，大気密度のゆらぎ（大気の屈折率の不均一さ）や落下する降水粒子によって，後方散乱されたエコー電波の周波数変化を測定するドップラーレーダーの一種である。

　大気密度のゆらぎが電波の波長の 1/2 の大きさを持つとき，電波の散乱の強さはもっとも強くなり，ふつう，そのスケールは高度とともに大きくなる。このため，風の観測可能な高度範囲は，用いる電波の周波数（50 MHz〜1 GHz）によって決まり，周波数の低いものほど高度の高いところの観測に適している。気象庁が用いているウィンドプロファイラは 1.3 GHz（波長 22 cm）帯の電波を使用している。全国の 33 観測点にアンテナを置き，東京の中央監視局で自動制御による観測を行い，データの収集，品質管理，風の計算を行っている。この自動観測システムは，ウィンダス（WINDAS; Wind Profiler Network and Data Acquisition System の略）と呼ばれている。

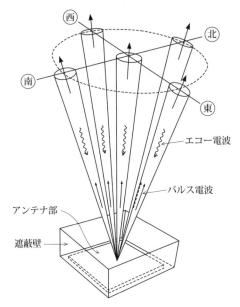

図5.10　ウィンドプロファイラ観測の模式図

　観測では，鉛直方向と天頂角 θ で東西南北方向に，全部で5方向に発射された ビーム電波から，それぞれの方向のドップラー速度 V_Z, V_E, V_W, V_S, V_N が得られる。図5.11は，東西断面内の動径速度 V_W, V_E, V_Z から，風の東西成分 u（東向きが正）と鉛直成分 w（上向きが正）を計算する方法を示している。同じように，南北断面内の動径速度 V_S, V_N から南北成分 v（北向きが正）が計算できる。すなわち，$u=(1/2)(V_E-V_W)/\sin\theta$, $v=(1/2)(V_N-V_S)/\sin\theta$, $w=V_Z$ により求められる。このとき，上空にいくほど4方向の電波の範囲が広がるため，上空ほど広がりを持った空気塊の平均の風を測定している。たとえば，$\theta=10°$ の場合，5 km 高度では観測領域は半径約 900 m の円内である。

　ウィンダスでは，冬季や降水のないときには高度3〜6 km 付近まで，夏季や降水があるときには高度7〜9 km 付近まで，水平風と鉛直流の10分間平均の観測値が，高度300 m ごと，10分間隔で得られる。冬季と夏季に観測できる高度が異なるのは，大気中に含まれる水蒸気量のちがいによるものであり，大気中に水蒸気が多く含まれる夏季ほど，観測高度が高くなる。降水があるときに観測高度が高くなるのは，降水粒子によるエコー電波が，大気のゆらぎによるエコー電波よりはるかに強いからである。降水時は，気象ドップラーレー

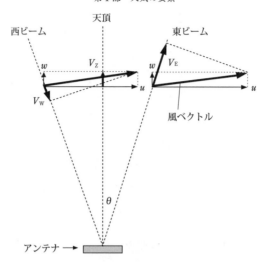

図5.11　ウィンドプロファイラの東西断面の動径速度から風速成分を
　　　　計算する原理

ダーと同様に，降水粒子の動きが測定されるため，このときの鉛直速度は，降
水粒子の落下速度になる。得られたデータは，局地的な顕著現象の実況監視や，
数値予報の初期値データとして利用されている。

5.21　航空機観測

　航空機は飛行中に高度，気温，風向風速などを観測するとともに，飛行中に
遭遇した顕著現象を記録する。これらのデータは国際的に通報が義務づけられ
ていて，上層気象観測にとって有効なデータの一つである。最近は，航空機が
自動観測したデータは，エーカーズ（ACARS; Automatic Communications Ad-
dressing and Reporting System の略）と呼ばれるシステムで，気象庁に通報さ
れている。

　高度の観測は，航空機の機体前部側面にあるピトー管から取り入れた空気圧
を，電気式気圧計により測定し，国際標準大気の表（第1.3節）から高度に換
算している。気温は，ピトー管から取り入れた空気を，白金抵抗温度計で測定
し，航空機の速度による誤差を補正している。風向風速は，航空機の大気に対
する速度（対気速度）と地表面に対する速度（対地速度）との，二つの速度ベ
クトルから計算で求められる。

5.22 気象衛星観測

　気象衛星は，地球の広い範囲を見おろすことができるので，海上や砂漠地帯の気象観測点の不足を補うことができる。気象衛星には，極軌道衛星と静止衛星とがある。極軌道衛星は，ふつう高度約 800〜1000 km で南北両極の上空を通って，南北方向に約2時間周期で地球を一周する。地球は自転しているので，衛星の軌道は東から西へ移り，1日で地球全体を観測できる。しかし，地球上の同じ場所は1日に2回しか観測できない。

　静止衛星は，高さ約 35,800 km の赤道上空を，地球の自転方向と同じ向きに回わる衛星である。この高さでは，衛星の周期は地球の自転周期と同じになるので，地球に対して止まっているように見える。静止衛星が観測できる範囲は，図 5.12 に示すような，衛星の赤道直下点を中心として半径約 6,000 km の広さである。このため高緯度地方は極軌道衛星でなければ観測できない。

　世界気象機関は，極軌道衛星と静止衛星を組みあわせて，地球全体を均等に観測するため，世界気象衛星観測網を構築している。現在，極軌道衛星観測では，アメリカ，欧州気象衛星機構，ロシア，中国が衛星を打ち上げている。静止衛星では，アメリカ（2機），欧州気象衛星機構，ロシア，中国，日本が打ち上げ，それぞれの観測で地球全体をおおっている。

　日本は 1977 年に静止気象衛星「ひまわり」を東経 140° の赤道上空に打ち上げて以降，継続して観測を行い，世界気象衛星観測網に貢献している。現在は，2014 年に打ち上げられた「ひまわり8号」が東経 141° 上空で観測してお

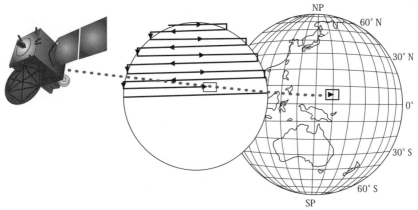

図 5.12　静止気象衛星「ひまわり」の観測範囲と走査観測方式の模式図

り，2016年に打ち上げられた「ひまわり9号」が東経141°上空で予備機とし
て待機し，東経約140°を中心とした南北両半球の中低緯度を分担観測してい
る。

　ひまわり8号，9号には，可視光線と赤外線の放射量を測定する次世代型イ
メージャ（AHI：Advanced Himawari Imager）と呼ばれる観測センサーが載せ
られている。イメージャとは，地球に向けたセンサーに，地球表面の一部分か
ら入る放射量を，波長ごとに分光して撮影するカメラである。センサーの向き
を東西南北方向に少しずつ動かして（これを走査という），地球全体を小領域
に分けて，小領域ごとの放射量を10分間かけて測定する。図5.12は，イ
メージャによる地球走査観測の模式図を示している。

　第3.2節で述べたように，黒体と仮定できる物体は，ステファン・ボルツマ
ンの法則に基づいて，その温度に応じた放射を出すので，適当な波長を選んで
物体の放射の強さを測れば，物体の温度が推定できる。ひまわりは，大気の窓
領域付近の波長帯（8.6～13.3 μm）で6波長，水蒸気の吸収が大きい波長帯
（6.2～7.3 μm）で3波長，太陽放射と地球放射の中間の波長帯（0.86～3.9 μm）
で4波長の合計13波長の赤外線を測定している。イメージャの性能は，衛星
の直下で，1波長（1 km）を除いて2 km四方の領域の赤外放射量が測定でき
る。この領域の広さが赤外放射観測の分解能であり，緯度が高くなるほど斜め
方向から観測することになり，分解能は悪くなる。日本付近の分解能は，東西
約2.1 km，南北約2.8 kmの領域である。

　大気の窓領域の波長帯のうち10.4 μmの波長で観測した赤外放射量を，濃淡
で地図上に表したものを，ふつう赤外画像（IR画像ともいう）と呼ぶ。図
10.7に赤外画像の例が示してある。温度が低く赤外放射量の少ないところほ
ど白く，温度が高く放射量の多いところほど黒く描画されている。雲のないと
ころは地表面温度に，雲のあるところは雲頂温度に対応している。対流圏内で
は上空ほど温度が低いので，ふつう雲頂が高い雲ほど白く表わされる。IR画
像で，ステファン・ボルツマンの法則で換算した温度は，相当黒体温度または
輝度温度と呼ぶ。雲頂の温度がわかれば，気候値として求められている気温の
高度分布から，雲の高さが推定できる。ただし，上空に断片的な雲がある場合
には，隙間から下層の雲や地表面の高温の黒体の放射も含まれるので，得られ
る雲頂の高さは低めに推定される。

　水蒸気の吸収が大きい波長帯のうち6.2 μmの波長で観測したものは，水蒸
気画像（WV画像ともいう）である。IR画像と同じく，温度の低いところを
明るく（明域と呼ぶ），温度の高いところを暗く（暗域），描画している。WV

画像は，IR 画像や次に述べる可視画像の雲がない晴天の領域で，主として対流圏の中・上層の大気中に，水蒸気量が多いか少ないかを表す画像である。すなわち，中・上層が乾燥した領域では，温度が高い下層の水蒸気の放射量を観測するので，暗域として描画される。逆に，中・上層が湿った領域では，温度の低い中・上層の水蒸気の放射量を観測するので，明域として描画される。

　3.9 μm 波長の赤外画像は，3.9 μm 画像と呼ばれる。昼間は主として太陽放射の反射を観測し，可視画像に近く，雪氷域の識別や対流雲域の判別に利用される。夜間は地表面や雲からの赤外線を観測し，赤外画像に近く，IR 画像との差をとることで夜間の下層雲や霧出現域の観測に適している。主に夜間の船舶向けの気象情報に活用されている。

　気象衛星で測定する可視光線は，太陽光線が地表面や雲にあたって反射した 0.47～0.64 μm 波長帯の 3 波長である。可視光線の放射量から作成される可視画像（VIS 画像ともいう）は，人が目で見たままの地表面や雲の分布を表す。図 14.2 に可視画像の例が示してある。朝夕と昼間のみの観測で，太陽光線をよく反射するものほど白く表される。朝夕は太陽光の反射が弱く，写りにくい場所がある。可視画像の分解能は，赤外画像より細かく，衛星の直下で波長によって 0.5～1 km 四方である。衛星画像の雲のデータは，地上気象観測によらない推計気象分布の天気や日照時間を求めるのに利用され，観測値の代わりとなっている。推計気象分布（天気）は，気象衛星ひまわりの雲の観測データから晴れかくもりかを判定し，降水の有無は解析雨量を用いて判断する。推計気象分布（日照時間）は，主に気象衛星ひまわりによる雲の観測データに基づいて前 1 時間における日照時間の情報として，アメダス及び特別地域気象観測所の観測値として用いられる（第 5.15 節）。この他，衛星画像の天気予報への利用については第 13.5.4 節で述べる。

　ひまわりの観測は，通常 10 分ごとに地球全体を行うが，毎 10 分正時の間には日本付近を常時 2.5 分毎に走査し，各画像を取得する。これらのデータは雲画像として利用する他に，短時間の連続観測データから雲が存在する高さの風向・風速を推定するのに利用される。雲の移動から得られる風を大気追跡風と呼ぶ。赤外，水蒸気，可視画像で，それぞれ連続した 3 枚の画像を比較して，対応する雲や水蒸気パターンの移動から大気の流れを風ベクトルとして計算する。こうして求めた風は，上層気象観測の乏しい海洋上空の，補助的な資料として利用される（第 5.19 節）。

　一方，極軌道衛星ではサウンダーと呼ばれるセンサーを載せていて，大気の温度や湿度の鉛直分布を得ることができ，このデータは数値予報の初期値デー

タとして利用されている。また衛星から地上に向けて電波を発射して，地表面からのエコーを衛星で観測し，降水強度の観測，海上風の推定，海面高度の測定なども行われている。さらに，多数の波長帯の放射を観測して，大気中のオゾンや二酸化炭素などの温室効果ガスについて，地球全体の分布も測定されている。

　気象観測を主たる目的としていない地球観測衛星で得られたデータも，データ処理の工夫により，冬季の積雪量，北極・南極の氷原の広がり，大気の鉛直気柱に含まれる水蒸気の合計量（これを可降水蒸気量と呼ぶ）などが求められている。可降水蒸気量は全球測位システム（GPS）から推定されている。GPSが発射する電波を地上で受信するときに，電波が通過する大気中の水蒸気量によって電波の到着に遅れが生じる。気象庁では，国土地理院が日本全国の測量のために設置した，約1000か所のGPS電波受信点で得られる電波の遅れを解析して，日本上空の可降水蒸気量を推定し，数値予報の初期値データ作成に利用している。

第2部　天気の構成

第1部では，大気の状態を表す天気の要素ごとに，主な性質と観測のしかたについて述べた。そこでは，天気の要素が水平方向に変化する様子はほとんど述べなかった。しかし，実際の大気では，天気の要素が水平方向に著しく変化している。この変化が，低気圧や高気圧などの気象現象として現れ，天気を構成する源になる。第2部では，天気を構成する気象現象を，大まかな水平規模に分けて，発生のしくみや構造について述べる。

第6章では，大気が地球規模で運動する大気大循環について述べ，第7章では，気団や前線の種類ごとに，その構造を述べる。第8章から第10章までは，毎日の天気変化に最も関連の深い低気圧，高気圧，台風について，発生のしくみとこれに伴う天気の分布を述べる。第11章では，水平規模が小さい局地風について述べ，第12章では，雷雨について述べる。雷雨は，前線や低気圧などの内部の微細な構造に関係し，激しい天気変化をもたらす現象として，災害との関係で重要である。

第6章　大気大循環

6.1　大気現象のスケール

　天気を構成する大気の運動や，これに伴って起こる気象現象には，さまざまな種類がある。それぞれの気象現象について述べる前に，気象現象を特徴づける空間的な広がりや寿命について説明する。気象現象の水平の広がりを，水平スケールあるいは単にスケールという。これに対して，現象の寿命は時間スケールという。

　水平スケールを厳密に定義するのはむずかしいので，気象現象の現れ方によって，次のようなもので考える。大気の上空では，西寄りの風（偏西風）が吹いていて，ほぼ緯度線に沿って地球を回っている。この偏西風の流れは，あとで述べるように，波のように南北にゆらいでいる。このように，ほぼ周期的に変動する現象では，変動の波長で水平スケールを表す。天気図に見られる高気圧や低気圧のように，形の似ている現象が並んでいる場合には，隣りあったものどうしの距離をスケールの目安にする。積雲や雷雨のように，孤立した現象では，現象に伴う雲の水平の大きさをスケールとする。

　一方，時間スケールは，現象の発生から消滅までの時間で表す。繰り返して発生したり，強さを変えたりする現象の場合には，その周期を時間スケールとする。図6.1は，これから述べる主な気象現象の，おおよその水平スケールと時間スケールの関係を示している。図から，水平スケールと時間スケールは，ほぼ比例していることがわかる。すなわち，水平スケールの大きい現象ほど，その時間スケールが長い特徴がある。

　大気の運動を分類するとき，水平スケールが約2000 km以上，時間スケールが約1日以上の運動は，大規模な運動あるいは総観規模の運動という。このスケールの現象では，ほぼ地衡風に近い風が吹き，気流はほとんど水平運動である。これに対して，水平スケールが約2000 km～約2 kmの運動は，中小規模運動という。中小規模の現象は，現象の規模が小さくなるほど実際に吹く風と地衡風とのちがいが大きく，気圧傾度から求めた風速は，そのまま風の推定値にはならない。中小規模現象には，悪天に関係する現象が多く，規模の小さい現象ほど，気流の鉛直速度と水平速度の大きさは同じ程度になっている。

　図では個々の運動をスケールで分類したが，それぞれの現象は独立に出現す

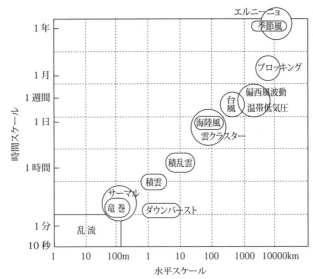

図6.1　いろいろな気象現象の水平スケールと時間スケール

るものではなく，相互に関連しあっている。たとえば，中規模現象に分類される台風や前線上の波動は水平方向の運動が主体であるが，小規模現象の積雲対流によって凝結熱が放出されて発達するので，その中の積雲対流が重要である。同時に，積雲対流が生じやすい大気の状況は，大規模現象によってもたらされる。

　第5章で述べた通常の地上気象観測や上層気象観測は，総観規模の運動やこれに伴う天気現象を捕らえるのを目的としている。一方，中小規模の現象はアメダス観測，気象レーダー観測，ウィンドプロファイラ観測，気象衛星観測などで捕らえられる。

6.2　大気大循環

　前節で述べたように，大気の運動にはいろいろなスケールの運動が含まれている。このため，大気の流れは非常に複雑であるが，地球全体の大きな視点で見れば，持続的な特徴のある流れが見いだされる。これを大気大循環という。

　大気大循環の様子をわかりやすくするには，次の二つの方法がある。一つは，地球上の数多くの地点で，相当長い期間にわたる観測結果を平均する方法である。平均する期間としては，たとえば，一つの季節が用いられる。また，その季節の平均値をさらに何年にもわたって平均する場合もある。何年にもわたる

平均値は平年値という。通常，連続した30年が用いられる。こうして求めた
季節の平均値から，その季節について特徴のある分布図が得られる。もう一つ
は，緯度線に沿って平均する方法である。これは帯状平均という。地球上には
陸や海があるため，大気の状態は複雑になっているが，帯状平均によってこれ
をならして見ることができる。

　図6.2(a)は，上の二つの平均方法を同時に用いて，子午面（経度線に沿っ
た鉛直断面）内の東西方向の風速分布を求めたもので，北半球の冬の季節
（12〜2月）について，30 km の高度まで表している。図6.2(b)は同じ方法で，
子午面内の気温分布を北半球の冬の季節について表している。北半球の夏の季
節（6〜8月）の分布は，それぞれの図に示されている南半球の分布とほぼ同

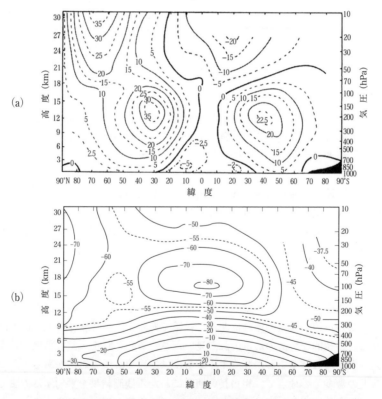

図6.2　北半球の冬の季節（12〜2月）の鉛直子午面内の帯状平均分布 (ニューエル，1972)

(a) 東西風速，単位：ms⁻¹　　(b) 気温，単位：℃

じである。

　図 6.2(a) で北半球の対流圏に注目すると，低緯度と北極付近の下層では東風が吹き，ほかの大部分の緯度帯では西風が吹いている。東風は偏東風と呼ばれ，西風は偏西風と呼ばれる。偏西風の風速は，中緯度の対流圏上部から成層圏下部で，特に強くなっている。この部分をジェット気流と呼ぶ。北半球の冬のジェット気流は 30°N 付近にあり，風速が 35 ms^{-1} 程度である。図は示されていないが，夏の北半球のジェット気流は 45°N 付近まで北に移動して，風速 15 ms^{-1} 程度である。図 6.2(a) の南半球に見られる夏のジェット気流より，風速がやや弱く，中心もやや高緯度にある。

　図 6.2(b) の対流圏の気温は，北半球・南半球ともに，低緯度で高温，高緯度で低温であり，また，冬の季節である北半球の方が低温である。成層圏では，第 1.3 節で示したように，上層ほど気温が高くなっているが，夏の季節である南半球の方がこの傾向は著しい。対流圏界面は，対流圏上部から成層圏下部へ，温度減率が変化するところである（第 1.3 節）。この高度は，低緯度ほど高く（赤道付近で約 17 km），高緯度ほど低い（北極付近で約 8 km）。北半球の夏の季節の図は示されていないが，北極の気温は夏の季節ほど高く，冬の季節ほど低い。

6.3　大気大循環の地上風

　図 6.2(a) に示した東西風だけでなく，南北風の帯状平均の結果も加えて，大気大循環の地上付近の風分布を年平均の場合について模式的に表したものが図 6.3 である。この図には，同時に南北風と鉛直流をあわせた，子午面内の循環も模式的に示してある。

　図 6.3 の熱帯地方では，北半球も南半球も，赤道に向かって東寄りの風が吹いている。この二つの偏東風は，いつもほぼ一定の方向に吹く風であり，これを貿易風という。赤道付近は，北半球の北東貿易風と南半球の南東貿易風が吹き込む地域になっていて，ここでは風が弱く赤道無風帯という。かつて帆船時代に航海者を苦しめた海域である。赤道無風帯は，二つの気流が収束することから，熱帯収束帯（ITCZ; intertropical convergence zone の略）とも呼ばれている。ここでは上昇流が起こり，積乱雲がたくさん発生している。熱帯収束帯の位置は，どの経度でも赤道上にあるとは限らず，また，季節によってその緯度が変動する。熱帯収束帯は，平均して気圧が低く変化も小さいところから，赤道低圧帯ともいう。

　貿易風帯より高緯度では，偏西風が幅広く吹いている。偏西風帯では，低気

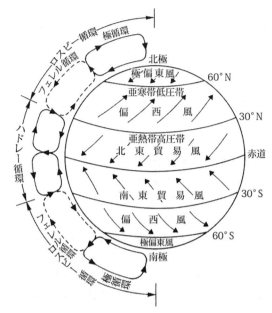

図6.3　大気大循環による地上風系と子午面内の循環（模式図）

圧がひんぱんに通過して強い風が吹くが，貿易風帯のようにほぼ一定方向の風が長く続けて吹くことはない。貿易風帯と偏西風帯のあいだの緯度30°付近は，亜熱帯高圧帯である。亜熱帯高圧帯では，風が弱く，風向も変わりやすい。ここでは下層の気流は発散していて，下降流が生じている。

　偏西風帯より極に近いところは，亜寒帯低圧帯である。ここでは暴風雨がひんぱんに起こり，極地方と偏西風帯の両方から気流が収束して，上昇流になっている。極付近では北東風が吹いていて，これを極偏東風と呼ぶ。また，極近くの高気圧は極高気圧と呼ぶ。

6.4　大循環が生じる原因

　大気の運動の原因は，第2.8節で述べたように，水平方向の温度差によって気圧傾度が生じることである。大気大循環のもとになる，地球規模の温度差は次のようにして生じる。

　地球全体を平均してみると，第3.9節で述べたように，宇宙から入る放射エネルギー（太陽放射）と地球から出て行く放射エネルギー（地球放射）が釣りあう。しかしながら，地表面が受ける太陽放射量は，赤道付近で大きく，極付

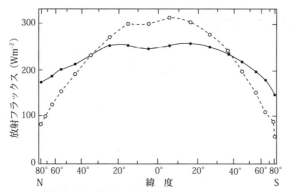

図6.4　太陽放射と地球放射の緯度分布（ホンデル・ハールとスオミ，1969）
白丸破線は太陽放射量，黒丸実線は地球放射量

近で小さい。同じように，地球から出ていく地球放射量も低緯度で大きく，高緯度で小さい。

　図6.4は，1年を通じて地球に入る太陽放射量と，地球から出ていく地球放射量との緯度変化を示している。緯度変化を詳しく見ると，太陽放射量は，太陽高度角に大きく左右され，太陽高度角が小さい高緯度ほど，太陽高度角の大きい低緯度より極端に小さい。一方，地球放射量の緯度変化は，ステファン・ボルツマンの法則により地球の温度Tの4乗に比例して放射量が決まる。地球の気温の緯度変化（図6.2(b)）は，絶対温度で見ると，地球全体の平均の温度に比べて小さい。このため，地球放射量の緯度変化は，太陽放射量ほど大きくない。

　この結果，太陽放射と地球放射の出入りで見ると，緯度がほぼ40°より低緯度では，地球に入る太陽放射の方が，地球から出る地球放射よりも大きい。このため低緯度では地球が暖められる。反対に，ほぼ40°Nより高緯度では，地球は冷やされる。この結果，低緯度では気温が高くなり，高緯度では気温が低くなり，水平方向の温度差が生じる。

　それぞれの緯度での温度の釣りあいを，図6.4に示された放射の出入りだけで考えれば，極と赤道の温度差は，計算上約100℃になる。ところが実際に観測された温度差は，図6.2(b)に見られるように，約40〜50℃である。これは，緯度による放射エネルギーの不釣りあいで，南北に地球規模の温度差が生じ，これがもとで地球大循環と呼ぶ運動が生じる。この運動によって極向きに熱が運ばれて，温度差の一部が解消されるからである。第6.6節の大循環のしくみで述べるように，海洋の南北運動も温度差を解消する役割をしている。

6.5　大気子午面循環

第2.8節と同じ考え方をすれば，赤道と極の温度差から，対流圏の空気の流れは図6.5のようになることが予想される。すなわち，南北の温度差から気圧傾度が生じて，地表付近では赤道に向かって風が吹き，赤道で上昇した空気は対流圏の上部を極に向かって進み，極付近で下降する。このような流れは最初にハドレーが提唱したものであるが，実際に観測される大気大循環の地上風は，図6.3のような複雑な流れになっている。これは地球が自転しているためである。図6.3の長期間の観測から得られた子午面内循環では，熱帯収束帯で上昇した空気は，極まで行かないで亜熱帯高圧帯で下降している。この空気の流れを，最初の提唱者の名前をとって，ハドレー循環という。貿易風は，ハドレー循環の地上風に，コリオリ力が働いて生じる風系である。

ハドレー循環より高緯度側には，二つの循環がある。これらのうち，赤道側の循環は，発見者の名前にちなんで，フェレル循環と呼び，極側の循環は極循環という。これらをまとめてロスビー循環とも呼ぶ。フェレル循環と極循環は，亜寒帯低圧帯で上昇流となり，亜熱帯高圧帯と極で下降流になっている。地上では偏西風と極偏東風になって現れる。ただし，図6.3のフェレル循環で，帯状平均する前の上昇流や下降流は，時間的にも空間的にも著しく変化している（第6.6節）。

なお，一般に気温は赤道から極に向かって低いので，ハドレー循環のように，相対的に高温域で上昇し，低温域で下降する循環を，直接循環と呼ぶ。フェレル循環のように，相対的に低温域で上昇し，高温域で下降する循環を，間接循環と呼ぶ。

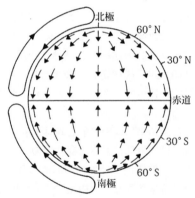

図6.5　地球が自転していない場合に生じると予想される大気大循環の地上風系と子午面内の循環（模式図）

6.6　子午面内の熱輸送

第6.4節で述べたように，低緯度では地球が暖められ，高緯度では冷やされる。それにもかかわらず，低緯度の気温が年々高くなることも，高緯度の気温が年々低くなることもない。これは，低緯度で地球を暖めた熱が，大気と海洋

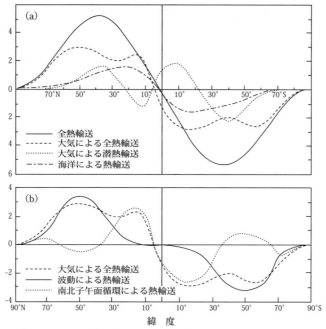

図6.6　年平均でみた北向き熱輸送の緯度分布（単位：×10¹⁵W）（ニュートン，1972）
(a) 大気と海洋の熱輸送　(b) 子午面循環と波動による熱輸送

の中を通って，高緯度に運ばれるからである。子午面平均で南北に運ばれる熱量が，図6.6(a)に示されている。熱が運ばれることを熱輸送と呼ぶ。なお，この図は，北向きの熱輸送量を正として表してある。北半球では赤道から北極に向かって熱が輸送されるときに正の値となり，南半球では赤道から南極に向かって熱が輸送されるときには負の量になる。南半球の熱輸送量は，赤道を挟んで北半球とほぼ逆になっているので，以下では北半球についてのみ述べる。

　図は年平均の熱輸送の緯度分布を示し，実線は，大気と海洋の両方による全熱輸送量である。どの緯度でも極に向かう熱輸送があり，北緯40度付近で最大値を示している。図では全熱輸送量（実線）が，海洋による熱輸送量（一点鎖線）と大気による熱輸送量（破線）とに分けて示してある。大気による熱輸送量は，顕熱と水蒸気が持つ潜熱による輸送量の和であるが，潜熱輸送量（点線）だけが取り出して示してある。

　図6.6(a)の大気による輸送量は，北緯15度と50度付近に極大がある。この変化は，図6.6(b)に，子午面内の南北循環によるもの（点線）と，偏西風

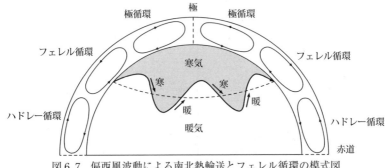

図6.7　偏西風波動による南北熱輸送とフェレル循環の模式図

波動によるもの（実線）とに分けて示してある。図6.6(b)には(a)の大気による輸送量（破線）も再度示してある。図6.6(b)の南北子午面循環による熱輸送のうち，低緯度の大部分はハドレー循環によるものである。ハドレー循環は，赤道と亜熱帯高圧帯の間の熱対流であり，熱帯の暖かい空気が上層で極向きに流れ，下層で冷たい空気が赤道に向かって流れる。すなわち，熱は低緯度から中緯度に運ばれる。

　一方，子午面内のフェレル循環は間接循環であり，熱量は小さいが北から南に熱を運んでいる。しかしながら，フェレル循環の熱輸送は，帯状平均によって得られたものであり，平均する前のフェレル循環の中身は，もっと複雑である。帯状平均する前は，緯度線に沿って激しく蛇行する偏西風波動や，渦を巻いた低気圧である（第8.7節）。図6.7の模式図に示すように，偏西風波動は，中緯度と高緯度の間を，行ったり来たりしている。偏西風の波が中緯度にあるときは，中緯度の大気から熱をもらって暖められる。暖められた波は，高緯度へ移動して，中緯度でもらった熱を高緯度の大気にわたして冷やされる。冷やされた波は，ふたたび赤道に向かって移動し，暖められる。このような過程を繰り返しながら，中緯度から高緯度へ熱を運ぶ。このため，図6.6(b)の波動による熱輸送量は，中緯度から高緯度にかけて大きな値を示し，この緯度帯の大気による輸送量の大部分を占めている。

6.7　子午面内の水蒸気輸送と潜熱輸送

　図6.6(a)の潜熱による熱輸送は，北緯40度付近では大気による全熱輸送と同じ程度の大きさを示す。しかし，緯度による変化は，大気の熱輸送や海洋の熱輸送のそれとは大きく違っている。この変化は経度方向に帯状平均した，降水量と蒸発量の緯度変化に密接に関係している。帯状平均した降水量の緯度変

化は，第一の極大値が熱帯収束帯にあり，第二の極大値が中緯度にある。一方，降水量に換算した蒸発量の極大値は，亜熱帯高圧帯にある。この結果，赤道を中心とした熱帯収束帯では降水量が蒸発量を上回って，低緯度では水蒸気が不足している。反対に，亜熱帯高圧帯では，蒸発量が降水量を上回り，この緯度帯付近では，水蒸気が大気中に余分に貯まっている。

　貯まった水蒸気は，水蒸気の潜熱とともに，南北に輸送されて釣りあいが成り立つ。亜熱帯高圧帯の水蒸気は，負の北向き輸送として，熱帯収束帯に運ばれ，正の北向きの輸送として偏西風帯に運ばれる。この水蒸気輸送量で，図6.6(a)に示された潜熱による北向き熱輸送の緯度変化が説明できる。

　図6.6(a)の海洋による熱輸送は，特に低緯度から中緯度では大気による熱輸送と同じ程度の大きさになっている。海洋の中では，高温の海水が極に向かう暖流と低温の海水が赤道に向かう寒流が卓越して，熱を低緯度から高緯度に運んでいる。すなわち，海流による南北の熱輸送も，放射で生じる低緯度と高緯度の熱の不釣りあいを解消するのに大切な役割をしている。

　この結果，低緯度に放射で熱が入り続けても，一方的に気温が上がっていくことはない。いい換えれば，低緯度の大気に放射で熱が入り，高緯度の大気から放射で熱が逃げていくことが，大気大循環や海流を生じる原因といえる。

6.8　海陸分布の影響

　実際の地球上の大循環は，図6.2や図6.3で示したものより，もっと複雑である。これは海陸の分布が，大気の運動に影響するためである。第3.7節で述べたように，地面は水面と比べて，熱しやすく冷めやすい性質がある。夏に日射が照り続けると，大陸上の温度は海洋上より高くなり，気圧分布でいえば，低気圧になる。逆に，冬の大陸は日射があっても弱く，放射冷却が卓越して，大陸上の温度は海洋上より低くなり，高気圧になる。一方，海洋上の大気の温度は大陸上と比べて変化が小さい。

　図6.8は1月と7月の地上気圧と地上の風系を示す。南北両半球ともに，緯度20～30°で地球を取り巻くように気圧が高くなっている。これは図6.3で示した亜熱帯高圧帯である。また，この亜熱帯高圧帯にはさまれた赤道付近の気圧が低いところは赤道低圧帯である。しかし，亜熱帯高圧帯も赤道低圧帯も，位置や強さは必ずしも帯状になっていない。これは海陸分布が原因である。

　冬の亜寒帯低圧帯は，海陸分布の影響がもっと大きい。帯状平均では低圧帯であるが，緯度線に沿う気圧の変化は，低気圧ばかりでなく，高気圧も存在する。図6.8(a)で北半球の亜寒帯低圧帯には，太平洋北部のアリューシャン低

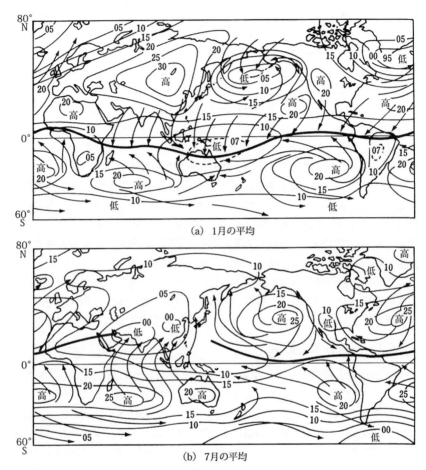

(a) 1月の平均

(b) 7月の平均

図6.8　1月と7月平均の海面気圧分布と地上風系
気圧はhPa単位の下2桁，風は矢印，赤道付近の
太い実線は熱帯集束帯の位置を示す。

気圧と大西洋北部のアイスランド低気圧がある。しかし，アジア大陸や北米大
陸は高気圧におおわれている。アジア大陸をおおうシベリア高気圧は世界で最
も強い高気圧である。これは第3.7節で述べた海陸の暖められ方・冷やされ方
のちがいで生じている。

　図6.8に示した地上の風系は，高気圧から風が吹き出し，低気圧に風が吹き
込む。大陸は夏に低気圧になるので，夏の気流は海洋から大陸へ吹き込む。反

対に，大陸は冬に高気圧になるので，冬の気流は大陸から海洋へ吹き出す。このように夏と冬で風向がほぼ反対になる風系を季節風またはモンスーンという。季節風がはっきりしている地域としてはインド，日本，東南アジアなどが知られている。図6.8(a)でシベリア高気圧から吹き出す季節風は，日本ばかりでなく東南アジアまで冷たい空気をもたらす。図6.8(b)で，この地域の夏の季節風は冬と比べて風向が逆転し，海洋からアジア大陸に向かって吹き込んでいる。

　図6.3では亜熱帯高圧帯の極側に偏西風帯が描かれている。これに対応して，図6.8の南半球では，南極を取り巻いて強い偏西風が吹いている。特に，南半球の冬季にあたる7月には，「吠える40度」と呼ばれ，たえず暴風が吹いているところである。しかし北半球では季節によって風向が変わり，偏西風ははっきりしない。日本付近では，夏は南寄りの風であり，冬は北ないし西の風になっている。これは，先に述べたように，海陸分布が影響しているためである。南半球では，偏西風が吹く緯度帯ではほとんど陸地がないが，北半球では海陸分布が顕著である。

6.9　ジェット気流の蛇行

　海陸分布は，地表の風に影響するだけでなく，上層の気流にも影響している。図6.9は，北半球の1月の500 hPa面等高度線の平年値分布を示す。第1.5節で述べたように，500 hPa等圧面は大気の質量をほぼ二つに分ける高さであり，

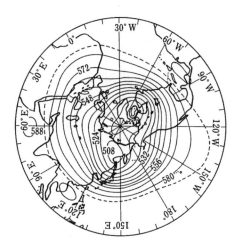

図6.9　北半球1月500 hPa面の平均高度分布（等値線の単位：10 m）

対流圏のほぼ中間にある。このため，対流圏の風系を代表する高さとみなせる。図 6.8(a) の地上気圧分布と比べると，500 hPa 面の高度分布の方が，単純な分布になっている。低緯度から極に行くほど気温が下がるため（第 6.2 節），層厚の関係から極に向かうほど高度が低くなる。第 2.10 節で述べたように，上層の大規模な風はほぼ地衡風であり，等圧面上の等高度線にほぼ平行に吹く。北半球では低圧部を左に見て吹くので，500 hPa 面では，20°N から極まで，ほとんどのところで偏西風である。

　図 6.9 で等高度線が混んでいるところは，地衡風速が強い。この図は 1 か月の平均のため，偏西風の毎日の変動はならされている。毎日の偏西風蛇行の位置や大きさ，すなわち等高度線の南北の変動を波として考えたとき，波の山や谷の位置と振幅はまちまちで，図 6.9 には平均でならされても消えない分が残っている。偏西風の中で特に風速の強い部分を，亜熱帯ジェット気流と呼ぶ（第 6.2 節）。図 6.10 にはジェット気流の位置（ジェット軸と呼ぶ）が太実線で描かれている。ジェット軸は緯度線に沿わず蛇行し，ジェット軸に沿う風速も一様でなく，アジア大陸の東岸（日本付近）とアメリカ大陸の東岸で特に風速が強い。

　平均でならされても消えないジェット気流を，地球を巡る波として見ると，波長が 1 万 km 程度（波数で 1〜3 程度）である。この波は超長波（あるいは惑星波）と呼ばれている。図は示さないが，500 hPa より上空の天気図では，

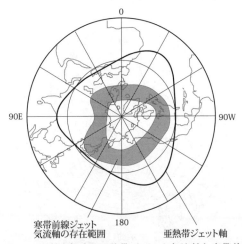

図 6.10　北半球冬季の亜熱帯ジェット気流軸と寒帯前線
ジェット気流軸の存在範囲（パルメンとニュートン，1969）

惑星波がより顕著に見られる。この波は，ヒマラヤ山脈を含むチベット高原や
ロッキー山脈などの，山岳地形が気流に影響したり，大陸と海洋で暖められ方
がちがうために発生する。惑星波は，北半球の極東付近やアメリカ大陸東岸で
顕著に見られるが，南半球では北半球と比べて目立たない。これは前節でも述
べたが，南半球では中緯度の海陸分布が小さいことや，大規模な山岳地形がな
いためである。

　なお，毎日の天気図では顕著であるが，1か月の平均では消えてしまう偏西
風の波動は，波数が4〜8程度，波長が数千kmの，長波と呼ばれるものであ
る。長波による偏西風の強風帯は，寒帯前線ジェット気流と呼ばれ，発生する
緯度帯が，図6.10では帯状に影を付けて示されている。この寒帯前線ジェッ
ト気流は，地上天気図の温帯低気圧や移動性高気圧と関係し，発生の原因から
傾圧不安定波と呼ばれている（第8.7節）。

6.10　亜熱帯ジェット気流の成因

　前節の500 hPa面に見られる亜熱帯ジェット気流は，図6.2(a)で，子午面
内の中緯度対流圏上部の，東西風のジェット気流の下側部分を見たものである。
ジェット気流の中心は，冬の北半球では，北緯約30°の上空約13 km付近（約
200 hPa）にあり，月平均した東西成分で35 m/s以上の風速である。この
ジェット気流は，時間的にも空間的にも比較的変動が小さいので，図6.2(a)
の月平均にも明瞭に現れる。

　亜熱帯ジェット気流が現れる位置は，ハドレー循環が下降に転じるところで
ある。赤道付近で熱せられて上昇した空気塊は，圏界面に近づくと極の方向に
向かって動き，ハドレー循環をつくる。このとき極に向かった空気塊は，地球
が球形なので，地球の回転軸に近づき，地球の回転軸からの距離が小さくなる。
このとき角運動量保存則（コラム5）により，回転半径が減少する分だけ速度
が増加する。これは地上の観測者から見ると，西風が増加して，強いジェット
気流として観測される。

　一方，図6.2(a)の月平均には見られないが，中緯度から高緯度にかけて，
日々の寒帯前線ジェット気流が現れる。これは温帯低気圧の活動と関係する寒
帯前線に伴って，特に冬季の偏西風帯の中に顕著に現れる。図6.11は鉛直子
午面内の寒帯前線，寒帯前線ジェット気流，亜熱帯ジェット気流の平均的な位
置が，模式図として示してある。寒帯前線ジェット気流が，全地球を平均した
図6.2(a)に見られないのは，前節でもふれたように傾圧不安定波による偏西
風のジェット気流に相当し，時間的空間的に変動が激しいため，平均をとると

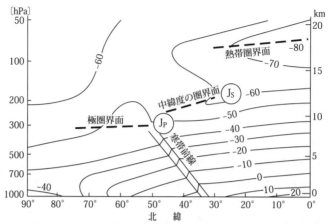

図6.11　北半球の大気状態の鉛直南北断面模式図（バリーとコールレイ，1987：一部加筆）
Jp：寒帯前線ジェット気流軸，Js：亜熱帯ジェット気流軸，実線は等温線，破線は対流圏界面

消えてしまうからである。また，経度によっては偏西風ジェット気流が現れない地域もあり，日本付近や北米大陸のように亜熱帯ジェット気流と合流している地域もある。これも子午面平均で寒帯前線ジェット気流が見られない理由の一つである。寒帯前線とそれに伴うジェット気流については，第7.3節で述べる。

［コラム5］　角運動量と角運動量保存則

　ニュートンの運動方程式 $m\Delta v/\Delta t = \boldsymbol{F}$ は，地球の公転や自転を表現できる空間（絶対空間あるいは慣性系という）で，物体の運動を支配する方程式である。運動量 $p = mv$ を定義すると，力 $\boldsymbol{F}$ が働かない場合は，$m\Delta v/\Delta t = 0$ となり，運動量保存則 $\Delta p/\Delta t = 0$ が成り立つ。図1のように，慣性系のある点Oを中心に，物体が半径 r の円運動をしている場合を考える。物体の円運動には，角運動量と呼ばれる物理量を考えると便利である。Oと物体Pを結ぶ線OPと，基準線OXの間の角を θ(rad) とする。微少時間 Δt に角度 $\Delta\theta$ が変化したとき，$\omega = \Delta\theta/\Delta t$ を角速度という。一方，物体Pが円周に沿って進む速さを接線速度と呼ぶ。Δt の間にPが角度 $\Delta\theta$ だけ変化するとき，円周上を動く円弧の長さを ΔL とすれば，接線速度 V_θ は，$V_\theta = \Delta L/\Delta t$ と表される。円弧の長さ ΔL と角度 $\Delta\theta$ の間には $\Delta L = r\Delta\theta$ が成り立つので，$V_\theta = r\Delta\theta/\Delta t = r\omega$ となる。この接線速度に対する運動量の大きさは，$mV_\theta = mr\omega$ である。この運動量の大き

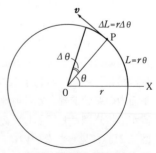

図1　角速度と接線速度

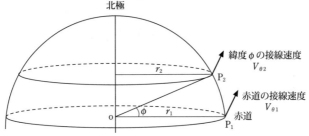

図2 角運動量保存則による接線速度の変化

さと円運動の半径 r の積 $mV_\theta r = mr^2\omega$ を角運動量という。質量が大きいほど，円運動の半径が大きいほど，角運動量は大きな値であり，物体の回転運動が止まりにくい性質を表す物理量である。すなわち，回転運動の勢いを表す。なお，物体が中心 O のまわりで円運動を続けるためには，中心に向かう力が常に働いていなければならず，この力を求心力（または向心力）という。回転運動では，この求心力が常に働いているため，運動量保存則は成り立たない。すなわち，接線速度の大きさは一定でも，接線ベクトルの向きが常に変化するため，ベクトル量である運動量 p は一定でないためである。しかしながら，物体と運動の中心との距離 r で決まる求心力のほかに力が働かないときには，角運動量は一定である。この性質を角運動量保存則という。この法則により，中心からの距離が小さくなれば，接線速度 V_θ が大きくなる。身近な現象としては，おもりに糸をつけて振り回したとき，糸を短くすると，その分だけおもりが速く回る。

　図2に示すように，地球の中心点 O から赤道半径 r_1 の円周上で回転する空気塊の接線速度を $V_{\theta 1}$，緯度 ϕ で地球の自転軸から半径 $r_2(=r_1\cos\phi)$ の円周上で回転する空気塊の接線速度を $V_{\theta 2}$ とする。赤道上で回転する空気塊が緯度 ϕ まで移動したとき，角運動量保存則から $mV_{\theta 1}r_1 = mV_{\theta 2}r_2$ である。$r_1 > r_2$ であるから，$V_{\theta 1} < V_{\theta 2}$ となる。角運動量保存則は，物体の回転運動を考えるときに大切な法則である。この法則は，亜熱帯ジェット気流や台風中心付近の強風など，大気中の空気塊の円運動を考えるときに応用できる。

第7章　気団と前線

7.1　気　　団

　大陸や海洋は，それぞれ1000 km 以上の水平の広がりがあって，地表面の状態がほぼ一様な地域である。空気が，大陸や海洋に長いあいだ，たとえば1週間以上とどまっていると，しだいに地表面に特有な性質を持つようになる。このような空気の塊りを気団といい，気団ができる地域を発源地という。亜熱帯の海洋や冬のシベリア大陸は，気団の発源地として適した地域である。

　気団は，発源地の温度（これは緯度に関係する）で，熱帯気団（Tropical），寒帯気団（Polar），極気団（Arctic）の三つに分類される。また，発源地の湿度で，通常乾燥している大陸性気団（continental）と少なくとも下層では湿っている海洋性気団（maritime）の二つに分類される。ふつう，上の2種類の英頭文字を組みあわせて気団を表す。たとえば，海洋性熱帯気団（Tm）や大陸性寒帯気団（Pc）である。

　気団は，ある程度の時間，発源地にとどまったあと，隣りあう気団の勢力のちがいによって，発源地とはちがった性質を持つ地表面へ移動することがある。このとき気団の温度と気団が移動していく地表面の温度を比べて，気団の温度が低い場合には寒気団，気団の温度が高い場合には暖気団と区別する。寒冷地に向かう暖気団は，地表面から冷やされるので大気は安定となり，雲が生じるときは層状の雲である。反対に，温暖地に向かう寒気団は，地表面から暖められるうえに，水蒸気も補給されることが多いので，対流雲が生じやすい。このように，気団が地表面と熱や水蒸気をやりとりして，気団の性質がしだいに変化していくことを，気団の変質という。

7.2　日本付近の気団

　日本付近は気団の発源地ではないが，季節によって異なった気団がやってくる。主なものは，次の三つの気団である。これらは，第14章で述べるように，日本付近の天気を特徴づけている。

(1)　シベリア気団（Pc）……シベリア大陸が発源地の気団であり，冬の季節風として日本海を横断して日本列島を通過する。この気団は，もとは寒冷で乾燥しているが，日本海を通過するときに，海面から熱と水蒸気をもらって，

寒冷で湿った気団に変質する。日本海上空ですじ雲ができ，日本列島の日本海側に雪を降らせる（第14.2節）。

(2) 小笠原気団（Tm）……北部太平洋の小笠原諸島付近が発源地の亜熱帯高気圧の気団で，夏に関東地方より西に張り出してくる。この気団の下層は高温で湿っているが，上層は比較的乾燥している。この気団の中に入ると晴天続きの天気となる。この気団は，三陸沖や北海道方面に移動するときに気団の変質が起こり，霧を発生させる（第14.9節）。

(3) オホーツク海気団（Pm）……オホーツク海上が発源地の気団で，下層が冷たく湿っている。梅雨期や秋雨期に，主に日本の東北地方に張り出す。この気団と小笠原気団のあいだにできる停滞前線が，梅雨前線や秋雨前線である（第14.8，14.11節）。

7.3 前　線

発源地が異なる寒気団と暖気団が出会うところでは，二つの気団がすぐには混ざらないで，図7.1(a)に示すような境界ができる。寒気団の空気（寒気）の密度は，暖気団の空気（暖気）の密度より大きいので，寒気は暖気の下へ楔形に入り込む。このとき二つの気団のあいだで，気温が移りかわる層を転移層または前線帯と呼ぶ。前線帯はある程度の厚みや幅があり，ここでは気温や湿度などの，気象要素の水平方向の変化率が大きい。前線帯の二つの境界面を前線面という。また暖気側の前線面が，地表と交わる線を前線（フロント）という。ふつうの天気図のスケールでは，前線帯は面とみなせるので，単に前線面や前線と呼ばれる場合が多い。

ある時刻の前線帯の鉛直構造が，模式図として図7.1(b)に示されている。図では前線帯の傾きを非常に誇張して描いてあることに注意が必要である。前線帯で急激な水平気温傾度があり，温度風の関係から，上方に行くほど風速が大きくなり，圏界面付近に偏西風ジェット気流が生じる。このようないくつもの事例を，経度方向と時間で平均したものが，図6.11に示した寒帯前線と寒帯前線ジェット気流である。

前線の構造を，天気の要素である温度，気圧，風で見た場合の特徴は，以下のとおりである。

(1) 温　度……前線帯を横切った鉛直断面上の等温線は，図7.1(b)の破線のように分布している。水平面上の気温の分布は，前線帯を横切るところで不連続に変わる。前線帯の厚さは，寒気と暖気の混ざりぐあいによるが，ふつう200mから1km程度である。図7.1(c)の上段には，前線帯の厚さが薄い

(a)

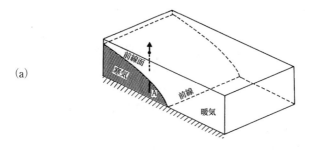

(b)

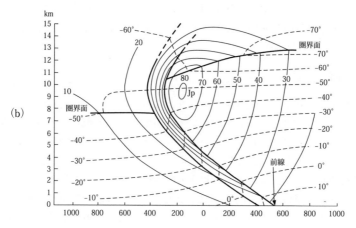

(c)

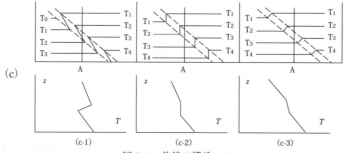

図 7.1　前線の構造（模式図）

(a) 前線と前線面の概念図

(b) 前線帯を横切る鉛直断面内の温度分布（破線, 単位：℃）と風速分布（実線, 単位：ノット）
　　記号 Jp は寒帯前線ジェット気流軸（横軸は南北距離, 単位：km）

(c) （上）前線帯を横切る鉛直断面内の温度分布の模式図（横軸：南北距離, 縦軸：高度）
　　（下）A 点における温度の状態曲線（横軸：温度, 縦軸：高度）
　　（c-1）, （c-2）, （c-3）へと前線帯が厚くなっている

場合から厚くなった場合の，気温の分布が（c-1）から（c-3）に示してある。また，図7.1(c)の下段には，図7.1(a)で示した地上の前線の北側の地点 A で，気温が高さとともに変化する様子が示してある。前線帯が薄い（c-1）の場合には，第4.10節で述べた逆転層が生じている。この逆転層は移流逆転層と呼ぶ。

(2)　気　圧……前線面と地表面は，傾斜した状態が保たれていて，寒気は暖気の下にどこまでも移動することない。これは，寒気が暖気の下に移動しようとするのは，重力の作用である。しかし，地球が回転しているため，コリオリ力も働き，重力とコリオリ力の釣りあいで傾斜した状態が保たれる。

　このように，前線面が傾斜しているため，ある一定の高さの空気を考えた場合，前線から寒気の方に進むほど，密度の大きい寒気の量が多くなる。このため，前線から寒気の方向に気圧が高くなり，前線では気圧傾度が不連続になる。すなわち，等圧線は前線で折れ曲がることになる。折れ曲がり方は，気圧の低い部分を包むように曲がる。図7.2は，前線付近の主な等圧線の形を示す。破線で示されているのが前線で，実線が等圧線である。図で前線の右または左のどちらを寒気としても，等圧線の形は同じである。

(3)　風……前線帯上空の偏西風は図7.1(b)の実線のように分布している。対流圏界面の下でもっとも強くなり，この強風帯は寒帯前線ジェット気流と呼ばれている。地表面付近の風は，等圧線と約30度の角度をなして，低圧側へ吹き込む（第2.14節）。前線付近で吹く風もこの性質がある。前線では等圧線が折れ曲がるので，風向も不連続に変わる。図7.2には前線をはさんだ風向の変化を示している。天気図上に気圧の観測がない場合でも，風向の変化から前線の存在がわかることが多い。

　第7.1節で，気団は温度（すなわち緯度）によって三つに分類したが，前線は互いに接する気団によって，極前線と寒帯前線の二つに分類する。極前線は，極気団と寒帯気団とが接するところであり，寒帯前線は，寒帯気団と亜熱帯気団または熱帯気団とが接するところである。南北両半球の熱帯気団の境界にできる赤道無風帯は，気団の温度差はないが，赤道前線とも呼ぶ。これらの前線のできやすい地域のことも，前線帯という。たとえば，日本付近では，シベリア大陸の寒帯気団と太平洋の亜熱帯気団のあいだに太平洋寒帯前線帯があり，南西から北東の方向に走っている。一つ一つの前線は，寒帯気団が優勢なときには南下し，亜熱帯気団が優勢なときは北上して，日本列島付近を移動している。

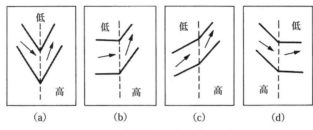

図 7.2　前線付近の等圧線の分布
破線は前線，実線は等圧線，矢印は風向を表す

7.4　運動から見た前線

前線の両側の，寒気と暖気の勢力から前線を分類すると，次の四つがある。

7.4.1　温暖前線

寒気より暖気の方が勢力が強く，暖気が寒気を押すようにして前線が進む場合である。図 7.3 は，温暖前線を横切った，鉛直断面内の構造を示す。寒気より暖気の速度が速い場合で，暖気は前線面に沿って，寒気の上にはい上がっていく。前線面の傾きは 1/100 から 1/300 程度である。前線面が到達する高さは，寒気団と暖気団の高さに依存するが，ふつう 6 km ぐらい上空である。したがって，前線面が存在する水平方向の範囲は，地上から上層まで含めて，約 1000 km 程度である。前線の長さの方は数千 km にわたる。温暖前線が近づくと，気温・湿度がしだいに高くなり，気圧は急速に下がる。温暖前線が通過すると，気圧はほぼ一定になり，気温・湿度は不連続に上がる。

温暖前線面で，暖気が寒気の上をはい上がっていくとき，断熱冷却によって雲が生じる。このとき生じる雲は，図 7.3 に示すように，温暖前線からの距離によって変化する。ある地点で雲を見ている場合には，温暖前線が近づくとともに，図 7.3 の右から左へと雲が変化する。すなわち，温暖前線が 1000 km ぐらいに近づいたころから巻雲が見られるようになり，次に前線が近づくと巻層雲に変化する。さらに前線が近づくと高層雲から低層雲になり，最後に乱層雲になる。巻層雲から高層雲，低層雲，乱層雲への変化は，ほぼ連続していて，雲のあいだに区切りは見られない。

図 7.3 に示した巻層雲や高層雲からも降水が生じる。しかし，これらの雲から生じた降水は，落下の途中で蒸発してしまう。雲底が低い高層雲から生じた降水と，低層雲や乱層雲から生じた降水が，地面まで達する。降水の範囲は前線から 300 km 程度である。気温が低いときには，降水は雪になる。雪は，雨

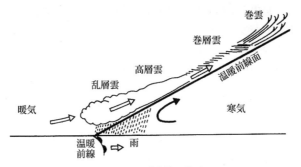

図 7.3　温暖前線の構造

より蒸発しにくいので，雨の場合よりも，前線から離れたところから降り始める。また降水が落下の途中で蒸発すると，前線面の下の寒気が飽和して，霧になることがある。このような霧を前線霧という（第 4.15 節）。

　前線付近の雲の状態は，気団の安定性にも関係している。暖気団が安定なら層状の雲であるが，不安定だと対流雲が生じる。温暖前線に伴う雨は，ふつう，絶え間なく降り，強さもあまり変化しない。暖気団が不安定な場合には，しゅう雨が重なり，ときには雷雨を伴うこともある。しゅう雨はにわか雨ともいい，一時的または断続的に降る雨のことである。

7.4.2　寒冷前線

　暖気団より寒気団の方が優勢で，寒気が暖気を押しのけて進むときにできる前線である。図 7.4 に示すように，寒気が暖気の下へ楔形に進入して，暖気が押し上げられた構造になっている。寒冷前線面の傾きは，温暖前線面より急で，1/5 ないし 1/100 の程度である。地面の摩擦が影響して，地面付近の寒気

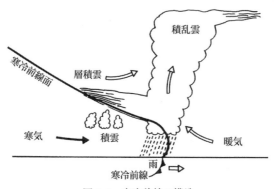

図 7.4　寒冷前線の構造

は速度が遅く，自由大気の寒気の方が速く進む。このため寒気団の先端が盛り上がっていることが多い。

　寒冷前線が近づくと，気圧は下がり始め，通過とともに急に上昇する。気温や湿度は，前線が通過するまでは高めであるが，通過後は著しく下がる。風は，通過前に南から南東寄りの風であったものが，前線の通過とともに西から北西の風になり，風向が急変する。通過時には，風の息が著しく，突風の吹くことが多い。

　寒冷前線が進むことによって，前線面より上の暖気が急速に上昇するので，これに伴って対流雲が生じる。図の対流雲のスケールは前線面の傾きと同じように誇張して描かれている。対流雲の構造や性質については第 12 章で詳しく述べる。雲ができる範囲は，温暖前線の場合と比べてせまく，降水の範囲は数 10〜100 km 程度である。雨の降り方は，主にしゅう雨である。寒冷前線に伴う雲の細かな様子は，寒気と暖気の安定性によって異なる。暖気団が安定な場合は，なめらかな高層雲・乱層雲が生じ，降水の強弱はわりあいに小さい。暖気団が不安定な場合には，対流雲はしばしば積乱雲まで発達して，雨は強弱の大きいしゅう雨となり，ときには激しい雷やひょうを伴う。

7.4.3　停滞前線

　寒気と暖気の勢力が同じ程度で，前線がほとんど動かない場合である。この前線付近の雲や降水の特徴は，温暖前線とほぼ同じである。前線は動かなくても，暖気と寒気の流入の強弱によって，停滞前線付近の状態は変化する。また，大きなスケールでは停滞前線とみなされる場合でも，局地的に見ると，ある部分は温暖前線，ある部分は寒冷前線の構造になっている。このような場合，それぞれの部分が対応した前線の天気変化を示す。

7.4.4　閉塞前線

　第 8 章で述べる温帯低気圧の中で，寒冷前線が温暖前線に追いついたときにできる前線である。この前線は，温暖前線の前方の寒気と，寒冷前線の後方の寒気との間に，温度のちがいがある場合に生じる。図 7.5 は，左から右に閉塞前線が移動しているときの，前線の構造を示す。温暖前線と寒冷前線のあいだにあった暖気は，閉塞前線ができると，地表からすっかり持ち上げられてしまう。図 7.5(a) に示すように，追いついた寒冷前線の後方の寒気（図の寒気 A）が，温暖前線の前方にある寒気（図の寒気 B）より，温度が低いときには寒冷型閉塞前線という。寒冷前線の場合のように，後方の寒気が前方の寒気を押し上げることから，寒冷型という。図 7.5(b) では，二つの寒気の温度関係が図 7.5(a) と反対であり，この場合には温暖型閉塞前線という。

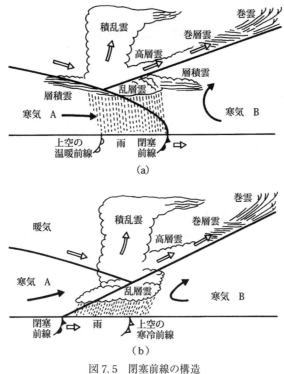

図 7.5　閉塞前線の構造
（a）寒冷型　（b）温暖型

　閉塞前線の両側の二つの寒気は，もともと同じ発源地の寒気である。ところ
が，温暖前線と寒冷前線とに分かれて移動するあいだに，気団の変質の度合い
が異なる。この結果，ふたたび出会ったときには温度のちがいが生じ，同じ寒
気どうしで前線ができる。寒冷型は，大陸の東側で起こりやすく，温暖型は，
大陸の西側で起こりやすい。閉塞前線に伴う雲や降水は，図 7.5 に示すように，
温暖前線と寒冷前線による状態を組みあわせたものになっている。

第8章　温帯低気圧

8.1　低　気　圧

　低気圧とは，まわりより気圧が低いところである。等圧線の形が漠然としていて，まとまりがないときは低圧部という。低気圧内の風系は，地球自転の影響で，北半球では反時計回りに，中心に向かって吹き込む。吹き込んだ風は収束して上昇気流になる。空気の上昇により，断熱冷却が起こり，雲が生じて雨が降る。このため，低気圧内ではふつう天気が悪い。

　低気圧は，発生する場所と原因により，次のように分類されている。中・高緯度で発生する低気圧には，前線を伴う温帯低気圧と，前線のない寒冷低気圧・地形性低気圧・熱的低気圧がある。ひんぱんに発生する低気圧は温帯低気圧であり，単に低気圧という場合には，ふつう温帯低気圧をさす。中・高緯度の風や雨は，低気圧に伴うことが多いので，天気について述べるときには，低気圧は欠くことができない。この章では，主に温帯低気圧について述べる。

　低緯度の熱帯の海洋上にできる低気圧は，熱帯低気圧という。熱帯低気圧は，発生のしくみも構造も，温帯低気圧とはまったく異なっているので第10章で述べる。

8.2　温帯低気圧の発生

　前線を伴った温帯低気圧は，次のように発生すると考えられている。まず，寒冷な寒帯気団と温暖な亜熱帯気団とがほぼ同じ勢力で接しているところには，停滞性の寒帯前線ができる。この状態が図8.1(a)である。前線の記号については表13.1に示す。停滞前線をはさんで，低気圧性の風のシアがつくられ，風速の差がある程度以上になると，前線の波ができる。これは，海面の上を風が吹くと波ができるのと同じである。すなわち，性質のちがう二つの流体の境界面では波が生じる。前線は，温度や湿度が異なる気団の境界であるから，前線上にも波ができる。海の波は上下に変動するが，前線の波は南北方向の水平な波動である。図8.1(b)はこの状態を示したものである。波動の折れ曲がり（屈曲部あるいはキンクと呼ぶ）が前線上にできる。

　前線が波うち，寒気の中に暖気が入り込んだところでは，気圧が下がり，低圧部ができる。前線のふくらみの東側では，風は北向きの成分を持ち，暖気が

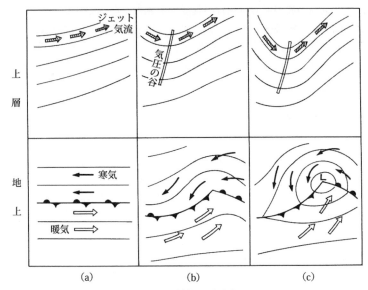

図 8.1　低気圧の発生

(a) 前線の停滞　(b) 前線に波ができる　(c) 低気圧の発達
上段は上層の等高度線，気圧の谷，ジェット気流を示す
下段は地上の等圧線，前線，気流（寒気は黒矢印，暖気は白矢印）を示す

寒気の上をはい上がるように進むので，温暖前線となる。一方，ふくらみの西側では，風は南向きの成分を持ち，寒気が暖気の下にもぐり込むようにして進むので，寒冷前線となる。低圧部は二つの前線の接合部にある。

　もし，二つの気団の温度差が大きいとか，波の部分に暖気が盛んに流入するような条件がそろうと，図 8.1(b) の波は，ますます成長して低圧部のまわりに渦巻ができる。渦巻の中心気圧は，しだいに低くなって，閉じた等圧線が描けるようになる。図 8.1(c) は，低気圧が発達している状態を示す。

　図 8.1(a) の上層（代表的には 500 hPa 面）では，地上の停滞前線より北側に，寒帯前線ジェット気流がほぼ東向きに流れている。このときの温度や風の子午面内の鉛直分布は，図 7.1(b) に示した。図 8.1(b) では，ジェット気流も波うち始めている。地上の前線のキンクより西側に，上層では気圧の谷が認められる。第 2.18 節で示したように，上層の気圧の谷は，偏西風の流れに低気圧性の渦が重なったものと解釈できる。中緯度帯の上層ではふつう高緯度側で気圧が低く，温度も低い。このため，気圧の谷の西側では北よりの寒気が流れ，東側では南よりの暖気が流れ込む。図 8.1(c) では，図 8.1(b) の場合より偏西

風ジェット気流の波の振幅（蛇行の程度）が大きくなっている。

　なお，図8.1で前線上のキンクの位置や低圧部の位置は，図のほぼ中心に描いているが，(a)から(c)へと構造が変化しているあいだに，低気圧そのものは上層の風に流され，東ないし北東へ移動していることに注意が必要である。後の図8.4でも同じことがいえる。

8.3　温帯低気圧の構造

　図8.2は，発達状態の低気圧の構造を示す。図8.2(b)は水平面の構造であり，模式的な天気図と雲域・降雨域などを示す。低気圧の域内には，寒気と暖気の両方が存在して，低気圧の中心から南東に温暖前線がのび，南西に寒冷前線がのびている。密に並んだ等圧線によって，一段と強い低気圧性の流れが生じ，風は反時計回りに回転し，低気圧の中心に向かって吹き込む。温暖前線と寒冷前線にはさまれた暖気のところは，暖域といい，一般的には天気がよい。この領域で大気が不安定であれば，にわか雨が降ることがある。寒冷前線の付近では対流雲ができ，しゅう雨や雷雨がある。温暖前線の北側ではおよそ300 kmの範囲まで，ふつう低層雲や乱層雲などの層状の雲によって，ほぼ一様な雨が降る。温暖前線の前方の雲は図7.3に示されている。

　図8.2(a)は，低気圧の中心より北側の，東西方向AA′に沿った鉛直断面図であり，図8.2(c)は，中心より南側の，BB′に沿った鉛直断面図である。鉛直断面BB′では，第7.4節で示した，温暖前線と寒冷前線に伴う状態が，相ついで起こっている。断面AA′では，暖気は上空だけに存在する。この上空の暖気は西寄りの風であり，下層の寒気は東寄りの風になっている。

　発達状態の上層の偏西風とジェット気流は，図8.1(c)や図8.4(d)の場合とほぼ同じで，気圧の谷が低気圧中心の西にあり，波の振幅（蛇行の程度）の大きい状態が続いている。地上の低気圧中心と上層の気圧の谷を結んだ線（これを気圧の谷の軸と呼ぶ）が高度とともに西に傾いている。この構造は発達中の温帯低気圧に共通した重要な特徴の一つである。もう一つの特徴は，上層の気圧の谷の東側に上昇流があり，西側に下降流があることである。図8.3に気圧の谷の軸と上昇流・下降流の関係を模式的に示した。第4.6節で述べたように上昇流は雲の発生と降水をもたらすので，上層に気圧の谷が接近すると天気が悪くなるのはこのためである。低気圧のこれらの特徴が生じる理由は第8.6節で述べる。

　なお，図8.1など低気圧を表す図は，多数の温帯低気圧から求められた平均的な構造を表す模式図である。実際の大気中では，必ずしも低気圧がこの模式

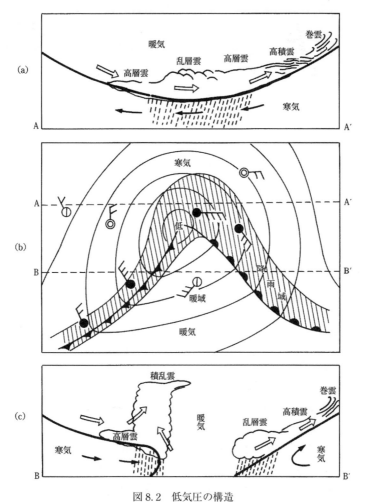

図8.2　低気圧の構造
（a）AA′に沿った断面の構造　（b）天気図による天気分布
（c）BB′に沿った断面の構造

図どおりの構造を持っているとは限らず，個々の低気圧はそれぞれ模式図から
ちがっているのが普通である。同じことは模式図で示した大気現象すべてにい
えることである。

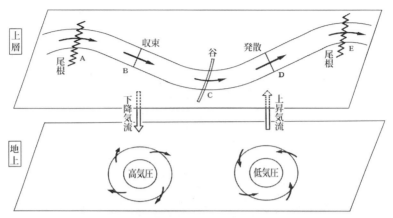

図8.3　偏西風の波動と地上の高・低気圧の関係

8.4　温帯低気圧の閉塞

　ふつう，寒冷前線の移動速度は温暖前線のものより速い。このため，低気圧が発達するにつれて，寒冷前線が温暖前線に追いついて，第7.4.4節で述べた閉塞前線ができる。この状態を図8.4(e)に示す。閉塞前線のところでは，地上の暖気は上空に閉じ込められる。このような状態を，低気圧が閉塞された，という。閉塞が始まった頃が低気圧の最盛期であり，低気圧の中心示度がもっとも強まる。

　温暖前線と寒冷前線が交わった点を，閉塞点と呼ぶ。閉塞前線には，寒冷型と温暖型の2種類あり，どちらの閉塞前線の場合にも，閉塞点は低気圧中心からしだいに外側へ進み，図8.4(e)に示すように低気圧の全体が閉塞される。地上の低気圧のまわりは寒気だけとなる。この頃から低気圧は衰弱期に入り，低気圧の渦は，地表面の摩擦のために急速に弱まり，寒気の中に消滅する。図8.4(f)，(g)はこの状態を示す。

　図8.4(e)，(f)のように閉塞が進むにつれて，上層の偏西風ジェット気流の軸が南下するとともに，気圧の谷の軸は傾きが小さくなる。閉塞前線が消失する頃には気圧の谷の軸はほとんど垂直になる。図8.4(f)，(g)の衰弱期に入る頃，上層の偏西風の流れは気圧の谷から分離した低気圧を生じることがある。この上層の低気圧を切離低気圧と呼ぶ。これについては第8.9節で述べる。

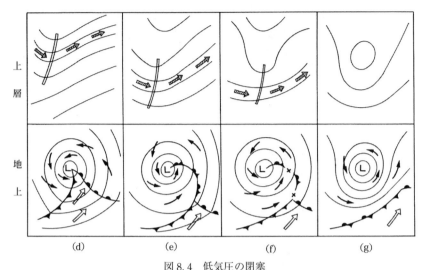

図 8.4　低気圧の閉塞
(d) 閉塞開始前　(e) 閉塞が進む　(f) 閉塞前線消失　(g) 寒気内の渦
記号は図 8.1 と同じ

8.5　気象衛星から見た温帯低気圧の雲

　図 8.2 に示した低気圧の構造は，長年にわたる天気の要素の観測結果を，天気図により総合して得られた模式図である。今日では，気象衛星により，大気圏の外から低気圧の概観を捕らえることができる。図 8.5 は，低気圧の発達から閉塞段階まで，気象衛星の雲画像による模式的な構造を示す。

　前線上に波や低圧部が発生すると（図 8.5(a)），前線に沿ってのびていたうすい雲域は前線の北側に広がる。また，波の東側の温暖前線に伴う雲は厚みが増し，輝度が強まる。低気圧が発達すると（図 8.5(b)），雲域がさらに北の方にのびる。輝度の強い上層雲の北側のりんかくは，上層の流れと平行な，弓形になる。この雲域を英語でふくらみを意味するバルジ（bulge）と呼ぶ。寒冷前線に伴う雲は，はっきりした帯状になり，低気圧の中心から離れるほど狭くなる。低気圧の閉塞が始まる頃には（図 8.5(c)），雲のない部分が低気圧の中心に向かって，らせん状に入り込む。これは，低気圧の南側に乾燥した寒気が侵入するためで，ここでは，ところどころに積雲が見られる。輝度の強い雲域が渦巻状に広がり，雲全体の分布は，「久」の字形になる。

　閉塞期（図 8.5(d)）には，低気圧の中心付近の雲域は小さくなり，濃い雲

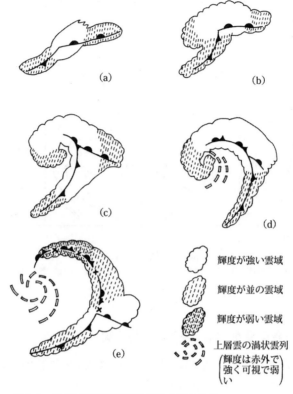

図 8.5　低気圧の発達段階に応じた雲の分布 (高橋ほか，1982)
(a) 前線に波ができる　(b) 低気圧の発生　(c) 閉塞が始まる
(d) 閉塞が進む　(e) 低気圧が衰弱する

域から離れて，円形の渦巻状になる。低気圧中心の南側に寒気が入り込んだと
ころには，らせん状の雲の列が現れる。低気圧の衰弱が始まると（図8.5(e)），
渦巻状の雲は，輝度の強い雲域から分かれて弱まり，らせん状の雲の列だけが
残る。輝度の強い雲は，閉塞点の中心にあり，これもしだいに消滅する。乾燥
した寒気が入り込んで，低気圧中心付近で雲がないか，下層雲が少しある程度
にくぼんだ領域のことを，ドライスロットという。この領域は可視画像（昼間
のみ）や赤外画像でも認められるが，水蒸気画像の暗域として顕著に見られる
現象である。

8.6　偏西風波動と温帯低気圧の関係

　第6.9節で述べたように，月平均の上層大気の流れは，緯度線にほぼ平行な偏西風が卓越している。しかし，日々の上層天気図を見ると，図13.8に示した例のように，東西方向に数千kmの波長で南北に大きく波うち，西から東へ時間とともに形を変えながら移動している。このような偏西風波動では，ふつう気圧の谷の上流部分で収束となり，下流部分で発散となっている。上層大気の収束・発散の原因にはいろいろあるが，最も大きな原因は流れの曲率が変わることによる。これは，おおよそ，次のように説明できる。

　話を簡単にするため，図8.3に示したように，上層の流れは波動になっているが，等圧線（等高度線）は平行で，気圧傾度はどこでも等しいとする。このとき，等圧線に沿う流れの速さは，次のようになる。

　気圧の谷の部分（図のC）では，流れが低気圧性の曲率を持っているので，第2.11節で述べた低気圧性の傾度風が吹き，風速は地衡風より小さい。反対に気圧の尾根の部分（図のAとE）では，高気圧性の傾度風が吹き，風速は地衡風より大きい。一方，気圧の谷の上流（図のB）と下流（図のD）では，気圧傾度に釣りあった地衡風が吹く。この結果，流れがAからCまで進むときには，風速が減少するので，AとCの間（すなわち気圧の谷の上流）で収束になっている（第2.20節）。反対に，流れがCからEまで進むときには，風速が増加するので気圧の谷の下流で発散となっている。

　図2.24で示したように，上層の収束・発散は，下降流と上昇流をなかだちにして，地上の発散・収束と関係がある。この関係を用いると，気圧の谷の下流（東側）に地上の低気圧が位置している。ただし，この関係は，低気圧の発生期から発達期についていえることである。上層の谷は，低気圧が発達するとともに地上の低気圧の中心に追いつき，閉塞するとほぼ低気圧の中心に一致する。

8.7　傾圧不安定波

　低気圧の発生のきっかけは，寒気と暖気をはさんだ前線上に波ができることである（第8.2節）。この波の発達で，寒気と暖気のあいだに低気圧性の風のシアがつくられ，風速の差がある程度以上になると，低気圧の発生・発達につながっている。すなわち，低気圧の発生・発達には，大気の状態が波の発達をもたらすような不安定状態にあるかどうかに関係している。大気がこのような不安定状態である条件として，まずは大気が傾圧大気でなければならない。

　傾圧大気とは，大気中で等圧面と等密度面が交わる場合である。別ないい方

をすれば，大気の気圧・密度・温度は，気体の状態方程式で関係づけられているので，等圧面と等温面が交わる大気のことである。すなわち，等圧面の天気図上に等温線が描ける場合に，大気は傾圧といえる。ふつう，等圧面天気図には等温線が描かれているので，ほとんどの場合，大気は傾圧状態である。一方，傾圧大気に対して，等圧面と等密度面が平行で交わらない大気を，順圧大気という。

　傾圧大気の特徴は，等圧面上に温度傾度があり，これは温度風の関係から，地衡風が高さによって変化することである。このため，傾圧の程度を表す尺度として，ふつう地衡風の高さ変化（鉛直シア）が用いられる。鉛直シアは，高度差 Δz と風速差 ΔV から，$\Delta V/\Delta z$ と書かれる。

　次に，傾圧大気が不安定であることは，傾圧大気中に生じた波の振幅が，時間とともにしだいに大きくなることである。このような状態を傾圧不安定といい，このとき発生する波を傾圧不安定波と呼ぶ。第6.4節，第7.3節で述べたように，地球大気は，放射の不釣りあいから南北に温度差があり，地球が自転しているため，偏西風が吹くのが基本的な状態である。図6.11，図7.1(b)では中緯度から高緯度にかけて，特に冬季の寒帯前線帯の上層に，強い西風のジェット気流が現れている。

　この西風の中に波が発生したとき，その波が時間とともに発達するかどうかを調べて，もしその波が発達するとなれば不安定である。非常に単純化した傾圧大気に対して，理論的な計算で，この不安定性を調べた結果が図8.6である。横軸には波の波長をとり，縦軸には傾圧の程度の尺度である鉛直シアをとり，

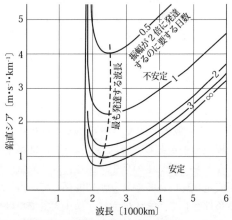

図8.6　傾圧波の安定・不安定と発達率 (ペターセン，1956)

図には波の振幅が2倍に発達するのに必要な日数が示してある。この計算結果
は, 鉛直シアが約1ms^{-1}km^{-1}より小さいときには, 振幅が2倍になるには極
めて時間がかかり, 波の発達はないことを示している。すなわち安定である。
一方, 鉛直シアがこれより大きい値の場合には, 波長がある範囲の場合だけ,
鉛直シアが大きいほど, 短い時間で波が発達する結果になっている。すなわち
不安定である。特に, 波長が約2500kmの波の場合に, 波がもっとも速く発
達する。

　これは, 非常に単純化した傾圧大気から得られた結果であるが, 偏西風の中
に発達する波の本質を表している。偏西風波動は, 前節の説明のように, 低気
圧とそれに続く移動性高気圧に関係づけられるので, 傾圧不安定波の発達が,
低気圧の発達の原因と考えることができる。

　すなわち, 寒帯前線帯の南側では太陽放射と地球放射のエネルギー差から大
気が暖められ, 反対に北側では大気が冷やされる。この温度差によって温度風
の関係からの地衡風は上層ほど強くなり, 偏西風の寒帯前線ジェットが生じる。
ところが, 南北の温度差が大きくなり, 風速シアがある限度を超えると, 大気は
不安定状態になり, ある特定の波長の場合に波が発達する。この波が傾圧不安
定波である。この波が南北の熱輸送を生じ, 南北の温度差を弱めるように働く。
この波動による北向きの熱輸送量を示したのが, 図6.6の下段の実線である。

　図6.6の大気による北向き熱輸送（破線）のうち, 赤道付近から緯度30度
付近まではハドレー循環による顕熱輸送が主要な役目をしているが, 30度よ
り極側では波動による熱輸送が主要な役目をしている。傾圧不安定波が発生す
ることで, 北向きの熱輸送を生じ, 南北の温度差を弱める。しかし, 太陽放射
と地球放射のエネルギー差は, 引き続き南北の温度差を生じるように働くので,
大気はふたたび傾圧不安定状態になり, 寒帯前線帯に偏西風波動を生じ, 低気
圧が発生する。この一連の現象が, 次々と続くことになる。

　傾圧不安定波による低気圧の発生・発達を, エネルギーの変化から見ると,
次のように説明できる。すなわち, 南北の放射の不釣りあいは, 南北に温度差
のある状態を生み出す。これは温度差がない状態の有効位置エネルギー（コラ
ム4）と比べると, 有効位置エネルギーが大きい状態である。南北の温度差が
大きくなると, 偏西風波動と高低気圧の発生により大気の運動が生じ, 有効位
置エネルギーは運動エネルギーに変化する。大気中の運動エネルギーは摩擦に
よって減少し, 熱エネルギーに変化する。すなわち, 有効位置エネルギーが傾
圧不安定のエネルギー源といえる。この有効位置エネルギーは, 放射の不釣り
あいにより生じる南北の温度差によって, たえずつくり出されている。

8.8　温帯低気圧の経路

　低気圧は，寒帯前線帯上に発生したあと，前線帯に沿って進むことが多い。地球上で一つ一つの低気圧が発生する場所は，前線帯の日々の動きや季節の変動によってまちまちであるが，前線帯の西の方が多い。低気圧が進む経路は，発生場所によって異なるが，進むとともにしだいに高緯度の方に曲がって，寒気の中に入る傾向がある。

　日本付近の低気圧は，主に中国大陸，黄海，東シナ海で発生する。その後の低気圧の代表的な経路と，それぞれの場合の天気図と天気の特徴は第14章で述べる。低気圧が日本付近を通過する頃は，まだ発達の初期段階のことが多い。北東に進んで，アリューシャン方面に達する頃に，閉塞して消滅する。このため，アリューシャンやベーリング海は，低気圧の墓場と呼ばれる。

8.9　切離低気圧

　上層の偏西風は，波動として流れているのがふつうであるが，この波動の振幅が極端に大きくなると，波形の谷や尾根のところでちぎれて，閉じた流線になった低・高気圧ができることがある。これは傾圧不安定波が発達しきった段階で起こる。こうしてできる上層の低気圧を，切離低気圧と呼ぶ。これに対して高気圧は，切離高気圧またはブロッキング高気圧（第9.5節）という。切離低・高気圧のできる様子が，図8.7に示してある。切離低・高気圧は，いったんできると，比較的長く同じ場所にとどまっている。また上層に切離低・高気圧ができたときは，上層と地上の低・高気圧の関係は，第8.3節の場合とは異なり複雑になる。

　切離低気圧は，寒気が南へ突き出してちぎれるので，中心がまわりより冷たい低気圧になる。ふつう切離低気圧

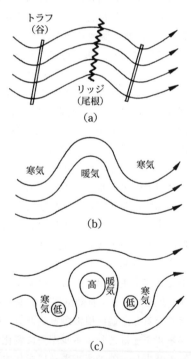

図8.7　切離低・高気圧の発生の模式図
(a) ふつうの偏西風波動　(b) 偏西風波動の発達
(c) 低気圧と高気圧の分離

は，地上の天気図には現れない。しかし，地上の天気図でも低気圧が画けると
きには，この低気圧は，地上から上層まで，まわりより冷たいので，寒冷低気
圧あるいは寒冷渦と呼ばれる。まわりより温度が低く，密度の大きい空気が上
空にあるとき，ふつう，地上では高気圧になるが（第9.3節），寒冷低気圧の
場合には，まわりより温度が低くても低気圧になる。これは，図は示さないが，
寒冷低気圧の中心を通る東西鉛直断面の温度分布を見ると，寒冷低気圧の上方
で，気温の高い下部成層圏が対流圏の中に入り込んでいるため，まわりの対流
圏より温度が高く，上空の空気は軽くなっている。このため，地上でも低気圧
となり，対流圏内の寒冷低気圧を生じる。

　寒冷低気圧内の天気分布は，温帯低気圧内の場合とは異なり，寒冷低気圧の
南西側で雨天が続く。低気圧内では大気の成層が不安定になり，上昇流を生じ
て雷雨が発生しやすく，大雨や大雪が降ることが多い。

8.10　寒気内小低気圧

　冬季に，寒帯前線帯の傾圧不安定波として，大規模な低気圧が海上で発生す
ると，その西側または極側の寒気の中に，水平スケールが約100〜800 kmの
中規模の低気圧がしばしば発生する。この低気圧を寒気内小低気圧（ポーラー
ロー）という。等圧線が丸い低気圧にまで至らず，気圧の谷として現れる場合
はポーラートラフと呼ぶ。これらは気象衛星の雲画像で見たとき，形がコンマ
状または渦状をしていることから，コンマ雲低気圧とも呼ばれる。日本付近で
は，日本海の北海道西岸で多く発生する。

　寒気内小低気圧の中心のまわりに，らせん状の対流雲が発生し，非常に発達
した場合には中心に眼が見られる。中心気圧の低下も大きく，この周辺では強
風が吹く。第10.4節で述べる台風に良く似た構造を持っているが，台風の場
合と違うのは，降水が激しいしゅう雨ではなく，激しいしゅう雪である。この
低気圧を発生させるしくみは，第8.7節で述べた傾圧不安定と，第10.3節で
述べる台風を生じる第二種条件付不安定が，結びついたものと考えられている。

8.11　熱的低気圧と地形性低気圧

　地表面が局地的に暖められると，そこでは気温が上がり，空気の密度がまわ
りより小さくなり，気圧が下がる。こうしてできた低気圧が，熱的低気圧であ
る。気圧傾度の小さい晴れた日の日中は，日射による気温の変化が海上より陸
上で大きい。したがって，熱的低気圧は，地方時の16時頃に，陸上で発達す
る。陸地が本州程度の大きさであると，熱的低気圧は夜間には消滅する。熱的

低気圧の域内では，大気は不安定で，対流雲が生じやすい。

　インドやチベット高原のような，熱帯の内陸では，夏の日中の気圧の下がり方が大きいので，夜になっても，もとの気圧まで戻りきれない。このため，内陸の気圧は毎日少しずつ下がり続け，持続性のある熱的低気圧ができる。この地域の熱的低気圧は，水平スケールが大きく，低気圧で生じる風系は，ほとんど日変化のない，定常的なものとなる。これが第6.5節で述べた夏季のモンスーンをもたらす大陸の低気圧である。なお，地表面が暖められて気圧が下がるのは下層だけであり，ふつう2〜3kmの上空には低気圧は現れない。

　風が山脈にぶつかって吹き越えるとき，山脈の風下に，気圧の谷や低気圧ができる。これを地形性低気圧という。この低気圧の位置は，ほとんど移動しない。風が吹きやめば低気圧は消滅する。この低気圧の中では，山の風下になって下降流が生じるので，ふつう天気がよい。

第9章　高　気　圧

9.1　高　気　圧

　高気圧は，まわりよりも気圧が高いところで，閉じた等圧線で囲まれている。
高気圧内の風は，北半球では時計回りに，等圧線と約30°の角度で，中心から
外に向かって吹き出している。この吹き出す風を補うため，高気圧内では下降
流となっている。下降流のところでは，断熱昇温により雲が消えるので，天気
がよい。

　高気圧は，発生の原因と構造から，寒冷高気圧と温暖高気圧の二つに分類さ
れる。これとは別に，一定期間に現れる大きな高気圧，移動性の高気圧，局地
的な地形性の高気圧に分類することもできる。一定期間に現れる大きな高気圧
は気団ともいう（第7.1節）。これらの高気圧について，主な特徴を次に述べ
る。

9.2　温暖高気圧

　高気圧でまわりより気圧が高いのは，高気圧内の空気の重さがまわりより大
きいからである。高気圧の地表付近では，空気がまわりに吹き出している。す
なわち発散が生じて，空気の量が減少する。この発散を補うため，ふつう上空
から下降流があり，高気圧の上空では空気が収束している。上空で収束する空
気の量が，地上で発散する空気の量を上回ると，まわりより気圧の高い状態が
保たれ，一定期間続く高気圧が生じる。こうしてできる高気圧では，上空で収
束した空気が地上に下降してくるときに，断熱圧縮されて昇温するので，上空
から地表まで暖かくなっている。このことから温暖高気圧と呼ぶ。この高気圧
は，地上だけでなく，対流圏の上層まで高気圧になっているので，背の高い高
気圧とも呼ばれる。第6章で述べた大気大循環の中の，緯度30°付近の亜熱帯
高圧帯に生じる高気圧が，温暖高気圧である。ハドレー循環として，赤道地帯
で上昇した空気が，緯度30°付近の上空で収束し，下降気流になっている。日
本付近では，夏季の太平洋高気圧がこれにあたり，発生場所から小笠原気団と
も呼ばれる。

9.3　寒冷高気圧

　上空に空気の収束はなく，地表付近に特に冷たい空気が溜まり，その重さで高気圧ができる場合がある。地表面の放射冷却などで，大気の下層が冷やされてできる高気圧である。下層が寒冷なので，寒冷高気圧と呼ぶ。寒冷高気圧は，地上から2～3kmの高さまでが高気圧となっていて，これより上空の天気図では高気圧が見られない。このため背の低い高気圧とも呼ばれる。大陸上の放射冷却でできる冬のシベリア高気圧は，一定期間続く大きな寒冷高気圧の一つであり，シベリア気団とも呼ばれる。

　寒冷高気圧は背が低いので，高気圧の縁では上空に暖気が入りやすく，そこでは広い範囲にわたって雲が多く，ときには降水もある。この高気圧が南下すると，下層から暖められて不安定な大気となり，天気が悪くなることがある。

9.4　移動性高気圧

　移動性高気圧は，二つの温帯低気圧のあいだにあって，低気圧とともに移動していく高気圧のことである。日本付近を通る移動性高気圧は，シベリア高気圧の南東部がちぎれて移動性になるものが多い。このため，移動性高気圧は寒冷高気圧の一つである。ところが，移動するあいだに下層から暖められ，上空では下降流のため断熱昇温するので，温暖高気圧に変わることが多い。上層の偏西風波動との関係は，第8.6節で示したように，移動性高気圧の中心は，上層の気圧の尾根の前方（東側）にある。

　移動性高気圧と，その前方や後方にある温帯低気圧は，ふつう図9.1のような配置になっている。このとき，移動性高気圧に伴う天気分布は，次のように

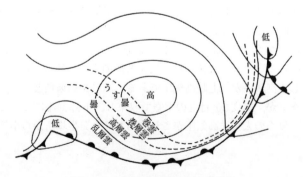

図9.1　移動性高気圧内の天気分布

なる。中心より前半分では，風が弱く天気がよい。このため，夜間は放射冷却によって地面が冷え込み，霧ができたり，霜が降りたりする。後ろ半分では，次の低気圧が続くので，移動性高気圧の中心が通りすぎると上層雲が現れ，そのあと中層雲となり雨が降り出す。移動性高気圧の南側では，停帯前線があるため，ふつう雲が多い。

9.5 ブロッキング高気圧

第8.9節で述べた切離高気圧は，偏西風波動が発達してできる高気圧である。切離高気圧は，下層から上層まで，まわりより温度が高くなっているので，温暖高気圧の一つである。切離高気圧ができると，地上の移動性高気圧や温帯低気圧は，行く手をさえぎられて進行速度が遅くなったり，切離高気圧を避けて，その北側や南側を通るようになる。このため切離高気圧は，ブロッキング高気圧とも呼ばれる。ブロック（block）という英語は，進行をさまたげる，という意味である。この高気圧ができると，2週間から，長いときには1か月近くも持続することがある。ブロッキング高気圧は，ゆっくりと西進する場合が多い。このため，長期間の平均の気圧分布には高気圧として現れない（第6.8節）。

北半球でブロッキング高気圧の発生しやすい場所は，太平洋の西経150°付近と大西洋の西経10°付近である。日本付近では梅雨期（第14.8節）や秋雨期（第14.11節）に現れるオホーツク海高気圧がブロッキング高気圧と考えられている。第6.10節に示した亜熱帯ジェット気流は，季節の進行とともにユーラシア大陸上を北上し，ちょうど梅雨期や秋雨期の頃にチベット高原付近を流れる。しかしながら，ヒマラヤ山脈の高い山岳が障害になって，ジェット気流はチベット高原の北側と南側に分流される。これらのうち北側の流れは山岳による乱れで，チベット高原の下流でブロッキング現象を起こし，オホーツク海上空でブロッキング高気圧を生じることが多い。一方，チベット高原で分流されたジェット気流の二つの流れは，日本の東海上で再び合流する。この合流による気流の収束もオホーツク海高気圧を生じる原因の一つと考えられている。図9.2は，これら上空の流れを模式図として示したものである。図にはオホーツク高気圧と太平洋高気圧の間に生じる，地上の停滞前線（梅雨前線や秋雨前線）も示してある。

オホーツク海高気圧は，水温の低い海上で生じるため，下層の大気は海面から冷されて，気温が低く，湿度が高い。この高気圧から吹き出す風が，北日本の太平洋側に北東気流として吹き込むとき，この風は「やませ」と呼ばれ，北日本に冷害をもたらす（第14.11節）。

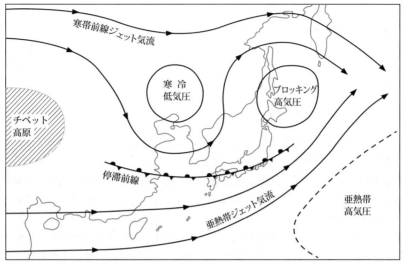

図 9.2　梅雨期と秋雨期の停滞前線と上空の大気の流れ（模式図）

第10章 台 風

10.1 熱帯低気圧の分類

　熱帯地方の海洋上で発生する低気圧は，特に熱帯低気圧と呼ばれ，温帯低気圧とは区別されている。これは，熱帯低気圧が，温帯低気圧とは異なったしくみで発生し，二つの低気圧の性質が非常に異なるためである。熱帯低気圧は，熱帯ならどこでも発生するわけでなく，発生しやすい場所が決まっている。図10.1は，地球上で熱帯低気圧が発生する場所を示す。もっとも発生数が多いのは，北太平洋の西部で，全体の36% である。

　熱帯低気圧は，条件がそろえば猛烈に発達するので，発達の程度によって名前がつけられている。国際的には，表10.1の左欄に示す域内の最大風速によって，四つに分類されている。最大風速が$32.7\,\mathrm{ms^{-1}}$（64 kt）以上に発達した熱帯低気圧は，発生する場所によって，呼び名が異なっている。北太平洋西部ではタイフーンと呼ばれ，カリブ海周辺ではハリケーンと呼ばれる。なお，インド洋や南太平洋西部では，最大風速が$17.2\,\mathrm{ms^{-1}}$（34 kt）以上になったものをサイクロンと呼ぶ。

　日本国内では，東経180度より西の北太平洋に発生した熱帯低気圧を対象として，表10.1の右の欄に示すように二つに分類する。最大風速が$17.2\,\mathrm{ms^{-1}}$（34 kt）以上になったものを台風と呼び，この強さに達しないものは，総称名と同じく熱帯低気圧と呼ぶ。英文で typhoon というのと，和文で台風というのは，最大風速がちがうことに注意が必要である。なお，2000年5月までは，

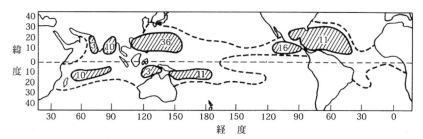

図10.1　熱帯低気圧の発生域
発生域内の数字は地球全体に対する百分率，破線は海面水温 26.5℃ の線

表 10.1　熱帯低気圧の分類

風　速	国際分類（WMO）	日本の分類
＜17.2 ms⁻¹（34 ノット）	Tropical Depression（TD）	熱帯低気圧
17.2 − 24.5（34 − 47）	Tropical Storm（TS）	台風
24.6 − 32.6（48 − 63）	Severe Tropical Storm（STS）	
≧32.7（64）	Typhoon/Hurricane/Cyclone（T）	

最大風速が 17.2 ms⁻¹（34 kt）未満の熱帯低気圧は，弱い熱帯低気圧と呼んだので，過去の資料を参照するときには注意が必要である。

　分類の風速の区切りが複雑なのは，過去に海上の波の状態から目視で得た風速のビューフォート風力階級（第 5.4 節）で定義されたものを，後日，ノットに換算し，さらに ms⁻¹ に換算しているからである。また，域内の最大風速とは，平均風速の最大値のことであり，最大瞬間風速のことではない。なお，アメリカでは，1 分間平均風速を基準として，熱帯低気圧の分類が行われている。1 分平均風速は，統計的に 10 分平均風速より，約 12％ 大きいという結果が得られている。

10.2　熱帯低気圧の発生条件

　図 10.1 の熱帯低気圧の発生場所には，発生条件と関連して，次のような特徴がある。

(1)　海面水温が 26〜27℃ より高い海上で発生して，陸上では発生しない。これは，熱帯低気圧の発生には，暖かくて湿った空気が必要なことを示している。南大西洋と南太平洋東部でまったく発生しないのは，海面水温が低いためと考えられる。

(2)　北緯 5°から南緯 5°の間の赤道付近では，コリオリ力が小さいため発生しない。コリオリ力は，低気圧の渦ができるために必要な条件である（第 2.9 節）。

(3)　北緯 5°から 25°の間で発生することが多い。この緯度帯は，偏東風波動や熱帯収束帯に伴って，熱帯低気圧の源になる積乱雲の塊りが発生しやすい場所である。北太平洋の西部は，世界で熱帯低気圧の発生数がもっとも多いところであり，熱帯収束帯がはっきりしているところでもある。

　図 10.2 は，北太平洋の西部で，台風が発生した数の緯度分布を月別に示したものである。冬には赤道に近い緯度で発生し，夏には北緯 20°付近で発生している。月別の発生数は，7〜10 月の夏から秋に多い。これは，海面水温が季

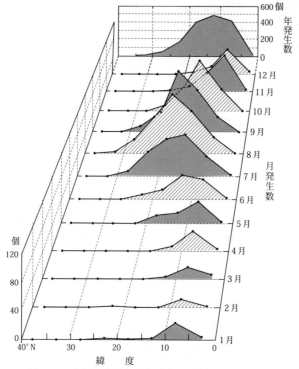

図 10.2　台風発生数の緯度分布の月変化（白木, 2011）
1951〜2010 年の西太平洋域における各月と年合計の緯度 5 度ごと発生数

節変化することに加えて，夏は熱帯収束帯が北上することに関係している。なお，年合計の発生数は，平年値で約 26.7 個である。

10.3　熱帯低気圧の発生のしくみ

　熱帯低気圧は，次のようにして発生すると考えられている。まず，下層大気が高温で十分に湿っていることである。海面水温が 26〜27℃ 以上の暖かい海域では，蒸発が盛んであり，下層の大気はよく湿っている。海上の風によるかき混ぜによって下層の冷水が海面に現れないためには，海洋の表層水の厚さが一定以上あることも必要である。なお，表層水とは，海水温度がほぼ一定の層のことで，これより深くなると水温躍層と呼ばれ，水温の下がり方が著しく大きい層になる。

　このような海域の熱帯の大気は，ふつう条件付不安定な状態にある。条件付

不安定な状態では，湿った空気が，わずかのきっかけで上昇して，水蒸気が凝結し始めると，第4.12節に述べたしくみで，積雲や積乱雲ができる。偏東風波動の谷や熱帯収束帯のところでは，気流が収束しているので，上昇流が起こりやすい。上昇流によって，まとまった積雲や積乱雲の塊りができるところは，水蒸気が凝結するときの潜熱のため，雲のないところに比べて温度が高くなる。温度の高い空気は密度が小さいので，気圧が低くなり，まわりから気流が収束する。緯度が赤道から離れていると，収束する気流にはコリオリ力が働き，渦状の流れとなる。収束した気流は，上昇流を生じるが，この気流が暖かく湿っていれば，さらに積雲や積乱雲の発達が強まり，雲のあるところは潜熱放出で，温度がますます上昇して，気圧は低くなり，気流が収束しやすくなる。このようなことが繰り返されて，熱帯低気圧ができる。

　このように条件付不安定の大気中で，水平スケールが10 km 程度の積乱雲がいくつも発達し，それらが集まった効果として水平スケールが100 km を超える熱帯低気圧が発生する。このしくみを第二種条件付不安定（シスク，CISK; conditional instability of the second kind の略）という。すなわち，熱帯低気圧の発生の源は，雲の中で水蒸気が凝結するときに放出される水蒸気の潜熱である。一方，第8.7節で述べた温帯低気圧は，南北の温度傾度による傾圧不安定のしくみで生じる。この不安定が生じる源は南北の温度差による有効位置エネルギーである。この結果，同じ低気圧でも，熱帯低気圧と温帯低気圧では構造がまったく異なる。熱帯では水平方向には温度が一様であるから，寒冷前線や温暖前線のような寒気と暖気の境となる前線は伴わない。また，次に述べる熱帯低気圧の雲，風速，降雨の分布などは，中心に対してほぼ対象で，等圧線の形も円形である。

　熱帯海域に発生した熱帯低気圧は，日本の分類によれば，域内の最大風速が17.2 ms^{-1} を超えるまで成長すると台風になる。どのような雲の塊りが台風にまで発達するかについては，まだよくわかっていない。しかし，台風の源は海面から蒸発する水蒸気なので，海面水温が高いところで発生した台風ほど，強い台風になる。また強い台風にまで発達するには，水温が28℃ 以上の海域を通過することが必要とされている。

10.4　台風の構造

10.4.1　風と気圧の分布

　地上の風は，北半球では図10.3に示すように，台風の中心のまわりを渦巻のように回りながら，等圧線と約30°の角度をなして，中心に向かって吹き込

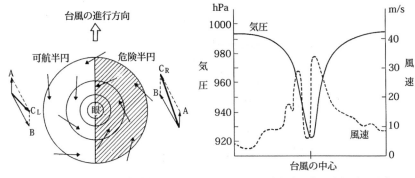

図10.3 可航半円と危険半円
A：台風全体を移動させる風
B：台風自身の渦巻きの風
C_R：右半円の台風の風
C_L：左半円の台風の風

図10.4 台風内の気圧と風速の分布
実線：気圧 破線：風速

んでいる。図 10.4 は，台風の中心からの距離によって，風速と気圧が変化する様子を示したものである。風速は，中心に近づくにつれて急速に強くなるが，中心から 20～50 km の距離のところで最大となり，これより内側では弱くなっている。風速の大きなところでは，風の息も大きくなる。中心付近の風の弱いところは台風の眼と呼ばれる。台風のまわりの気圧分布はほとんど円形であるため，地上風速は傾度風近似がよくあてはまる（第 2.11 節）。しかしながら，地上付近の風は地表面の摩擦が大きいので，傾度風近似で計算される風速よりも，実際に観測される風速は小さい。

　台風中心よりも眼のまわりで風速が最大になるのは次の理由による。台風の中心から離れた境界層の中を回転していた空気塊が，等圧線を横切って次第に中心に近づきながら回転すると，地上摩擦があるため近似的ではあるが，角運動量保存則（コラム 5）が成り立つ。このため，中心に近づくと回転する速度は増大する。しかし，速度がある程度以上大きくなると，回転する空気塊に働く遠心力が強くなり，それ以上は中心に近づけない。この地点が図 10.4 の最大風速値を示す眼のまわりの部分である。

　台風の鉛直断面内での空気の流れが，雲の分布とともに，図 10.5 に模式的に示してある。下層では，反時計回りに回転しながら，中心に向かって気流が流れ込む。眼のまわりの積乱雲群（眼の壁または壁雲という。後述）やその外側の積乱雲群（ふつう，らせん状に並ぶことからスパイラル・バンドという。後述）の中を上昇して，上空で吹き出す。眼の壁では，高さ 10～15 km まで，

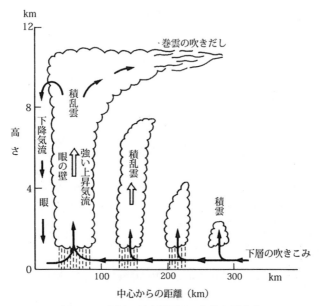

図 10.5　台風の鉛直断面内の気流と雲分布

　強い上昇流がある。壁雲などの積乱雲の中で上昇した気流は，眼の中やスパイ
ラル・バンドの積乱雲と積乱雲との間で下降している。台風の中心付近で上昇
した空気は，上空で外向きに吹き出す。このとき空気塊にはコリオリ力が働き，
時計回りに回転する。図 10.7 の気象衛星画像は，日本の南にある台風の上層
の雲を捉えたものであるが，この雲の動きを第 5.22 節で述べた衛星追跡風と
して求めると，時計回りの流れになっている。

　移動する台風の場合は，台風域内の風の分布が，移動方向の右半分と左半分
では異なる。台風の移動速度と台風の渦巻の風が重なって，北半球の右半分で
は風速が強くなる。反対に，左半分の風速は，右半分と比べて弱くなる。この
ことが，風ベクトルの足し算として，図 10.3 に示してある。この理由から，
域内の風がより強い右半円は危険半円と呼ばれ，左半円は可航半円と呼ばれて
いる。可航半円は，台風の観測や予報の情報が不足していた時代に，船舶が台
風に遭遇したとき，台風の域内のどの部分がより安全かという意味で名づけら
れたものである。

　図 10.4 に示した気圧は，中心に近づくにつれて急激に低くなる。天気図で
は，等圧線の分布が中心のまわりにほぼ同心円となり，中心に近いところほど

混んでいる。台風の中心気圧とまわりの気圧の差を Δp とするとき，台風域内の最大風速 $V_{\max}$ と Δp のあいだには

$$V_{\max} = 6\sqrt{\Delta p}$$

の関係がほぼ成り立つ。ただし，風速は ms^{-1}，気圧差は hPa で表す。

海上の台風の気圧や風速の観測は，離島の観測所や船舶の観測が主なものであるが，台風の発生から発達の監視には十分でない。過去には，台風の発生とともに中心付近を航空機が飛んで，気圧，気温，風などの観測が行われていたが，現在は安全のため行われていない。これに代わるものとして，気象衛星の雲の観測に基づく，気圧や風速の推定法（ドボラック法という）が開発されている（第10.5節）。

10.4.2　気温の分布

図10.6は，最盛期の台風の温度分布を，眼の壁付近について模式的に示したものである。台風の中心付近では，下層から上層まで，全体にわたって暖かくなっている。これは台風の特徴の一つで，暖気核（あるいはウォームコア）と呼ばれ，発生のしくみは次のように説明できる。

台風に吹き込む下層の空気は，温度の高い海面上を流れてくるため，水蒸気を多量に含んで暖かくなっている。台風に吹き込む空気は，眼の壁で強い上昇流となる。水蒸気を含んだ暖かい空気が上昇すると，凝結が起こり，そのときに放出される潜熱によって，台風の上部まで暖かくなる。眼の中では下降流のためにさらに昇温する。このように台風の中心付近では対流圏全体にわたって，

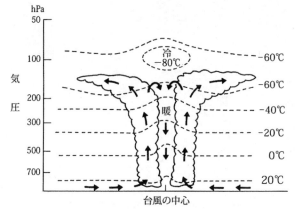

図10.6　台風の鉛直断面内の温度分布
点線：等温線　矢印：風系

暖かくて密度の小さい空気柱になっているので，地上気圧は，図 10.4 のように，非常に低くなる。台風中心付近で気圧が低くなると，台風のまわりから中心に向かう気圧傾度力が大きくなり，ますます反時計回りで台風に吹き込む風が強くなる。この結果，地上付近の収束が大きくなり，眼の壁で上昇流が強くなる。

10.4.3　雲と降水の分布

　台風の中では，上昇流のため水蒸気が凝結して，雲と降水が生じる。台風の下層には，猛烈な速さの風が吹き込むので，上昇流も非常に大きい。このため発達した雲と強い降水が生じる。図 10.5 は，台風域内の雲の鉛直分布を模式的に示している。台風の眼のすぐ外側では，強い上昇流のために，積乱雲が発達して，眼を取り囲む雲の壁ができる。これを眼の壁またはアイウォールという。さらにその外側にも，大部分が積乱雲の，らせん状の雲の帯ができる。この雲の帯は，スパイラル・バンドと呼ばれる。眼の中は，下降流のために雲が少なく，日が射したり，星空が見えることがある。

　図 10.7 は，気象衛星で観測した台風の雲分布（赤外画像）である。中心付

図 10.7　気象衛星「ひまわり」で観測した台風の赤外画像による雲分布
2011 年 8 月 31 日 9 時，台風第 12 号

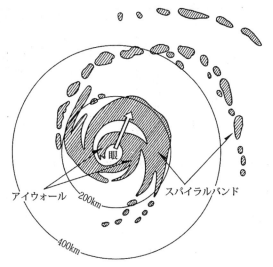

図10.8　台風の気象レーダーエコー分布の模式図
白矢印は台風の進行方向。ある一定の強さ以上のエコーに影がつけてある。

近の雲の中に，円形の黒く見える部分が台風の眼である。アイウォールの雲と
スパイラル・バンドの雲も見える。これらの雲は背の高い積乱雲で，上層では
巻雲が吹き出している。衛星画像では，巻雲におおわれて，巻雲の下のアイ
ウォールやスパイラル・バンドがはっきりしないことも多い。

　図10.8は，気象レーダーによる台風の雨雲の観測結果を，模式的に示した
ものである。台風の中心付近にはリング状の雨雲が見られる。これがアイ
ウォールであり，ふつう台風の雨はこの部分でもっとも強く降る。アイウォー
ルの外側には，スパイラル・バンドがいくつか見られる。この部分も激しい雨
が降るところである。アイウォールやスパイラル・バンドが，観測点の上空を
通過するたびに，強い雨が降る。

10.5　台風の発達と衰弱

　気象衛星から観測した台風の雲は，発達段階ごとに特徴がある。熱帯低気圧
が生じた初期の頃には雲の形は定まらず，巨大な積乱雲の集団から巻雲の吹き
出しが見られる。台風にまで発達すると，中心を取り巻くらせん状の雲バンド
が生じ，雲域はコンマ型となる。さらに発達すると，雲域は中心に集中してほ
ぼ円形になる。最盛期には，はっきりした円形の眼が見られ，中心を取り巻い

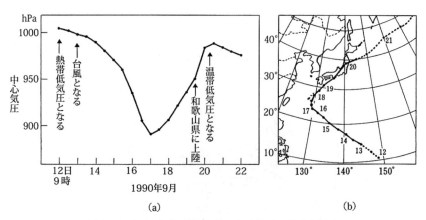

図 10.9　1990 年台風第 19 号の中心気圧の変化と経路
(a) 中心気圧の変化（時刻は日本時間）
(b) 経路図（点線の部分は熱帯低気圧の期間と温帯低気圧の期間）

て白いなめらかな雲域が現れる。このような雲の特徴は台風の強さと関係があり，眼や雲域の形・大きさと雲バンドの長さや幅を数値で表し，あらかじめ過去の観測から統計で求められている関係式から，台風の中心気圧や最大風速が推定される。この方法は，開発者の名前から，ドボラック法と呼ぶ。

　図 10.9 には，台風の中心気圧の変化と，台風経路の一例が示してある。台風が発達するときには，急速に中心気圧が下がる。中心気圧が最低になったときが最盛期であり，台風域内の最大風速や，暴風が吹いている範囲（暴風域）も最大になる。この時期には等圧線や雲域の形はほぼ円対称である。

　台風が発達したり，勢力を維持するには，下層に湿った暖かい空気が供給されなければならない。それゆえ，台風が海面水温の低い海域に北上してくると，しだいに勢力が弱まる。また，台風が陸地にかかると，水蒸気が補給されないうえに，陸地の摩擦のために急速に衰弱する。衰弱期には中心気圧が浅くなり，最大風速も弱まる。台風域内の最大風速が 17.2 ms^{-1} 未満になると，台風は熱帯低気圧に名前が変わる。台風の円対称の性質はくずれ，等圧線や雲域は楕円形になる。降雨域も，地形の影響を受けて，特定の方向で強くなる。台風の眼もはっきりしなくなる。

　台風が中緯度や高緯度地方に達すると，台風中心付近で暖気核がなくなり，台風域内に北から寒気が流れこみ，温帯低気圧の発生と同じような状況になる。温暖前線や寒冷前線も伴うようになり，台風は温帯低気圧に変わる。これを，台風の温帯低気圧化（略して，温低化）という。これは，台風の上陸，低温の

海域への移動，前線帯に取り込まれるなど，台風の勢力が弱まるときに起きやすい。北からの寒気の流入が顕著な場合は，台風から変わった温帯低気圧の勢力は必ずしも衰えるわけではない。ときには，温帯低気圧としてふたたび発達する場合がある。この場合，台風のときよりも強風域が拡大することが多く，広範囲で風や雨に警戒が必要になる。

10.6　台風の経路

　台風のまわりには，台風の渦より大きなスケールの流れがある。この流れを一般流または指向流という。台風はふつう指向流に流されて移動する。指向流は，低緯度では偏東風であり，中緯度では主に太平洋高気圧のまわりを吹く気流である。太平洋高気圧の位置や勢力は，季節によって変わるので，平均的な台風の経路も季節によって特徴がある。図10.10は，月別の平均的な台風の経路を示している。破線は，実線についでとりやすい経路である。指向流が弱いときには，コリオリ力が緯度で変化するため，北半球の台風は北向きに移動する性質がある。

　6月と11〜12月は，シベリア高気圧が張り出して，太平洋高気圧が南に後退している時期である。この時期の台風は西進するものが多い。7〜10月の経路は，低緯度では北西に進み，中緯度までくると北東に向きが変わる。この向きが変わる現象を転向という。また転向が起こる地点を転向点という。6月から季節が進むにつれて，太平洋高気圧は勢力を増して北上する。これに伴って，台風は7月に最も西寄りの経路をとり，8月や9月には転向点が30°Nくらいまで北上する。その後，10月には，転向点が20°N付近に南下する。日本本土に上陸する台風の数は，年平均で約3個である。そのうち8月と9月に平均して1個ずつ上陸している。8月には西日本に上陸するものが多く，9月には四国より東の太平洋側に上陸して，東日本を通るものが多い。なお，台風の中心が，日本の九州，四国，本州，北海道に加えて，南西諸島と小笠原諸島の300 km以内に近づいたとき，日本に接近と呼び，接近数は年平均で約11個である。

　一つ一つの台風の経路は，月平均の経路のように単純ではない。指向流と台風の域内の流れは，互いに関連しあうので，台風の経路は指向流だけでは決まらない。特に指向流の弱い夏の期間は，高気圧，温帯低気圧，ほかの台風に影響されて，複雑な動きをする台風が多い。たとえば，台風が同時に二つあるときは，互いに影響しあって，それぞれの台風が反時計回りに回転することがある。これは，互いに相手の台風の渦巻の流れによって移動するためと考えられ

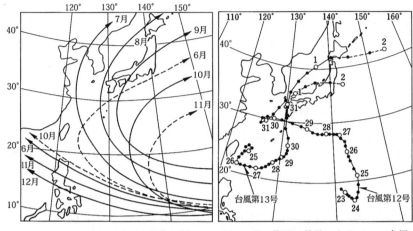

図 10.10　月別の台風の主な経路
破線は実線についでとりやすい経路

図 10.11　藤原の効果による二つの台風
の経路
1985 年台風第 12 号と第 13 号の 8 月 23 日か
ら 9 月 2 日までの 6 時間ごとの位置。
○は 9 時の位置で，そばの数字は日付を表す。

ている。この現象は，その理論的な研究をした研究者の名前にちなんで，藤原
の効果と呼ばれている。図 10.11 は，藤原の効果のために複雑な動きをした，
二つの台風の経路を示す。

第11章　局地気象

11.1　局地気象と局地風

　この章で対象とするのは，水平スケールが数 km から 100 km，鉛直スケールが数 100 m から数 km，時間スケールが数時間から 1 日程度の局地的な大気現象であり，局地気象ともいう。第 6.1 節で述べた代表的なスケールのうち，中小規模現象に分類される現象である。局地気象を表す天気要素は，これまで述べてきた大気大循環，低気圧・高気圧，熱帯低気圧と同じであるが，風速や卓越風向，気温分布，下層大気の安定性などが重要となる。局地気象というと，ある地域に特有な現象と見られがちであるが，熱的な原因や力学的な原因が似ていれば，どの地域でも生じるものであり，また程度の差はあっても季節に関係なく発生する。直接の原因として，地形や地表面の状態の影響が大きい現象であり，地球自転の効果（コリオリ力）は大規模現象の場合と比べて影響は小さい。

　局地気象を大別すれば，局地風，局地不連続線，局地低気圧・高気圧，局地的な気温分布（ヒートアイランド現象），局地的な集中豪雨や豪雪・雷雨・竜巻などの激しい擾乱などであるが，この章では，局地風と局地的な気温分布（ヒートアイランド現象）について述べ，局地的な激しい擾乱については第 12 章で述べる。

　局地風とは，水平スケールが数 10 km 程度の風系のことである。局地風には，地表面の熱の受け方が場所によってちがうために生じるもの（これを熱的原因という）と，気流が山を越えたり迂回して，流れが変わるために生じるもの（これを力学的原因という）がある。熱的原因の局地風としては，海陸風や山谷風がある。これらの局地風は，一般風が弱く，天気がよい場合に発達する。風向が 1 日周期で規則的に変化する特徴がある。

　力学的原因の局地風としては，フェーン，ボラ，山岳波などがある。山に一般風があたるとき，これが強い場合に局地風が発達する。山や谷などの地形に沿って強風が吹くので，地方に特有な名前がつけられている。後で述べる発生のしくみからわかるように，強風を伴う局地風は山岳の風下斜面で発生し，主に温帯低気圧や台風などに吹き込む山越え気流で生じる。

11.2　海　陸　風

　海陸風は，海岸地方で，日中と夜間に風向が反対になる風のことである。海陸風が起こるしくみは，大陸と海洋の間に起こる季節風（第6.8節）によく似ているが，海陸風は季節風と比べて，空間的な広がりも時間的なスケールもはるかに小さい。季節風は，夏と冬の季節で陸と海の暖められ方が異なるために生じる風系であり，海陸風は昼と夜で陸と海の暖められ方が異なるために生じる風系である。

　日中は日射のために陸も海も暖められるが，第3.7節で述べたしくみで，陸は海より暖まりやすい。この結果，陸面上の大気は海面上の大気より暖められて膨張する。海陸風に関係する水平スケールは数10 km 程度であるのに対して，暖められる大気の鉛直方向の厚さは大気境界層の高さの1 km 程度である。このため水平方向の膨張は無視できて，主に鉛直方向に膨張するとみてよい。暖められた陸上の大気は軽くなり，第2.8節で述べた理由から，地表付近の気圧が低くなる。これに対して海上では陸上より気圧が高くなる。このため水平方向に気圧傾度力が生じて海から陸に向かって空気が流れる。これが海風である。陸へ向かう海風の先端（これを海風前線という）では，空気が収束して上昇流が生じる。上昇した空気は，膨張した大気境界層の上端で海に向かい（この流れを反流と呼ぶ），海上で下降流に転じる。このような空気の流れを海風循環と呼ぶ。循環の様子が図11.1(a)に示してある。海から流れてくる大気はふつう湿っているので，海風前線では上昇流のため積雲が帯のように現れることがある。

　夜間になると，長波放射によって陸も海も冷やされるが，比熱と熱容量の小さい陸の方が，これらの大きい海よりも，急速に温度が下がる。この結果，海陸の温度差は昼間と逆になり，図11.1(b)のように，海風循環とは逆向きの流れ（陸風循環）ができる。すなわち，地面付近では陸から海に吹く風となる。これを，陸風といい，海風とあわせて海陸風という。

　海風と陸風が交替する時刻には，ほぼ無風状態になる。夕方に海風がやむときが夕凪であり，朝に陸風がやむときが朝凪である。

　なお，海風や陸風は，水平スケールが小さいのでコリオリ力の効果は小さいが，いくつもの事例を平均すると，海陸風の風向変化にコリオリ力の影響が見出される。北半球で観測された海陸風のホドグラフ（ホドグラフについては第2.16節参照）は，ふつう時計回りになっている。これは，海上と陸上の温度差で生じた気圧傾度力で，海陸風は海岸とほぼ直角方向に吹くが，コリオリ力

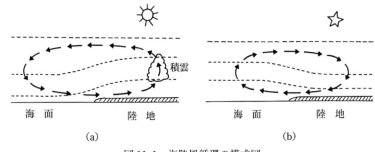

図 11.1　海陸風循環の模式図
(a) 海風循環（日中）　(b) 陸風循環（夜間）
点線は等温線

が右向きに働くため，風向に変化を生じ，時計回りのホドグラフが観測される。

　海陸風の強さは，熱帯と温帯など緯度によるちがいや，夏と春冬など季節によるちがいがある。日射の強い低緯度の熱帯地方で発達しやすく，温帯地方の海陸風は夏季に著しい。高緯度地方になるほど，日射も弱いうえに，他の原因による風が強いので，海陸風は目立たなくなる。温帯地方の海陸風は，おおまかにいえば，海風が最も強くなるのは午後の2～3時頃で，地上風速はふつう 5 m s^{-1} 程度となる。一般風に比べてあまり強くないので，ふつう一般風が強いときや曇雨天のときには海陸風は観測されない。晴れた日でも，陸面が湿っているときは蒸発の潜熱で温度上昇が弱められ，陸地が乾燥しているときよりも海風は弱くなる。海風は，海岸から 20 km ぐらい沖から始まり，陸地には 20～50 km ぐらいの距離まで入り込む。また，海風の厚さ（海風が吹く高さのことで，その上に反流が吹く）は約 200～1000 m で，風速が最大になる高さは 200～300 m である。夜の海陸の温度差は昼ほど大きくならないので，陸風循環は，海風循環と比べて循環の風速も弱く，厚さも小さい。

　大きな湖の湖岸でも同様な原因による局地風が生じるが，これは湖陸風という。

11.3　山 谷 風

　晴れた日の日中は，山の斜面は日射で暖められ温度が上がる。この結果，斜面付近の空気の温度と，同じ高さの斜面から離れた空気の温度を比べると，斜面付近の気温の方が高くなる。この温度差から，下層では平野から山の斜面に向かう気圧傾度力が生じ，海風循環と似たような循環が生じる。斜面に沿って吹き上がる流れ（斜面滑昇流またはアナバ風という）と上層に反流を伴う循環

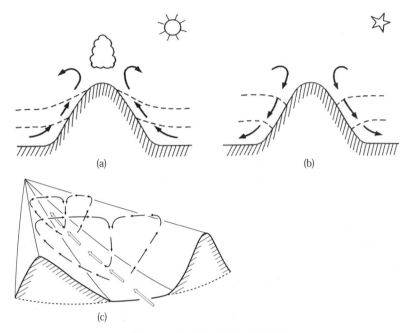

図 11.2　山谷風の循環の模式図
(a) 谷風（日中）　(b) 山風（夜間）
(c) 複合した谷風（日中，黒矢印は広義の谷風，白矢印は狭義の谷風）
(a)，(b)の破線は等温線

である。反対に夜間は，放射冷却で斜面付近の気温の方が低くなり，斜面に
沿って吹き下ろす流れ（斜面滑降流またはカタバ風）とその反流が吹く。昼間
の山すそから山頂に向かう斜面風を谷風，夜間の山頂から山すそへ向かう斜面
風を山風という。図 11.2(a)，(b)には，山谷風を起こす気温分布と循環が模
式的に示してある。日中，谷風が吹くときは上昇流によって雲ができやすく，
夜間に，山風になって下降流になると雲は消える。

　山岳地形はふつう複雑であることが多い。斜面風は山岳のさまざまな斜面に
生じるので，これらが複合して，日中に山岳の谷筋に沿って山頂に向かって上
昇する風も谷風という（図 11.2(c)）。これとは反対に，図は示さないが夜間
に谷筋に沿って下降する風も山風という。山谷風は日射があたりやすい南斜面
ほど強くなる。また，海岸近くまで山がせまっているような地形では，海陸風
と山谷風が重なって強まることがある。

11.4　フェーン

　湿った気流が山を越えて吹き下りるとき，風下側のふもとでは高温で乾燥した風が吹く。この風をフェーンという。フェーンは，もともとヨーロッパのアルプスの谷間に吹く，南寄りの乾燥した風の名前である。今では同じような原因で吹く風は，場所にかかわらずフェーンと呼ぶ。

　フェーンが高温で乾燥した風になるしくみは，図11.3(a)に示した具体的な例を用いて，次のように説明できる。気温20℃，湿度60% の湿った気流が，風上側のふもと（A）で山にあたったとする。気流が山腹を上昇するとき，雲ができるまでは乾燥断熱減率（100 m につき約1℃）で気温が下がる。高度1000 m（B）で雲ができ始めるとすると，その高さでは10℃ に気温が下がっている。雲ができ始めると，湿潤断熱減率（100 m につき約0.5℃，第4.8節参照）で温度が下がり，山頂（C，高度2000 m）では5℃ になる。風上側で生じた雲が，山頂についたときには，すべて雨になって降ったとする。これによって気流は乾燥するので，山頂から風下の斜面を下降するときには，100 m につき約1℃ の乾燥断熱減率で昇温する。風下側のふもと（D）についたときには，気温は25℃ となり，風上側の空気より5℃ 昇温している。空気に含まれていた水分は雨としてなくなるので，相対湿度が下がる。図の例では，風上

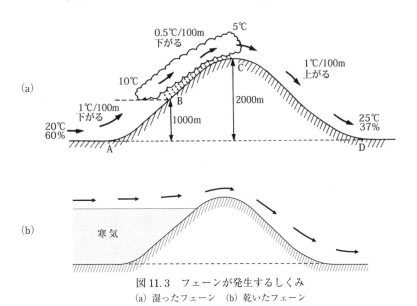

図11.3　フェーンが発生するしくみ
(a) 湿ったフェーン　(b) 乾いたフェーン

側で 60% であった相対湿度が，風下のふもとでは 37% になる。

　図 11.3(a) の例からわかるように，フェーン現象は，雲ができるときに放出される潜熱が重要な役割をしている。したがって，気流が山を昇るときに，雨として空気から除かれる水蒸気が多いほど，すなわち，もとの空気が湿っているうえに山が高いほど，フェーン現象は顕著になる。

　日本では，発達した温帯低気圧や台風が日本海に入ると，脊梁山脈を越えて南風が吹き込む。この南風によって，日本海側にフェーン現象が起こる。冬の季節風が吹くときは，太平洋側でフェーン現象が生じているが，山を越える前の空気の温度が低いため，フェーン現象は目立たない。

　上で説明したフェーン現象のしくみは山の風上側で降水（雨または雪）を伴う気流の断熱運動であり，熱力学的現象である。降水を伴うことから湿ったフェーンと呼ばれる。ところが，山の風上で降水を伴わないフェーンもしばしば観測される。このフェーンは乾いたフェーンと呼ばれ，これは大気が次のような状況の場合に発生する。すなわち，図 11.3(b) に示したように，山の風上側の下層に寒気があって，大気が強い安定層または逆転層になっている場合である。このような場合，下層の寒気は山で進行を妨げられるが，山頂の高さ付近の空気は一般風によって山を越えて斜面を下降する。このとき断熱的に下降した空気は，風下側に乾燥した高温の空気をもたらすことになる。このフェーンは力学的な原因で生じるので，上記の熱力学フェーンに対して力学的フェーンと呼ぶ。

11.5　ボ　ラ

　海岸の背後に台地があるような地方で，冬季に，台地から海岸に向かって，突然に，乾燥した非常に冷たい風が吹き下りる場合をボラという。もともとは，ユーゴスラビアの西海岸で吹く風の名前である。図 11.4 は，ボラが発生する様子を模式的に示す。風上側の台地に，寒気が貯まり，やがてあふれ出して，山の尾根を越えて寒気が吹き下りる。寒気が斜面を吹き下りるとき，フェーンと同じように，100 m につき約 1℃ の割合で断熱昇温する。しかし，もともと台地にあった寒気が非常に低温であれば，昇温しても，まだふもとの気温より低いことがある。このような場合に吹く風がボラである。

　ボラは，台地の尾根や峠に風が集中して吹き出すことが多いため，気流が集中する効果で強風になる。また，冷たい風が斜面を吹き下りるときに，重力の効果が重なることも強風の原因である。このようなボラによる強風をおろしと呼ぶ。おろしには，地方で特有な名前がつけられている。地方によっては，だ

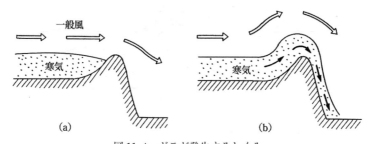

図11.4 ボラが発生するしくみ
(a) 盆地に寒気が貯まる (b) 貯まった寒気が峠を越えてあふれ出る

し，あらしなどとも呼ばれる．日本の例では，北海道の羅臼だし風，関東地方の赤城おろし，近畿地方の六甲おろし，四国地方の肱川あらしなどがあげられる．

11.6 山　岳　波

　気流が山にあたったとき，地表付近ではおろしのような強い風が吹くことがあるが，上空でも特徴のある流れになる．図11.5に示すように，山を越える気流が，山頂付近や山の風下側で，上下方向に振動するように流れるのを，山岳波または風下波という．山岳波のでき方は，山にあたる気流の鉛直方向の速度分布（鉛直シア）や，大気の安定性によって異なる．

　図11.5は，ある程度強い鉛直シアがある場合の，山岳波のでき方を示したものである．山を越えることで，空気は断熱冷却しながら上昇して，まわりの空気より冷えて重くなり，やがて下降し始める．ある程度下降すると，断熱昇温のためにまわりの空気より軽くなり，ふたたび上昇するようになる．このようにしてできる山岳波の上昇気流の部分では，凝結が生じて雲ができる．山の上にできるものを笠雲といい，それ以外の所にできるものを吊るし雲という．吊るし雲には，レンズ雲やロール雲などがある．雲の形は，気流によって現れ方が違うので，雲の形を通して気流の性質を知ることができる．これを雲による気流の可視化という．

　山にあたる気流が一様で弱風の場合は，気流は山肌に沿って流れる層状の流れとなり，山による気流の変化は山を越える付近に限られ，風下側には及ばない．気流の風速がこれより少し強くなると，山の風下側に反流と呼ばれる定常的な渦が生じるが，山による気流の変化は，風下側の一部に限られ，図11.5に示された波のような流れは生じない．図11.5の場合よりも鉛直シアの風速

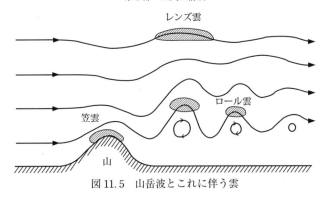

図 11.5　山岳波とこれに伴う雲

　が強く，山の高さに相当するところで風速が極大になるような場合には，図
11.5 でロール雲として現れる風下波の下側に渦が生じ，そこでは激しい乱れ
が生じる。大気の安定性が弱く，風が強いほど，山岳波の波長や周期は大きく
なる。山岳波による気流の乱れは航空機災害を起こしやすい危険域である。

11.7　ヒートアイランド現象

　地上に都市があることで生じる局地気象にヒートアイランド現象がある。こ
れは，都市では，さまざまな原因によって，都市域がそのまわりの郊外より高
温になる現象をいう。東京を中心とした都市域とその郊外で観測した事例が図
11.6 に示されている。気温の等値線を描くと，都市域に高温域が現れ，その
形が海上に浮かぶ島に似ていることから，文字どおり熱の島（ヒートアイラン
ド）と呼ばれる。原因としては，人々の活動で消費されるエネルギーが人工的
な熱を出すこと，道路のアスファルト舗装やコンクリート建築物が地面や草地
に比べて比熱が大きいので，昼間に日射を吸収して暖かくなり，夜間に気温が
下がると熱を放出すること，道路や建築物で緑地が減少し，水の蒸発による潜
熱で温度が下がる働きがなくなること，エーロゾルやスモッグによる夜間の温
室効果が増加すること，などが考えられている。

　都市域と郊外の温度差は，大都市ほど著しく，特に一般風が弱く晴れた冬季
の夜間から明け方に顕著である。図 11.6 の観測例の場合，明け方の都市域の
代表的な地点の気温の鉛直分布は，夜間でも地表面から大気が暖められ，高度
約 300 m までは対流混合により気温が平均化されている。これに対して郊外
の代表的な地点では，放射冷却により約 300 m の高さまで接地逆転層が発達
している。

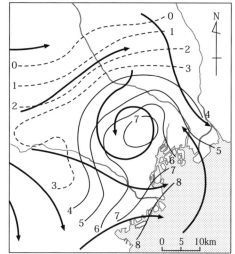

図 11.6　東京都心のヒートアイランド現象（気象庁）
冬季夜明け前（1976 年 3 月 5 日 5 時）の地上気温分布（細実線：
等温線℃）と地上風系（太実線と矢印）

　都市と郊外のあいだで生じた気温差により，地上では図 11.6 に示したよう
に，郊外から都市域の中心に向かって風が吹く。この風は郊外風と呼ばれ，こ
の風を起こすしくみは第 11.2 節で述べた海陸風の場合と同じである。ただし，
海陸風は昼夜で風向が反転するのに対して，郊外風は時間的に強さは変化する
が一定方向に吹く。ヒートアイランドが顕著に現れるのは，海陸風が卓越する
のと同じ条件の場合である。日本の大都市の多くは沿岸部に位置しているため，
ヒートアイランド現象と同時に海陸風の影響を受けることが多い。郊外風の風
速はたかだか 1 ms^{-1} 程度であり，このため一般風や海陸風が重なって観測で
確認できるのは稀である。
　都市では，ヒートアイランド現象による気温の上昇に加えて，長期間の観測
から，水蒸気の蒸発量の減少，相対湿度の減少，大気汚染物質の増加による日
射量の減少，エーロゾル（凝結核）増加による霧の増加，建築物による風の乱
れの増加や日照時間の減少などが，明らかになっている。近年，人間活動が原
因で大気中に放出された二酸化炭素などの温室効果ガスが増加し，地球の温暖
化が懸念されているが（第 3.11 節），地球規模の気温の長期変化を考える場
合には，都市化が影響する気候の変化にも注意しなければならない。

第12章 雷　　雨

12.1　積雲対流と上昇流

　大気が条件つき不安定の場合には，第4.12節に述べたしくみで積雲対流が発生する。このとき生じる雲が積雲であり，積雲が大きく発達したものが積乱雲である。積乱雲が，雷を伴って雨を降らせる場合を，雷雨という。まず積雲ができるには，地表付近の空気塊を自由対流高度まで持ち上げる上昇流が必要である。上昇流が生じる主な原因には，次の四つがある。

　積乱雲は雷を伴うことが多いので，上昇流の原因のうち三つは，熱雷，界雷，渦雷と呼んで区別する。熱雷は，夏季の強い日射によって地面が局地的に強く暖められ，大気が不安定になって生じる熱対流の上昇流が原因である（第4.11節）。山の斜面が日射で暖められて，第11.3節で述べた谷風が吹くが，この風によって空気塊が自由対流高度まで吹き上げられると，その後は浮力によって積乱雲に成長する場合も熱雷である。界雷は，前線雷とも呼ばれ，前線面に沿って生じる上昇流が原因である（第7.4節）。寒冷前線に伴って起こる場合が多い。渦雷の原因は，低気圧に気流が収束したときに生じる上昇流である（第8.3節）。雷の起こり方については，第12.4節で述べる。四つ目の原因は山岳地形による上昇流である。一般風が山岳などの地形に阻まれると，孤立した山では山を迂回する流れになるが，山脈のように連なった地形の場合には，斜面による強制上昇が起こる（第11.4節，第11.6節）。

12.2　積乱雲の構造

　積雲は，発達するとともに，雲頂がしだいに高くなる。雲頂が成層圏まで達すると，これ以上は高くならない。成層圏まで達した雲頂は，はじめのうちは丸いが，しだいに平らになり，雲頂のまわりには巻雲が吹き出すようになる。雲頂が丸いあいだは雄大積雲と呼び，その後の雲を積乱雲と呼ぶ。

　積乱雲の発達は，発達期，成熟期，衰弱期の三つの段階に分けられ，それぞれの段階で雲の構造が異なる。図12.1は三つの段階の模式的な雲の構造を示している。雲の中で，下層の0℃より温度が高いところでは第4.18節に述べた暖かい雨のしくみが働いている。一方，上層の0℃より温度が低いところでは第4.19節に述べた冷たい雨のしくみが働いている。

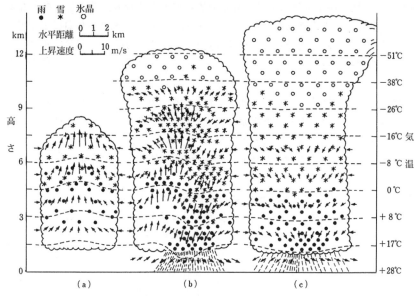

図 12.1　積乱雲の発達段階ごとの構造 (バイヤース, 1965)
(a) 発達期　(b) 成熟期　(c) 衰弱期
破線は等温線, 矢印は気流を表す

(1)　発達期（積雲期）……積雲ができて，これがしだいに発達して，雄大積
雲になる時期である。積乱雲にとっては発生期といってよい。この時期には，
雲の中はすべて上気流であり，上昇流の強さは，高さとともに大きくなって
いる。この時期の後半にもっとも激しい上昇流が現れ，30 ms^{-1} にも達する
ことがある。上昇流をもたらす空気は，地上の収束により集まるものだけで
なく，雲の側面から雲の中に入るものもある。
　　上昇流によって断熱冷却が起こり，雲粒が生成される。雲粒ができるとき
潜熱が放出されるので，雲の内部の温度は，同じ高さのまわりの気温より高
くなる。これによって雲の内部に浮力が生じて，雲はますます成長する。雲
の温度が 0℃ より低くなると，雲粒は過冷却水滴や氷晶になる。雲粒やわず
かにでき始めた雨滴などの降水粒子は，発達期の雲中の上昇流に支えられて，
地上まで落ちてこない。なお，雲の中を上昇流で運ばれる空気量と下層の空
気量との間で収支が合うためには下降流が必要となる。発達期には雲の周囲
の広い範囲でゆっくりとした下降流があり，下層と上層の空気の入れ替えが
起こっている。この上下の空気の入れ替えが対流と呼ばれる現象である。

(2)　成熟期……水蒸気の凝結や昇華で雲粒が大きくなり，その数も多くなると，上昇流で支えきれなくなる。この結果，雲粒は，衝突や付着によって雪の結晶，あられ，雨滴といった降水粒子に成長しながら，上昇流の小さいところを通って落ちてくる。降水粒子が落下するときは，摩擦によって空気も引きずり下ろすので，雲の中層から下層に下降流が現れる。氷粒子が0℃の層を通るときには，融解の潜熱をまわりの空気からもらって融けるため，空気は冷えて重たくなり，下降流が強まる。この時期は，強い上昇流と下降流が中層から下層に隣あって存在するので，第4.19節で述べたしくみにより，ひょうや激しい雨が降る。また，第12.4節で述べる雷放電が盛んな時期でもある。

(3)　衰弱期（かなとこ期）……雲の頂上が成層圏まで達し，圏界面高度の風によって，雲が横に広がる。このときできる雲の形が，鉄を鍛える「かなとこ」に似ているので，かなとこ雲という。この時期は，下降流が雲の下層全体に広がり，下層で上昇流をもたらす領域がなくなる。このため中層から上層でも，上昇流はしだいに弱まり，雲全体が下降流になる。上昇流がなくなると，新たな雲粒が生じないので，雨もしだいに弱まっていく。雲はまわりの乾燥した空気を吸い込んで，残っている雲粒が蒸発するので，ついには雲が消える。積雲ができ始めてからの寿命は，おおむね1時間程度である。

　積乱雲が電光と雷鳴を伴って雨を降らせるものを雷雨という。雷雨は，外見は一つの大きな雲に見えるが，いくつかの積乱雲が集まってできていることが多い。このとき，一つ一つの積乱雲を雷雨細胞あるいは降水セルと呼ぶ。

12.3　ダウンバーストとガストフロント

　雷雨細胞が通過する前後の，気象要素の変化は，図12.2のようになっている。この例では，通過するまで風は弱い南東風であったものが，通過と同時に風向が急変して，風速も最大40 ktに達する突風が吹いている。通過後は北西の風に変わっている。通過に伴って激しい雷雨があり，気温が急に約12℃も下がっている。気圧は約4 hPa上昇している。雷雨の通過による気圧の上昇は，気圧変化の形から，雷の鼻と呼ばれている。

　雷の鼻の原因は，成熟期の積乱雲の下に生じるスケールの小さな高気圧である。この高気圧は雷雨高気圧あるいはメソハイという。前節で述べたように，成熟期の積乱雲の中下層では，降水粒子の落下の際に，摩擦によって下降流が生じる。氷粒子が0℃の層を通るときには，融解の潜熱を空気からもらうため，また，雲底より下では雨滴が地表面に達する前に一部蒸発して，蒸発の潜熱を

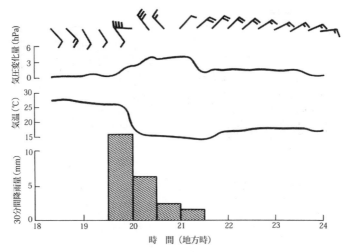

図 12.2　雷雨が通過したときの気象要素の変化 (小倉. 1984)

空気からもらうため，まわりの空気は冷やされ重くなる。この重い空気が落下
することも重なって，下降流が強まる。この強い下降流をダウンバーストと呼
ぶ。冷たい空気が雲底下に貯まると地表面ではまわりより気圧が高くなる。こ
れが雷雨高気圧である。図 12.3(b)には雷雨高気圧の気圧と風の分布を示す。
ダウンバーストが地面にぶつかって広がるため，雷雨高気圧から強い冷気が放
射状に流れ出す。これを冷気外出流という。

　図 12.3(a)には，ダウンバーストとともに積乱雲の下部の気流が示してある。
地表付近では，雲に向かって，まわりの湿った暖かい気流が流れ込んでいる。
この暖気流と雷雨高気圧から吹き出す冷気外出流が衝突する境は，寒冷前線に
似たような構造になる。これをガストフロントという。ガストは突風の意味で
(第5.3節)，ガストフロントでは強い突風が吹き，突風前線とも呼ぶ。

　雷雨を取り巻く一般風の鉛直シアが大きいときは，雷雨全体はふつう中層の
風で移動する。このため，下層の一般風は，移動する雷雨から見ると，相対的
に雷雨に向かって吹き込むことになる。雷雨の移動の先端では，図 12.3(a)に
示したように，冷気外出流と一般風の暖湿気流との向きが反対になり，ガスト
フロントで寒気と暖気の衝突が強い。この衝突でガストフロントのところに上
昇流が生じ，新しい積乱雲の発達をひき起こすことがある。これを積乱雲の自
己増殖（あるいは世代交代）と呼ぶ。自己増殖は，隣りあった雷雨から吹き出
す冷気外出流どうしがぶつかって，収束による上昇気流が生じて起こる場合も

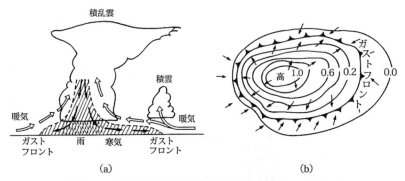

図12.3　雷雨細胞と雷雨高気圧および雷雨細胞の自己増殖
(a)　雷雨細胞内下部の気流と自己増殖
　　　かげのところは下降気流に伴う寒気の部分。破線は寒気と暖気
　　の境界で，地表面と交わるところがガストフロント。ガストフ
　　ロントに伴う上昇気流で新しい雷雨細胞が生じている。
(b)　積乱雲の下部の気流と雷雨高気圧の気圧と風の分布

ある。このような自己増殖が起こると，もとの雷雨は衰弱しても新しい雷雨が
成長するので，雷雨の塊全体として見ると活動が続き，雷雨の塊の寿命は，
個々の雷雨の寿命より長くなる。このような雷雨の塊は，第12.6節で述べる
多細胞型雷雨である。

12.4　雷の発生

　発達した積乱雲の中では，正の電荷と負の電荷が分かれて分布している。正
負の電荷の間に大きな電位差ができると，火花放電が起こる。この放電が雷で
あり，雲の中で正負電荷のあいだに起こる空中放電と，雲と地面の間に起こる
対地放電がある。対地放電が落雷である。

　成熟期の積乱雲の中では，図12.4に示すような電荷分布をしている。雲の
上部に広く正電荷が分布し，あられやひょうが激しく降るところに負電荷が分
布している。正の電荷は，雲底の上昇流が激しいところにも分布する。雲の中
に正負の電荷ができる原因は，現在も確実なことはわかっていないが，大きさ
の異なる氷粒が衝突したときに，一方が正に，他方が負になる，という考えが
有力と見られている。

　約$-10℃$より冷たいときはあられやひょうが負，氷晶が正の電荷を持つ
が，$-10℃$より暖かいときには符合が逆転し，あられは正，氷晶は負の電荷
を持つ。$-10℃$より冷たいのは雷雲の上の方であり，正に帯電した氷晶は上

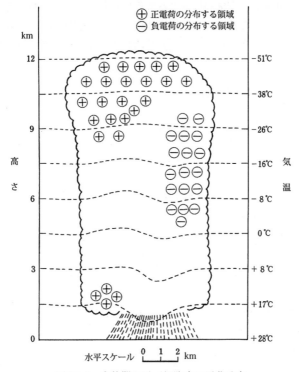

図 12.4　成熟期の雷雨細胞内の電荷分布

　昇流で雲頂付近に運ばれる。一方，負に帯電したあられやひょうは落下して雷雲の中層から下層に貯まるが，－10℃ より暖かい層まで落ちるとあられは正，氷晶は負に帯電する。下層で負に帯電した氷晶は上昇して－10℃ より冷たい層の負のあられと混ざることになり，雷雲の中層では負の電荷が貯まる。この結果，雷雲の中では電荷は 3 層構造になっている。

　積乱雲の雲頂が，－20～－40℃ の高さまで発達すると，発雷する。夏季と冬季で雷の起こり方にちがいはないが，冬季の日本海では雲頂が低い積乱雲で発雷する。これは電荷分離に関係する氷晶のできる高度が，冬季は夏季よりも低いためである。

　電気は流れにくいところを通ると熱が生じる。空気は電気が流れにくい物質である。火花放電では，空気中を一時的にたくさんの電気が流れるため，非常に高温になり，光が出る。この光が稲妻（電光）である。空気は高温の熱のため急激に膨張して，まわりの空気を圧縮する。圧縮された空気がふたたび膨張

し，これを繰り返して空気が振動するようになり，音として聞こえる。これが雷鳴である。音の進む速さは，気温が 15℃ のとき約 340 ms⁻¹であり，光は瞬間的に届くので，電光から雷鳴までの時間を測って，雷雨までのおおよその距離がわかる。

12.5　巨大細胞型雷雨

積乱雲からなる雷雨細胞の中でも，大きなひょう，強いダウンバースト，強い突風，竜巻を伴う雷雨を巨大細胞型雷雨（スーパーセル型雷雨）と呼ぶ。巨大細胞型雷雨は，大きさが 10〜40 km くらいの一つの巨大な雷雨細胞である。その特徴は，雷雨全体の上昇流が，鉛直方向に傾いて分布している。図 12.5 (a)は，巨大雷雨細胞の鉛直断面内の気流を模式的に示す。第 12.2 節に述べた雷雨細胞では，下降流が発達する場所は，もともと上昇流が分布していたところである。下降流の発達によって上昇流が断たれ，雲を生じる水蒸気とその凝結の潜熱による浮力とがなくなるため，雷雨の寿命が短い。これに対して，巨大細胞型雷雨では，上昇流と下降流の場所が分かれて分布しているため，上昇流と下降流はどちらも長続きして，寿命は数時間に及ぶ。このような構造になるのは，大気の不安定が強く一般流の鉛直シアが大きい場合である。ただし，最近の観測では，雷雨細胞の世代交代によって寿命が長くなる場合もあることが知られている。

巨大細胞型雷雨の上昇流と下降流は，図 12.5(a)に見られるように同一断面

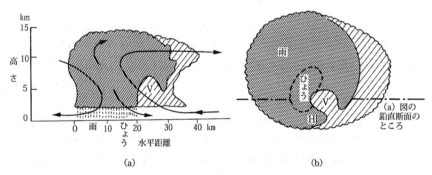

(a)　　　　　　　　　　　　　　　(b)

図 12.5　巨大細胞型雷雨の構造（小倉，1984）

(a) 鉛直断面で見た構造　(b) 上から見た構造

薄い影のところは小さい雲粒からできた雲の部分で，濃い影のところは強いレーダーエコーを生じる降水粒子の部分。実線は鉛直断面内の気流（断面内の気流ばかりでなく，断面に入る気流と断面から出る気流も重なっている），H はフックエコーの部分，V はヴォルトの位置で上昇気流がきわめて強い部分。

内で起こっているわけではない。実際には雷雨内に直径数 km から十数 km の
低気圧性の回転をしている部分があり、上昇流の位置も回転している。この上
昇流域の低気圧性回転は、メソサイクロンと呼ばれている。気象レーダーで巨
大細胞型雷雨を観測すると、このメソサイクロンによる特徴のあるエコー分布
が見られる。このエコー分布は、フック（かぎ針）状エコーと呼ばれている。
図 12.5(b) に、巨大細胞型雷雨の水平断面内の降水粒子域や雲粒域の分布が示
されている。このうち H の記号で示した部分が、フックエコーである。雲中
で落下する降水粒子が、メソサイクロンの回転で、円弧状に流されるために生
じると考えられている。第 12.8 節で述べる竜巻は、巨大細胞型雷雨に伴って
発生する場合に、フックエコーの付近で起こることが多い。このように巨大細
胞型雷雨では、メソサイクロンが重要な役割をしているので、最近では、ある
一定値以上の渦度のメソサイクロンを持つ積乱雲を、巨大細胞型雷雨と定義す
るようになってきている。

　図 12.5(a) や図 12.5(b) で V と記した部分は、ヴォルト（vault、アーチ型天
井の意）と呼ばれ、上昇流がきわめて強いところである。ここでは雲底で生じ
た雲粒が、大きな降水粒子に成長しないうちに、上層に運ばれてしまう。この
ため、この部分ではレーダーエコーが弱くなっている。ヴォルトの近くで上方
から落下してきた氷粒子のあるものは上昇流に入り、もう一度雲の中に運ばれ
てヴォルトの後方に落下する。これを何回も雲の中で繰り返すと大きなひょう
ができる。図にはひょうの降りやすい位置がヴォルトの隣に示されている。

12.6　多細胞型雷雨

　雷雨細胞は孤立して現れることもあるが、多くの場合は複数個の雷雨細胞が
集まり、これを多細胞型雷雨という。さらに、これは団塊状のものと線状のも
のに分けることができる。団塊状のものは、雷雨細胞が不規則に集っている気
団性雷雨と、規則的に並んでできる組織化された多細胞型雷雨がある。

(1)　気団性雷雨……これは複数個の雷雨細胞が、不規則に集っているもので
　　ある。雷雨細胞は、第 12.2 節で述べた積乱雲の発達・成熟・衰弱の各段階
　　をたどる。気団性雷雨の中で一つ一つの雷雨細胞が、ある時刻にどの段階に
　　あるかはさまざまで、あるものは発達の段階にあり、別のものは衰弱の段階
　　にある。図 12.6 は、気団性雷雨の中に、数個の雷雨細胞が分布している様
　　子を示す。発達期の細胞には上昇流（記号 U）だけがあり、成熟期の細胞に
　　は上昇流と下降流（記号 D）が隣あって存在し、消滅期の細胞には下降流だ
　　けがある。

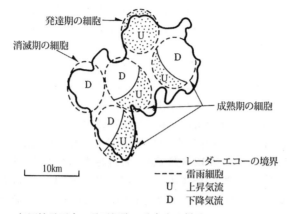

図 12.6　気団性雷雨内で雷雨細胞の分布する様子 (バイヤースとブラハム, 1949)

　このように雷雨全体としてみると組織化されておらず複雑な構造をしている。一つ一つの雷雨細胞の大きさは，直径が10 km 程度であるが，気団性雷雨の大きさは，数10 km 程度である。また，一つ一つの雷雨細胞の寿命は1時間程度であるが，第12.3節で述べた自己増殖も生じて，雷雨全体としては数時間続くのがふつうである。ふつう，ある地域が気団におおわれていて，一般風の鉛直シアが弱い場合に発生しやすい。このため気団性雷雨と呼ぶ。夏季に日本をおおう太平洋高気圧の中で，晴天の日に発生する多細胞型雷雨の多くは，気団性雷雨である。

(2)　組織化された多細胞型雷雨……図12.7に，この雷雨の模式的な断面図が示されている。いくつかの雷雨細胞が集まっているのは気団性雷雨と同じであるが，雷雨細胞が規則的に組織化されている点が異なる。一般風の鉛直シアがある場合に発生しやすく，一般風によって雷雨が進行する方向（図では左から右）の先端に，新しい雷雨細胞Aが生じている。このしくみは，第12.3節で説明した，雷雨細胞の自己増殖で生じる新しい細胞と同じである。一般風に鉛直シアがある場合，ふつう中層の風で雷雨細胞は移動するが，雷雨細胞とともに動きながら一般風を見ると，中層と下層との風速差で下層には暖気が流れ込むことになる。この結果，細胞Aのうしろ（図の左）にある細胞Cの雲底から流れ出る冷気外出流と流れ込む暖気がぶつかって，ガストフロント（図で寒冷前線の記号で示してある）が生じる。ここに上昇流が生じて，新しい雷雨細胞Aを生み出す（図12.3参照）。中層の一般風ベクトルを V_c，中層の風ベクトルとの差で下層に暖気が流れ込む風ベクト

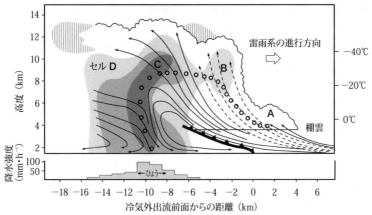

図 12.7　組織化された多細胞雷雨の断面の模式図 (ブラウニングら，1976 を一部修正)

（上）　雷雨の進行方向に沿った断面図。発生，発達，成熟，消滅の段階のセルがA，B，C，D の順に並ぶ。実線と破線は移動する雷雨に相対的な気流で，紙面に入り込む気流（破線）と紙面から出て行く気流（実線）がある。白丸で描いた曲線はセルA の雲底（棚雲と表記）で生成された降水粒子が成長して，ひょうになって落下するまでの軌跡を示す。一番外側の線は雲の輪郭を表し，セルB，C，D の部分に現れている影をつけたところは，影が濃いほどレーダーエコー強度が強くなることを示す。

（下）　地上の降水強度，単位は mm/hr。ひょうの降った時刻が矢印で示されている。

ルを $-V_\mathrm{p}$ と表せば，自己増殖で新しい雷雨細胞A が発生する向きは V_p となり（下層で暖気が流入する向きと逆向きに新しいセルが発生する），多細胞雷雨全体の動きは $V_\mathrm{s}=V_\mathrm{c}+V_\mathrm{p}$ の方向に移動するように見える。

　細胞A のうしろにある細胞B は，これより前に世代交代で生じた細胞であり，断面をとった時刻には発達期の細胞になっていて，細胞の中は上昇流で占められている。雲の中に降水粒子はできているが，地上に落下するまでになっていない。細胞B のうしろにある細胞C は，世代としてはB よりさらに一つ前に生じた細胞である。成熟期の細胞になっていて，細胞の中の上層では上昇流，下層では下降流が卓越している。細胞C のところでは，強い下降流であるダウンバーストとひょうを含めた強い降雨がある。図の白丸で示した曲線は，雲底で生じた雲粒がしだいに氷晶やあられになり，その後ひょうになって落下するまでの軌跡を示している。細胞C より一つ前の世代の細胞D は，衰弱期にある細胞で，この中には上昇流はなく，全体が下降流であり，降雨は弱い。

　図 12.7 で示されている複数の細胞からなる雷雨全体の気流は，中層の一

般風で流される雷雨の移動分を除いて，雷雨とともに動きながら見たものが描かれている。雷雨の進行方向の前面では下層で雷雨に湿った暖気が流入し，細胞A〜Cにかけて上昇して雷雨全体の上層で後ろ側に流れ出る。雷雨全体の後ろ側の中層に乾いた空気が雷雨に流れ込み，この空気が細胞DやCの雲の上方から落ちてくる降水粒子によって，摩擦で引きずり落とされる効果と，降水粒子の一部が蒸発して潜熱を奪われ冷却する効果で，広い範囲にわたって下降気流をもたらす。この下降気流が，地表面近くで水平に広がり，冷気外出流となり，ガストフロントをもたらし，先に述べた細胞Aを生み出す。図の気流は断面図の中だけでなく，断面に流れ込む気流や出て行く気流もあり，3次元的である。図の破線で示した気流は主に断面から向こう側に流れ出す部分，実線で示した気流は断面から手前側に流れ出す部分を示している。

組織化された多細胞雷雨では，図の雷雨細胞A〜Dが次々と世代交代して，普通の雷雨細胞よりスケールが大きく寿命が長続きする。雷雨全体としては，先に述べたベクトル $V_s = V_c + V_p$ の方向に移動するが，ベクトル V_c と V_p の向きが逆の場合には，成熟期や衰退期のセルからの冷気外出流により，中層の一般風による移動方向とは反対の風上側に新たな雷雨細胞が生まれる。このメカニズムで線状の多細胞雷雨が生じる場合は，バックビルディング型と呼ばれる。一般風の後方からの下層暖湿流により，積乱雲が次々と発生して立ち並ぶ様子を，ビルディングの乱立に例えて，このように名付けられている。豪雨をもたらす線状の降水の多くはこのタイプで発生するが，降水帯の先端だけではなく側方からも積乱雲が湧き出す現象も観測され，このタイプはバックアンドサイドビルディング型と名付けられている。いずれの場合でも，移動速度が遅く，降水強度が強いときは集中豪雨をもたらす。

(3) スコールライン……組織化された多細胞雷雨が，何kmにもわたって線状に広がるものを，スコールラインあるいは降水バンドという。ふつう，その線状の直角方向に移動し，移動速度が速いものをスコールライン，遅いものを降水バンドと呼ぶことが多い。

スコールラインは，熱帯でも中緯度帯でも発生する。中緯度帯では寒冷前線にほぼ沿って発生する場合や寒冷前線の100〜300km前方の暖気内に発生する場合がある。寒冷前線に先行して発生するものは，通過時に激しい突風，気圧の急上昇，気温の急激な低下などの特徴が顕著である。図12.8に，前線に先行して九州の北西海上に発生した降水バンドが，東南東の方向に移動する例を気象レーダーのエコー分布で示す。また図10.8に示した台風の

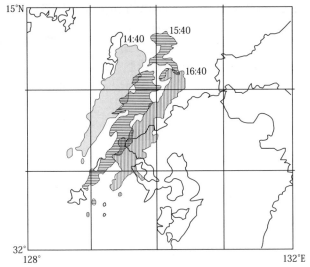

図 12.8 気象レーダーで観測した降水バンドの 1 時間ごとのエコー
分布。エコーの上部に時刻を示す。(小倉, 1984 を一部修正)

スパイラル・バンドも，多くの降水バンドから生じている例である。

　なお，スコールラインや降水バンドの区別なく，レーダーエコーの形状に
着目して，次々と発生・発達した雨雲（積乱雲）が列をなして，数時間にわ
たってほぼ同じ場所を通過・停滞し，線状に伸びる強い雨域をもたらすもの
を予報用語として線状降水帯と呼ぶ。

12.7　中規模対流系

　積乱雲は複数個が集まって，大きなスケールの集団となって現れることが多
い。前節で述べた多細胞型雷雨はその一つである。多細胞型雷雨を気象衛星の
雲画像で見ると，これをつくっている複数個の積乱雲の雲頂から流れ出たかな
とこ雲が一つになって，大きな雲の塊に見える。数十 km から数百 km のス
ケールで現れる雲の塊は，雲クラスター（クラウドクラスター）と呼ばれる。
雲クラスターは，熱帯地方にひんぱんに現れるが，温帯低気圧の中心付近の温
暖前線や寒冷前線に沿っても発生する。また，梅雨前線のような規模の大きな
停滞前線に沿っても発生する。このような雲クラスターは，積乱雲の階層構造
を持った対流系であることが多い。これを中規模対流系と呼ぶ。

　図 12.9 は中規模対流系の階層構造を模式的に示したものである。たとえば，

東西に数千 km に伸びた総観スケールの梅雨前線が生じ，その帯状の雲域の中に小低気圧が発生し，これに伴う雲クラスターが見られる場合がある。小低気圧のスケールは 200〜2000 km 程度で，このスケールを，気象学の専門用語としてメソ α スケールと呼ぶ。図の(a)で示された梅雨前線の雲域の中にいくつかの雲クラスター群がメソ α スケールの小低気圧により発生したものである。この雲クラスターのそれぞれには，ふつう 20〜200 km のスケール（メソ β スケール）の雲クラスターが図(b)のように複数個列状に並んでいる。衛星の雲画像からは，メソ β スケールの雲クラスターを区別できる場合と，かなとこ雲が重なって区別できない場合とがある。図(c)は，(b)の中の一つのメソ β スケールの雲クラスターを示したもので，これはふつう組織化された多細胞雷雨で構成されている。メソ β スケールの雲クラスターの具体例としては，図 12.10 の雲画像に示した人参状雲である。この雲クラスターは，形が人参に似ていることから名付けられたもので，

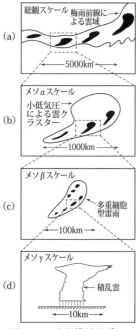

図 12.9　中規模対流系の
階層構造の模式図

テーパリングクラウドとも呼ばれている。この画像では伊豆半島の南約 300 km のところに先端を持ち，北東方向にかなとこ雲の広がりとして見られる。

　図の(d)は，メソ β スケールの雲クラスターの中に複数個含まれる 2〜20 km のスケール（メソ γ スケール）の積乱雲の一つが示されている。このようにメソ γ スケールの積乱雲からメソ α スケールの小低気圧まで，異なる対流系が相互に関連しあって，梅雨前線という大きなスケールの現象を生じている。中規模対流の動きが遅い場合やほとんど停滞している場合には，集中豪雨のような激しい降水現象をもたらす。

12.8　竜　　巻

　竜巻は，大きな積乱雲の雲底から地面に向かってのびる，細長い空気の渦巻である。アメリカやオーストラリアで起こる竜巻はトルネードと呼ぶ。竜巻はごく狭い範囲を猛烈な速度で回転するので，回転の遠心力と気圧傾度力が釣りあう旋衡風平衡が成り立っている（第 2.11 節）。その中心の気圧は周辺より

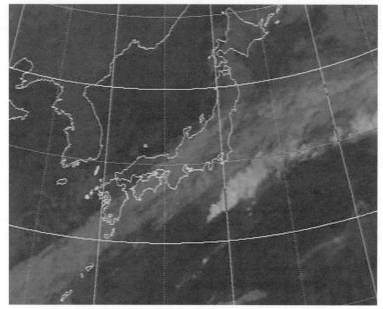

図12.10　赤外画像に見られた人参状雲（2000年11月3日9時）

数10 hPa 低くなっているので，竜巻に吸い寄せられた空気は，この異常に低い気圧のために断熱膨張し，冷やされて雲が生じる。この結果，図12.11 に示すような，ろうと（漏斗）状の雲として竜巻を見ることができる。上ほど気圧が低く，凝結が早く起こるので，ろうと雲は上から下がってくるように見える。竜巻と性質は同じものであるが，竜巻より風速が弱く，ろうと雲を伴わないものは旋風という。

　竜巻の直径はさまざまで，多くは100〜600 m であるが，小さいものでは数 m 程度のものもあり，トルネードでは1600 m を超えるものもある。竜巻の寿命は数分から10分程度で，移動距離は数 km であるが，トルネードでは数時間続き，数百 km の距離を移動した例もある。世界の多くの場所で発生しているが，日本での発生数は年間約20個程度であり，アメリカでは年間約800個程度である。国土の広さ（約

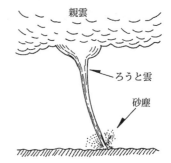

図12.11　竜巻に伴うろうと（漏斗）状の雲

25 倍）を考慮するとそれほどちがいはない。日本では南西諸島や南関東平野で多いが，アメリカでは特にオクラホマ州など中央高原地帯がトルネードの発生しやすい地域である。

　竜巻は，寒冷前線や台風に伴って発生する巨大細胞型雷雨のフックエコーの付近に起こることが多い。巨大細胞型雷雨は全体が反時計回りに回転していることが多く，この回転による空気の渦巻きが雷雨の上昇流の強いフックエコー付近に吸い込まれて，雷雨より規模の小さい鉛直に伸びたメソサイクロンと呼ぶ渦巻きをつくる（第 12.5 節）。このメソサイクロンは角運動量保存則（第 6.10 節コラム 5）により，最初に雷雨全体を回る気流の回転半径からメソサイクロンの渦巻きの半径まで小さくなるとき，回転半径に反比例して，回転速度も一段と大きくなる。この気流が，中心で急速に上昇し，空気が膨張して温度が下がり，十分湿っていれば凝結してろうと雲が生じる。

　竜巻による風は，地上で起こる風のうちで，最も強烈なものであり，風速 $100\,\mathrm{ms^{-1}}$ を超えることも多い。竜巻の通り道にあたった建物などでは著しい被害が生じる。竜巻の水平スケールから考えて，現在の測器の配置から，竜巻の風速や気圧を観測するのは困難である。このため，竜巻の強さは，1971 年に考案された藤田スケール（略して F スケール）と呼ばれる 6 階級の風速階級が用いられてきた。これは米国で考案されたもので，日本の建築物等の被害に対応していないこと，被害の指標が 9 種類と限られていること，幅を持った大まかな風速にしか対応していないことなど問題点が含まれていた。現在，日本では藤田スケールを改良し，より精度の良い「日本版改良藤田スケール（JEF スケール，Japanese Enhanced Fujita scale の略称）」を用いている。このスケールの概略は表 12.1 に示されている。JEF スケールでは被害指標が住家や自動車等が種別ごとに細分され，日本でよく見られる自動販売機や墓石等を加えた 30 種類に増やされている。また，風速の平均時間も JEF スケールではアメダスの瞬間風速値と同じ 3 秒に統一されている。

表 12.1　竜巻の風速階級を表す JEF スケール （気象庁，2015 年）

階級	風速の範囲 （3 秒平均）	主な被害の状況の抜粋
JEF 0	25〜38 m/s	木造住宅が目視でわかる程度の被害が発生。物置や自動販売機が移動・横転。鉄筋なしブロック塀の損壊・倒壊。
JEF 1	39〜52 m/s	木造住宅の広い範囲の屋根ふき材の浮上・はく離。軽自動車や普通自動車が横転。通常走行中の鉄道車両が転覆。地上広告板の柱の傾斜・変形，道路交通標識の支柱の傾倒・倒壊。鉄筋ありブロック塀の損壊・倒壊。
JEF 2	53〜66 m/s	木造住宅の壁が損傷，構成部材が損壊・飛散。鉄骨造倉庫の屋根が浮上・飛散。普通自動車や大型自動車が横転。鉄筋コンクリート製電柱の折損，控壁のあるブロック塀の倒壊。
JEF 3	67〜80 m/s	木造住宅の上部構造の著しい変形と倒壊。鉄骨系プレハブ住宅の屋根軒先・野地板が破損・飛散。工場・倉庫の大規模な庇の屋根ふき材のはく離・脱落。鉄骨造倉庫の外壁材が浮上・飛散。アスファルトのはく離・飛散。
JEF 4	81〜94 m/s	工場・倉庫の大規模な庇の屋根ふき材のはく離・脱落。
JEF 5	95 m/s〜	鉄骨系プレハブ住宅・鉄骨造倉庫の上部構造の変形・倒壊。鉄筋コンクリート造集合住宅のベランダ手すりが風圧で変形・脱落。

第3部　天気の判断

　第2部では，天気の変化に関係するいろいろな気象現象について，発生する
しくみや構造を述べた。このような気象現象の存在する場所やその移動・発達
の様子が前もってわかれば，第2部の知識を使って天気の判断ができる。この
とき，天気を構成する気象現象について知る材料は，天気図である。第13章
では，比較的手に入りやすい各種の天気図について，数値モデルによる作成方
法，入手のしかた，見かたを述べる。また，第14章では，日本付近の天気図
に現れやすい気圧配置の型と，これに伴う天気の特徴について述べる。

　気象庁では各種の予報や警報を発表している。これらは，気象の専門家が，
豊富な資料を用いて実況天気図や予想天気図を解釈したものである。自分で入
手した天気図を判断するときには，気象庁の予報や警報を参考にするのが適切
である。第15章では気象庁が発表する予報・警報のあらましについて述べる。

第13章　天　気　図

13.1　天気図の放送

　天気図を作成するには，世界中で同時に観測した結果を，短時間のうちに予報中枢に集める必要がある。この目的のため，世界中の気象台や船舶では，協定世界時（UTC; Universal Time Coordinated の略）の，0時から3時間（または6時間）ごとに地上気象観測を行い，0時と12時に上層気象観測を行っている。

　観測結果は，まず，それぞれの国の中枢に集められ，さらに，そこから世界の地域センターに送られる。東京の気象庁予報部は，わが国の中枢であり，アジア極東地区の地域センターでもある。地域センター間でデータが交換されると，地域センターには世界中の観測資料が集まり，天気図作成の基本的な資料になる。一方，地域センターに集められた世界中のデータは，ふたたび，すみやかに各国へ配布される。

　中枢では，集めたデータを天気図に記入して，等圧線（または等高線）や前線などを描く。このような作業を，天気図解析または総観解析という。上層天気図については，太平洋など観測点の少ない洋上の上層観測地点の資料だけでは十分な解析ができない。このため，航空機や気象衛星の観測資料も集められ，解析に用いられる。さらに，第13.6.1節で述べる数値予報の精度が良くなったことから，数値予報の6時間予報値が天気図解析の基礎データに用いられている。天気図解析については，第13.5.3節で詳しく述べる。中枢では，集めた観測データと解析した結果を，地方の気象台や船舶・航空などの利用者，民間で気象業務を行う者，さらに，一般の利用者にも有線・無線通信で通報している。現在，わが国の気象通報のうち，主に次のものが受信できる。

(1)　気象無線模写通報（模写通報）……JMH というコールサインの無線ファクシミリ放送で，必要な受信装置を用意すれば誰でも受信できる。東アジア，北西太平洋とこれらの周辺地域の，気象や海象に関する各種の天気図類が放送される。従来から，国内・国外の気象業務を行う機関と，船舶・航空などの利用者を対象とした通報手段であり，利用するにはやや専門的な知識が必要である。通報スケジュールは気象庁のインターネットのホームページ（下記）に掲載されている。第13.5節で，主な天気図について解説する。

　なお，JMH の中の気象衛星で観測した雲画像は，利用者が必要な受信設備を用意すれば，気象衛星経由で配信される気象衛星無線通報でも直接受信できる。ただし，受信には電波法の手続きが必要であるため，気象庁に届け出を行なわなければならない。

(2)　気象庁のインターネットのホームページ（https://www.jma.go.jp/jma/）……気象・海洋・地震火山などに関する気象庁が作成したさまざまな情報が掲載されている。特に，日本国内の気象災害の予防軽減につながる観測や予報の天気図などが充実している。このホームページから JMH で通報されている天気図も得ることができる。第15.1節で述べる気象庁発表の予報や警報のほとんどはこのホームページから入手できる。

(3)　ラジオ気象通報……日本放送協会（NHK）のラジオ第2放送で放送されるもので，特別な受信装置を必要としない。放送内容については第13.3節で述べる。このほか新聞やテレビでは，ラジオ気象通報より日本付近だけに限定した簡単な地上天気図が利用できる。この天気図は，速報天気図と呼ばれ，ラジオ気象通報を聞いて，自分で天気図を描くときに参考になる。

(4)　気象業務支援センターを経由した配信……一般財団法人気象業務支援センターは，国内で気象業務を行う民間気象事業者，報道機関などの利用者向けに，気象庁が提供する気象データの分岐配信を委託されている。ここから気象庁が作成した天気予報，警報や注意報，気象情報，天気図，数値予報資料など，ほとんどのデータが即時的にオンラインやファックスなどで入手できる。配信内容は一番充実しているが，気象業務支援センターと配信サービス契約を行い，必要経費を支払う必要がある。配信データの種類，契約の手続き，配信経費などについては，気象業務支援センターのホームページ（https://www.jmbsc.or.jp/）に掲載されている。

13.2　国際気象通報式

　気象台や船舶などが観測した結果を中枢に送ったり，中枢が集めたデータやこれをもとに天気図解析したものを利用者に通報するときには，国際的に定められた一定の形式（フォーマット）が用いられる。これを国際気象通報式という。地上観測，上層観測，解析結果などにさまざまな通報形式が定められている。大きく分類すれば，文字（A/N，英数字）形式，バイナリーデータ形式，ファイル形式（ファックス図）である。

　文字形式の通報は，すべて5個の数字が1組になった群からできている。詳細は専門書にゆずるが，たとえば，船舶の観測値を通報する型式は

D...D YYGGi$_w$ 99L$_a$L$_a$L$_a$ Q$_c$L$_o$L$_o$L$_o$L$_o$ i$_R$i$_x$hVV Nddff 00fff 1s$_n$TTT 2s$_n$T$_d$T$_d$T$_d$
4PPPP 5appp 7wwW$_1$W$_2$ 8N$_h$C$_L$C$_M$C$_H$ 222D$_s$V$_s$ （以下省略）

と表される。この符号のそれぞれに，あてはまる観測値やこれに相当する符号
数値を入れれば通報文になる。

　近年は，第5章で述べた観測機器，処理装置，通信網の性能向上で，観測
データやこれらの解析処理データは，デジタルデータとして膨大な量が扱われ
ている。また第13.6節で述べる数値予報で作成される実況天気図や予報天気
図も，数値予報モデルの高度化により出力される格子点値（GPV; Grid Point
Value の略）も膨大な量になっている。これらのデータの通報にはバイナリー
データ形式がとられている。バイナリーデータを図として描画したデータは
ファイル形式（ファックス図）になっている。これらのデータ形式の詳細は，
気象庁のホームページに掲載されている情報総覧資料，または気象業務支援セ
ンターの配信資料手引書に記述されている。

13.3　ラジオ気象通報

　簡単な天気図を入手するには，新聞やインターネットを利用する方法がある。
特に戸外で地上天気図の基になる観測データも含めて簡便に入手するには，日
本放送協会（NHK）のラジオ第2放送によるラジオ気象通報がある。この放
送を聞いて，自分で天気図を描くのが便利である。ラジオ気象通報は，1日1
回，12時の気象観測結果をもとにして，16時から20分間放送される。この
通報は，もともとラジオ電波が届く海域で操業する漁船の安全のために放送が
始まったため，漁業気象通報とも呼ばれている。ここでは放送内容と，これを
用いたラジオ天気図の描き方の概略について述べる。

13.3.1　漁業気象通報

　放送は，(1) 各地の天気，(2) 船舶の報告，(3) 漁業気象の順序に行われ
る。これらの内容は次のとおりである。

(1)　各地の天気……国内・国外の約50地点で観測した風向・風力，天気，
　気圧，気温を放送する。あらかじめ決められた地点の観測値がない場合は，
　近くの予備の地点の観測値を放送する。

(2)　船舶の報告……洋上を航行する船舶が観測し，通報したものを放送する。
　観測した場所の海域名と緯度・経度，風向・風力，天気，気圧の順に放送す
　る。気温の放送はない。

(3)　漁業気象……この部分で放送するのは，気象庁が豊富な資料をもとに天
　気図を解析した結果である。低気圧・高気圧の位置，中心気圧，進行方向や

速度，前線の位置，日本付近を通る代表的な等圧線の位置などを放送する。強風や濃霧が発生しているときには，海域名または緯度・経度を用いて，発生場所の範囲を放送する。特に，台風と発達した低気圧については，中心位置や暴風・強風が吹いている範囲のほかに，12時間後および24時間後に，台風などの中心が進むと予想される範囲を放送する。

13.3.2　天気図への記入

ラジオ気象通報で聞いた内容は，次のようにして天気図に記入する。記入に先だって，天気図用の白地図を用意しなければならない。市販の白地図には，あらかじめ放送地点を記入したものがある。

「各地の天気」と「船舶の報告」のところで放送する観測値は，図13.1に示した記入方式を用いて天気図に記入する。この方式は，ラジオ天気図や速報天気図などで用いられ，日本国内だけで通用するので，「日本式」と呼ばれている。これに対して，世界共通の「国際式」と呼ばれる記入方式もあり，これは第13.5節で説明する。

(1)　風向……地点を表す円（これを地点円と呼ぶ）から風が吹いてくる方向に線を引く。風向は，等圧線を引くときにも気圧と風の関係（第2.14節）が大切な役目をする。

(2)　風力……もともと，気象台や船舶の観測値はノットで報告されるが，ラジオ気象通報では，これを風力階級に換算して放送する。風力と風速の関係は，表5.1に一部が抜粋して載せられている。表5.1の中の記号が示すように，矢羽根は風力の数だけ記入する。風力が1から6までの場合は，風を背にして北半球では左側（南半球では右側）につけ，風力7以上の場合は，残りを右側につける。記入が混みいったところでは，矢羽根は地点円から離して記入してもよい。「風弱く」と放送されたときは，風力が0であるから，天気図には，風向・風力ともに記入しない。

(3)　天気……放送された天気は，図13.2の記号を用いて，北が上になるように地点円の中に記入する。「日本式」の記入方式には，天気が不明の場合を含めて21種類の記号がある。

図13.1　ラジオ天気図の記入形式（日本式）

記号	○ ① ① ◎ ● ●ッ ●゠ ●ょ ⊗ ⊗ッ ⊗゠ ◁ ▽ △ ▲ ▽ ▽ッ ⊙ ∞ Ⓢ ⑤ ⊕ ⊗
天気	快晴　晴　曇　雨　強雨　にわか雨　霧雨　雪　強雪　にわか雪　みぞれ　あられ　ひょう　雷　雷強し　煙霧　ちり煙霧　砂じんあらし　地ふぶき　天気不明

図13.2　天気記号（日本式）

（4）　気圧と気温……気圧はヘクトパスカル（hPa）単位で，気温は度（℃）単位で，放送する。気圧は 1000 hPa 前後の値なので，たとえば 1015 hPa を 15 hPa のように，下2桁だけ放送することが多い。天気図には，図 13.1 に示すように，地点円の右下に気圧の下2桁の数字を，地点円の左上に気温のそのままの値を記入する。

「漁業気象」のところで放送される内容は，天気を判断するときに大切なものが多い。記入するときには，表 13.1 に示した天気図解析記号を用いる。すでに記入してある各地の天気と重なることが多いので，表 13.1 で示した色鉛筆を用いて記入すると見やすくなる。低気圧や高気圧の中心位置には X 印をつけ，その横に「低」や「高」の記号を書き，近くに中心気圧の値を記入する。

表 13.1　天気図解析記号

	記　　号	色別		記　　号	色別
地上の温暖前線	●‿●‿●‿	赤	最大風速 17.2ms⁻¹ 未満の熱帯低気圧の中心	TDまたは熱低（日本式） TD（国際式）	赤
上空の温暖前線	‿‿‿				
発生中の温暖前線	●‿●_●‿		台風の中心	Tまたは台（日本式） TS, STS, T（国際式）	
解消中の温暖前線	●_●‿_●‿				
地上の寒冷前線	▲▲▲	青	高気圧の中心	Hまたは高（日本式） H（国際式）	青
上空の寒冷前線	△△△				
発生中の寒冷前線	▲▲_▲		温帯低気圧の中心	Lまたは低（日本式） L（国際式）	赤
解消中の寒冷前線	▲_▲_▲				
地上の停滞前線	●▲‿▲●‿	赤青交互	降雨（降雪）区域		緑
			連続的	影または綾目 ●，，または＊印をちりばめる	
地上の閉塞前線	●▲●▲	紫	断続的	斜線 ●，，または＊印をちりばめる	
気圧の谷の軸	―――	黒			
気圧の尾根の軸	∧∧∧∧		霧の区域	影	黄
			しゅう雨の区域	▽印をちりばめる	
			雷電の区域	Ｒ印をちりばめる	

熱帯低気圧の記号は，日本の分類にしたがって「熱低」と「台」の二つである。進行方向は中心から矢印で示し，速度を矢印の先に書く。

13.3.3　等圧線の引き方

「各地の天気」や「漁業気象」の記入が終われば，次に等圧線を引いて天気図を仕上げる。ふつう海上などの資料が少ないところは，放送されたデータだけで等圧線を引くのは難しいので，前の時刻の天気図を見ながら引くのがよい。はじめて天気図を描くときは，最新の新聞天気図を参考にするとよい。

放送を聞いて記入した各地の天気などは，観測，報告，放送，記入など，いくつもの段階を通るので，どこかで誤りの生じる可能性がある。緯度・経度の10度のちがいは，起こりやすい誤りの一つである。記入値がすべて正しいとは限らないので，前の時刻の天気図から，全体が極端に変化しないように注意する。

等圧線は，ふつう1000 hPaを基準に，4 hPaごとに引く。はじめに，放送で位置が示された特定の等圧線を引く。この等圧線の位置は，度単位の緯度・経度で示されるので，天気図上では0.5度くらいまでずれて描いてもよい。引こうとする等圧線の気圧と，各地の気圧が同じであることは少ないので，各地の気圧を比例配分して，等圧線の位置を推定する。次に，特定の等圧線の両隣を引き，このとき，すでに引いてある等圧線も修正する。このようにして，つぎつぎに等圧線を仕上げていくが，等圧線は気圧だけでなく，第2.14節でも述べた関係を用いて，風向・風力も参考にして引く。すなわち，地上風は気圧の高い方から低い方へ，等圧線と風向がふつう30°程度の角度をなして吹く。この角度は，陸上で大きく海上で小さい。また低緯度で大きく高緯度で小さい。ただし，陸上では地形が影響して，必ずしもこの関係が使えないこともある。

放送では前線の位置も放送するので，風向・風速，気温を参考に前線を引く。また，前線付近の等圧線は，気圧が低い方を包むように，折れ曲がるように引く（第7.3節）。そのほかのところの等圧線は，なめらかな曲線であることに注意する。

13.3.4　台風予報の記入

「漁業気象」の放送は，もともと電波が届く範囲で操業している小型漁船の安全のために放送している。このため，台風が発生しているときには，天気図上に入らなくても，まず台風のことから放送する。天気図に入らない場合には，余白に記入しておく。

台風について放送する内容は，台風が存在する海域名，中心の緯度・経度（温帯低気圧や高気圧などの場合とちがって，分の単位まで詳しく放送する），

中心気圧，台風の規模，台風番号，進行方向・速度，中心付近の最大風速，風速 25 ms^{-1} 以上の暴風域の範囲，風速 15 ms^{-1} 以上の強風域の範囲，および 12 時間後と 24 時間後の進路予報である。台風の規模は，表 13.2 の階級の列に示された，大きさと強さを組みあわせて表す。大きさは，強風域の広さで 3 階級に分けられ，強さは，中心付近の最大風速で 4 階級に分けられている。

　台風番号は，その年に発生した順序でつけた通し番号である。西暦年号の下 2 桁と，台風番号の 2 桁を組みあわせた表し方もある。たとえば，2010 年の台風第 9 号は，台風 1009 号となる。なお，台風の影響を受ける国では，それぞれの国が独自の呼び名や番号をつけているが，国際的には日本の台風番号を共通番号に，呼び名には西太平洋域の各国の合意で決められた 140 個の名前を順に用いることになっている。日本からは，昔から船乗りに馴染みのあった，てんびん，やぎ，うさぎなど 10 個の星座の名前を登録している。

　台風の進路予報は，海上の船舶が，台風を避けて，どこへ避難するか判断するために，大切な放送内容である。現在，気象庁では第 13.6.1 節で述べる数値予報の方法などで，5 日先までの台風の進路予報を行っている。しかし，台風の進路予報には，まだかなりの誤差が含まれる。これは台風のメカニズムを十分に表現できる数値予報モデルが完成していないことや，熱帯域のデータが少ないことが原因である。このため，台風の進路予報では，台風の中心が進む可能性の大きい範囲を円で表す。この円を予報円という。予報円の大きさは，予報時刻に，台風の中心がその中に入る確率が 70% になるように決められている。放送では，円の中心位置と半径が示される。

表 13.2　台風の大きさと強さの分類

(a) 大きさの階級分け

階　　級	風速 15 ms^{-1} 以上の強風域の半径
	500 km 未満
大　型（大きい）	500 km 以上〜800 km 未満
超大型（非常に大きい）	800 km 以上

(b) 強さの階級分け

階　　級	最　大　風　速
	33 ms^{-1}（64 kt）未満
強　　い	33 ms^{-1}（64 kt）以上〜44 ms^{-1}（85 kt）未満
非常に強い	44 ms^{-1}（85kt）以上〜54 ms^{-1}（105kt）未満
猛　烈　な	54 ms^{-1}（105 kt）以上

天気図には，黄色を用いて，予報円を破線で描き，台風中心と予報円の接線を実線で結ぶ。台風の過去の経路もあわせて描いておくと，今までの台風の動きがよくわかる。ふつう12時間後と24時間後の予報円が放送されるが，速度が遅く，予報円が重なるような場合や，方向・速度に大きな変化が予想されない場合は，12時間後の予報円は省かれる。

　なお，発達した温帯低気圧についても，12時間後と24時間後の低気圧の中心位置を，台風の場合と同じように，予報円を用いて放送する。

13.4　天気図の見かた

　ラジオ気象通報の天気図を描き終えたら，第1部や第2部で学んだ知識をもとに，現在の大気の状態を理解する。このとき，天気図に描いた各地の天気，風，雨などの分布が，高気圧，低気圧，前線，等圧線などから，矛盾なく説明できるかどうか検討する。特に，天気図上で色を塗った，降水，雷，霧などの悪天の地域を注意して見ることが大切である。ふつう前線付近は悪天となっていて，活発な前線ほど雨や風が強い。しかし，悪天がまとまっているところが，いつでも前線とは限らない。前線や低気圧が発生する前には，まず雲や降水が現れることに注意が必要である。

　毎日の天気図をながめていると，季節によって同じような天気図が現れることが多く，それに伴う天気現象も似ていることが多い。このため，天気を判断するには，過去の類似した天気図と比較する方法がある。季節ごとに現れやすい気圧配置型と，その天気の特徴については，第14章で述べる。

　新しく描いた天気図と，前の時刻に描いた天気図を比べてみれば，低気圧や前線がどのように移動しているのか，およその見当がつく。今後12〜24時間ぐらいで，過去の移動の傾向が大きく変化することは少ないので，これまでの移動の経路を将来にのばして，今後の天気を判断できる。このような方法は，補外法あるいは外挿法と呼ばれる。低気圧は，位置ばかりでなく，発達についても補外法で予想できる。すなわち，過去の低気圧の中心気圧の下がり方や，低気圧を囲む特定の等圧線（たとえば1000 hPa）の広がり方を見て，低気圧の発達の見当がつけられる。図13.3は，補外法を用いて，低気圧の位置と発達を予想する方法を示したものである。

13.5　ファクシミリ天気図

　無線ファクシミリ放送の受信装置やインターネットに接続できる環境があれば，自分で天気図を描かなくても，比較的早く，気象庁の模写通報の詳しい天

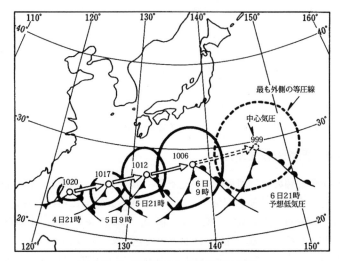

図 13.3　補外法による低気圧の予想
4日21時から6日9時までの低気圧の移動と発達から6日21時の低気圧を予想

気図が手に入る。この通報はファイル形式（ファックス図）であり，地上天気図と上層天気図や，これらの予想図，および静止気象衛星による雲画像図もある。また，海水温，波浪，海氷など，海象の解析・予想図もある。

　なお，外国の気象機関も無線ファクシミリ放送やインターネットによる天気図の通報を行っている。放送内容の表現方法は，日本のものと異なる場合もあるが，主な図は，次に述べる日本の模写通報のものとほぼ同じである。

　ファクシミリ天気図には，それぞれ内容を表す符号がついている。これは冒頭符号という。放送スケジュールは冒頭符号を用いて書いてある。冒頭符号は

　　　TTAA（ii）CCCC YYGGgg

の形式で表される。ここで，TT は図の種類を表し，AA は地域を表す。たとえば，TT で AS は地上解析，AU は上層解析，FS は地上予想，FU は上層予想，WT は台風警報，CS は地上平均，などを表す。AA で AS はアジア，FE は極東，JP は日本，XN は北半球，などを表す。ii は，資料が二つ以上ある場合に，これを区別するために付け加える数字や記号である。たとえば，300 hPa と 500 hPa をまとめて PQ 35，700 hPa と 850 hPa をまとめて PQ 78 と表す。また，予想天気図の24時間予想と48時間予想を区別する場合には，02 と 04 を用いる。CCCC は，ファクシミリ天気図を作成する中枢機関の国際符号である。気象庁の模写通報では JMH である。

　YYGGgg は，協定世界時による日，時，分を表す。模写通報は国際放送であるから，協定世界時が用いられる。日本の時刻に直すときは9時間を加えればよい。

　ファクシミリ天気図のうち，天気の判断に用いると便利な実況天気図には次のようなものがある。

13.5.1　アジア地上天気図

　アジア太平洋地域の，代表的な観測結果と解析結果を記入した天気図であり，冒頭符号は ASAS である。国際的な定時観測時刻の協定世界時0時から，6時間ごとの天気図が放送される。図13.4は ASAS の実例を示す。各地の気象要素は，図13.5(a)に示すような，「国際式」の記入方式で記入されている。「国際式」は，図13.2に示した「日本式」よりやや複雑であるが，ASAS の内容が理解できる程度にこの記入方式に慣れている必要がある。記入の要点は次のとおりである。詳細については専門書にゆずる。

(1)　風向・風速……風向は，360°を10°ごとに分割した，36方位で表す。風速は矢羽根を用いて5ノット単位で表す。短い矢羽根は5ノット，長い矢羽根は10ノット，旗矢羽根（ペナント）は50ノットを表し，これらを組みあわせて，5ノットごとの風速を表すことができる。たとえば，図13.5(a)では15ノット，図13.5(b)では65ノットである。静穏な場合は，地点円の外側に同心円を描く。

(2)　天気……現在天気は，定時観測時刻の天気である。これは雨，雪，霧など約10種類の基本的な記号に，｜や　］などの記号をつけ加えたり，記号の並び方に意味を持たせたりして，100種類の天気記号になっている。図13.2の日本式と共通なものもあるが，全体の記号を付表2に示す。

　　｜の記号が左側につくと，過去1時間に現象が強くなったことを示し，右側につくと，過去1時間に現象が弱くなったことを示す。　］の記号が右側についたときは，その現象が過去1時間以内に終わったことを示す。二つの現象が同時に起こっているときは，たとえば，⁂がみぞれを表すように，現象の記号を縦に並べる。同じ記号を縦に並べるときは，現象の強さを示し，同じ記号を横に並べるときは，現象が連続していることを示す。

　　過去天気は，定時観測時刻より前3時間の天気を表し，現在天気の記号のうち，主なものが用いられる。コードと記号を付表2の右端に示す。

(3)　気温，露点温度……摂氏の度単位で表す。

(4)　雲……全雲量は雲形に関係なく，全天をおおっている雲の量である。図13.6に示す雲量に比例して塗りつぶした記号を，地点円の中に記入する。

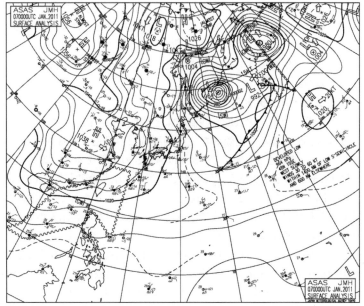

図 13.4 アジア地上天気図（ASAS）

2011 年 1 月 7 日 00 UTC

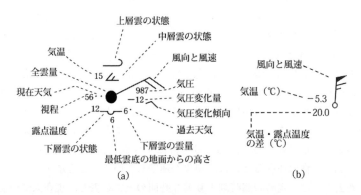

図 13.5 ファクシミリ天気図の記入形式（国際式）

(a) 地上 (b) 上層

雲量 (10分量)	なし (雲が ない)	1以下 (0で ない)	2〜3	4	5	6	7〜8	9〜10 (隙間 あり)	10 (隙間 あり)	不明
雲量 (8分量)	なし	1以下	2	3	4	5	6	7	8	不明
記号	○	①	◔	◑	◐	◒	◕	◑	●	⊗

図 13.6　全雲量の記号（国際式）

主な雲	巻雲	巻層雲	巻積雲	高層雲	高積雲	層積雲	乱層雲	積雲	雄大積雲	積乱雲	層積雲—断片	層雲
記号	⌒	∟	⌇	∠	～	⌣	⫽	⌓	△	⌂	---	─

図 13.7　主な雲形記号（国際式）

下層雲の雲量には，下層雲の雲量を示すが，下層雲がない場合には中層雲の雲量を示す。雲の状態は，下層雲，中層雲，上層雲の状態のそれぞれを 10 種類に分類して記号で表す。主な記号を図 13.7 に示す。最低雲底の高さは数字コードで示す。

(5)　気圧，気圧変化……気圧は海面更正した値を 0.1 hPa 単位の下 3 桁分だけを示す。たとえば，987 は 998.7 hPa を意味する。等圧線が描かれるので気圧の記入は省略されることが多い。気圧変化量は，定時観測時刻の気圧から 3 時間前の気圧を引いた数値を，0.1 hPa 単位で記入する。マイナスは，気圧が下がったことを示す。気圧変化傾向は，定時観測時刻から前 3 時間に気圧が変化した状態を記号で表す。記号の線が水平ならば変化なし，右上に上がっていれば気圧が上昇中，右下に下がっていれば気圧が下降中であることを示す。記号の記入がない場合は，変化が一定であることを示す。

(6)　視程……km を単位として数字符号で示す。

高気圧，低気圧，前線などの解析結果は，表 13.1 の記号を用いて表す。熱帯低気圧には，表 10.1 に示した 4 種類の国際分類が用いられる。進行速度はノット単位で表す。

第 15.10 節で述べる，暴風，強風，濃霧などの全般海上警報が発表されているときは，これらの警報も記入される。警報にあてはまる海域を示し，表 15.5 に示す警報の記号が記入される。台風と発達した温帯低気圧については，予報円も図示される。

13.5.2　上層天気図

　地上天気図に現れる低気圧や高気圧は，一見同じように見えても立体的な構造が異なることがある。大気の構造を正確に理解するには上層天気図も欠かせない。模写通報では，協定世界時の0時と12時の，850 hPa（AUAS 85），700 hPa（AUAS 70），500 hPa（AUAS 50）などの上層天気図を放送する。

　上層天気図には，等圧面の高度・気温・湿度の解析結果と，主要な地点の観測値が記入されている。図13.8にAUAS 50の天気図の例を示す。図の中で，実線は等高度線を示し，破線は等温線を示す。等高度線は60 mごとに引いてあり，等温線は6℃（必要に応じて3℃）ごとに引いてある。記号Wは温暖域，Cは寒冷域を表す。観測値は，図13.5(b)に示す方式で記入されている。風は地上天気図と同じ表し方である。地点円の左上には気温が，左下には気温と露点温度との差（湿数）が，どちらも摂氏の0.1度単位で記入される。気温から湿数を引くと露点温度になる。図13.5(b)の例で，露点温度は−25.3℃である。

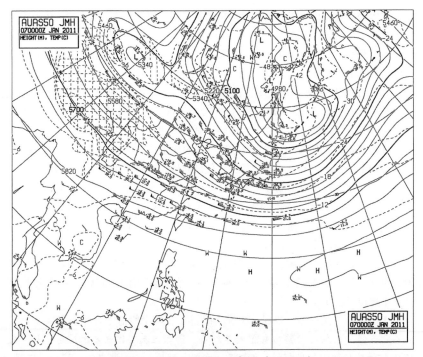

図13.8　アジア500 hPa天気図（AUAS 50）
2011年1月7日00 UTC

500 hPa 天気図の等高度線分布から，偏西風波動やジェット気流の位置や強さを推定できる。また，気温分布から寒気や暖気の領域がわかり，寒気の程度によって降水の強さや雨雪の判別が推定できる。

　第 8.6 節で述べたように，上層の偏西風波動は，地上の高気圧や低気圧と密接に関連している。上層天気図の流れには，地上の気圧分布に現れるいろいろな気象現象のうち，基本的なスケールの現象だけが現れる。このため，上層天気図で気圧の谷や峰の移動を補外する方が，地上天気図で高気圧や低気圧などの移動を補外するよりも確かである。

　850 hPa は地表の摩擦の影響がなくなる高さである。このことから，大気下層の収束や発散は AUAS 85 の天気図に現れやすい。また，AUAS 85 の温度分布からは，前線や気団を見つけやすい。すなわち，850 hPa 面と前線面が交わるところは，等温線が混み，風向や風速の変化が大きいところである。また，温度分布と風分布から，温度移流が把握できる。

　AUAS 85 と AUAS 70 の天気図では，湿数が 3℃ 以下の領域に，影がつけられている。この領域は，AUAS 85 では下層雲の広がりにほぼ一致し，AUAS 70 では下層雲と中層雲の広がりにほぼ一致する。湿数の分布は，降水域を見出したり，強風域分布から下層ジェットを伴う湿舌の把握に利用できる。

13.5.3　天気図解析

　前節で述べた天気図の役割は，観測データを記入するだけでなく，観測データを適切に処理して，大気の中の秩序立った現象を見出し，その立体構造や時間変化を明らかにすることである。これを天気図解析という。気象庁で解析された天気図では，いくつかの要素の等値線が描かれ，天気に影響する低気圧や前線などが記入され，さまざまな気象現象の様子を一目で把握することができる。地上天気図では等圧線，高気圧・低気圧・台風の中心位置や移動方向，前線位置，海上警報域などが解析され，それぞれ表 13.1，表 10.1，表 15.5 で決められた記号が記入されている。上層天気図においても等圧面の高度・気温，湿潤域，強風域が解析され，等値線や領域で解析結果が記入されている。

　天気図を描くための観測網には時間的・空間的に限度があり，天気図で解析できる現象は，あるスケール以上のものに限られる。このため，観測値に局地的な影響が含まれる場合には，解析しようとする現象のスケールに応じて，時刻・地点に代表性のあるデータを取り出すことが必要である。たとえば，対流活動域では，温度が断熱的に減少して，周囲の安定域と比べて低温のデータが含まれることがある。総観スケールの解析をする場合には，このデータをそのまま用いるかどうか吟味が必要である。一方，観測データには，観測方法と観

測機器に依存した誤差が含まれる。場合によってはデータを通報するときに誤った値となることもある。このため，解析では観測値の確からしさについて，吟味されている。

　従来，天気図解析は手作業で行われていたが，コンピュータが発達してからは，客観的な解析方法が活用されるようになっている。客観解析は，解析すべき現象のスケールも観測値の確からしさも考慮に入れた精度の高い解析方法であり，数値予報の初期値作成で大切な役割を果たしている。この客観解析については，第13.6.1節で述べる。しかし，地上天気図解析では手描きの解析も欠くことができない。手描き解析といっても，現在ではマン・マシンミックスと呼ばれる手法で，コンピュータで描いた多くの気象要素値や気圧・温度などの等値線を，予報官がコンピュータとやり取りしながら，総合的に解析する。これの主な対象は前線解析であり，地上のさまざまな要素の観測データに加えて，上層の等圧面の観測データや気象レーダー・気象衛星画像など複数の観測データを併せて解析する。また，観測データが十分になく，客観解析が難しい現象も抽出される。これらは太平洋沿岸にしばしば発生する沿岸前線，日本海北部で発生する小低気圧，前線上に発生する小低気圧などの中小規模現象であり，天気図解析では重要な現象である。

　こうした解析の中では，観測データの吟味を行い，観測要素や現象の三次元構造に物理的な矛盾がないかを判断し，最終的な解釈は全体を総合して主観的な判断で行われる。この主観的な判断は，データの不足や現象の複雑さからくるものであり，第13.6.1節で述べるコンピュータによる客観解析といえども，計算の流れをあらかじめ組み立てるときには，同じような判断が入っている。

13.5.4　静止気象衛星の雲画像

　模写通報では，MTSATの冒頭符号で，静止気象衛星ひまわりの雲画像（協定世界時の0時から6時間ごと）を放送する。ひまわりでは，第5.22節で述べたように16波長（チャンネルともいう）の画像を観測しているが，模写通報では，画像の連続性を保つために，終日の観測ができる赤外 $10.4\,\mu\mathrm{m}$ チャンネル画像（ふつう単に赤外画像と呼ぶ）だけを放送している。同じ理由から，テレビで前日からの雲の動きを動画で示すときには赤外画像である。ひまわりでは，図5.12に示す範囲を観測しているが，模写通報では，南緯10度付近から北半球の領域について放送する。

　なお，ひまわりで観測したデータは，インターネットまたは商用通信衛星を利用して，すべてのチャンネルの雲画像を特定の利用者に提供するシステムが整備されている。一方，可視画像（ただし昼間のみ），赤外画像，水蒸気画像

に限れば，気象庁のホームページから，日本付近の画像や全球画像を 10 分間隔で，日本付近や台風域の高頻度画像を 2.5 分間隔で得ることができる。

　赤外画像は，温度の低いところほど白く写っている。このため，温度の低い（すなわち雲頂の高い）上層雲は白く，温度の高い低層雲は黒っぽく，陸や海は黒く見える。白い雲には，積乱雲のような厚い雲もあれば，上空に現れる巻雲のような雲もある。ごく低い雲や霧は赤外画像ではほとんど写らない。一方，可視画像は，太陽の高度角にも関係するが，雪，氷，雲が白く見え，同じ雲でも厚い雲は薄い雲より白く見える。このように，赤外画像と可視画像では，同じ領域の雲でもちがって見える。これを利用して，両方の画像の比較から，雲の種類や地表面について，かなり正確に区別することができる。図 13.9 は，この判定方法を，模式的に示したものである。ただし，この方法は，可視画像が観測できる昼間だけに有効である。また，判別した雲形は，地上気象観測で，地上から雲底を見て判別した 10 種雲形（第 4.14 節，第 5.9 節）とは必ずしも一致しない。

　可視画像も赤外画像も，雲の種別の判定には有効であるが，いずれも雲頂表面の観測であり，内部に降水粒子を含むかどうか，その降水強度がどうかなど，気象レーダーのように，雲の内部について正確な観測はできない。しかし，気象レーダーが観測できる範囲は陸上とその近海に限られており（図 5.6 参照），大規模な降水分布を把握する手段としては，精度は落ちても気象衛星観測は有用である。可視画像と赤外画像の両方が利用できる昼間は，降水を伴う可能性が大きい厚くて雲頂の高い雲が判別でき，赤外画像しか使えない夜間よりは精度が良い。また，地上の雨量計の観測や気象レーダーの観測があるところでは，

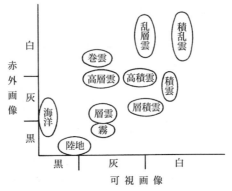

図 13.9　可視・赤外画像の組みあわせによる雲形などの判定ダイアグラム

雲画像と比較することで，雲画像による降水の有無の推定精度をあげることが期待できる。

　水蒸気画像は，大気の上中層に分布する水蒸気量の相対的な多少を表し，明域と暗域として見ることができる。上層のジェット気流に沿って極側には乾燥域（暗域）が低緯度側に湿潤域（明域）が伸びる様子や，上層に乾燥大気（暗域）が侵入して，その先端で積乱雲が発生し，下層から上昇流によって水蒸気が運ばれる明域を把握できる。

　気象衛星の各画像は，大気の流れ，温度分布，水蒸気分布，鉛直安定度などを反映したものとして観測される。熱帯低気圧，温帯低気圧，前線などの天気予報にとって重要な大気現象は，特有な雲分布を伴うので，雲画像と天気図を対比させると，雲画像の状況や変化から現象の位置，勢力，動きがわかる。

　温帯低気圧では，図8.5で示したように，発達段階ごとに特徴のある雲分布が知られているので，低気圧の発生や発達の判断材料になる。また，図10.7に示した台風に伴う雲では，台風の中心位置や，ドボラック法による台風の中心気圧・域内の最大風速などの強さが推定される。観測点の少ない海洋上では，雲画像は台風の監視に欠かせない大切な材料である。

　シーラスストリークと呼ばれる筋状の巻雲は，上層の流れにほぼ平行に現れるので，上層のトラフやリッジの位置を知ることができる。特に，ジェット巻雲と呼ばれるシーラスストリークは，亜熱帯ジェット気流や寒帯前線ジェット気流に伴って発生することが多い。水蒸気画像の暗域の境界として明瞭に見られるジェット気流には，可視・赤外画像で流れにほとんど直交する規模の小さな巻雲の列（トランスバースラインと呼ぶ）が見られる。ふつう，この雲列の極側にジェット気流の最大風をもたらすジェット軸が存在し，雲列はジェット気流の水平・鉛直シアによって生じる。ここでは強い乱気流（晴天乱気流と呼ぶ）が発生しやすく，航空機の運航に注意が必要な領域である。

　図12.10に示した人参状雲（テーパーリング・クラウド）は，陸地に近いところで発生した場合，気象レーダーエコーの観測から，風上側の先端部に発生初期の積乱雲があり，風下に向かって発達・衰弱の段階の積乱雲が並んでいるのがわかる。これらの積乱雲のかなとこ雲が風下に広がるため，衛星画像では人参状になると考えられている。積乱雲の塊としては移動が遅く，豪雨や竜巻などの激しい現象を伴う可能性のある雲形として注目される。

　雲画像は，現象の実況監視ばかりでなく，第13.6節で述べる数値予報の初期値解析に利用する技術も確立されている。雲画像の動きからから推定される大気追跡風や，気温や水蒸気量の鉛直分布は，数値予報の客観解析で上層気象

観測を補うデータとして利用され，特に観測の少ない海洋上や南半球で重要である。

13.6 予想天気図

地上天気図や上層天気図において，第13.4節で述べたような補外法を用いて将来の天気を予想するのは，予想時間が長くなるほどむずかしい。またスケールが小さい現象では，短時間の補外でもうまくいかない。天気図の予想については，気象庁が模写通報で放送する予想天気図を利用するのが適切である。この予想天気図は，主に数値予報と呼ばれる方法で求められている。次に数値予報のあらましについて述べる。

13.6.1 数値予報モデル

大気の状態は物理学の法則に従って変化する。第1部と第2部で述べたことは，その法則の一部分である。モデル化した大気に，大気状態の時間変化を表す物理法則を適用して，観測値から求めた初期の大気状態から，数値計算で将来の大気状態を求める方法を，数値予報という。数値計算は，ふつう，スーパーコンピュータを用いて行われる。

大気状態の時間変化を記述する方程式は，流体の運動方程式，熱力学方程式，水蒸気方程式，連続方程式（質量保存の式）である。これらは，気象要素の時間変化率を表す方程式のため，発展方程式と呼ばれる。この方程式は現在より先の気象要素の値を決めることができる。これに診断方程式である大気の状態方程式が加わる。診断方程式とは，複数の気象要素を関係づける方程式のうち，時間変化項を含まないものをいう。

発展方程式は，現在の大気の状態が，微小時間後にどれだけ変化するかを表す。ただし，方程式から微小時間後の変化量を計算するには，大気中のあらゆる点で，現在の大気の状態（初期値という）がわかっていなければならない。しかし，実際の気象観測では，あらゆる点の大気の状態を知ることは不可能である。このため，次のような工夫のもとに方程式の計算をして，大気の状態の変化を予測する。

まず，大気中に図13.10に示すような3次元の格子網を考え，格子の交点で気象要素の値を求め，モデル化した大気の状態を表す。実際の気象観測所は，ふつう格子点にはないので，各格子点の周囲にある観測所で測った値を用いて，各格子点の気象要素の最も確からしい値を決める。この方法を客観解析という。観測データとしては，地上気象観測，ラジオゾンデやウィンドプロファイラによる上層観測，気象衛星観測などの定時観測と，航空機観測や気象レーダー観

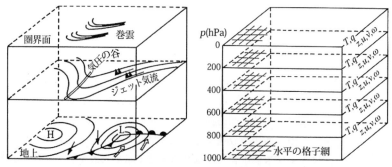

図13.10　模式的な大気と数値予報モデルの格子網
すべての格子点の温度，水蒸気密度，高度，風，鉛直速度で大気の状態を表す

測などの非定時観測との両方が用いられている。客観解析の手法にはいくつか
あるが，現在，気象庁の数値予報で用いられているのは，4次元変分法と呼ば
れるものである。変分法とは，大気状態を表す物理量について，数値予報の基
礎方程式にあてはまる条件のもとで，観測値ともっとも確からしい推定値との
差が最小になる分布を求める数学的な方法である。変分法で計算を始めるとき
に，最初の推定値として，ふつう，6時間前の初期値をもとに予報した大気状
態を用いている。この予報値による推定値のことを第一推定値という。

　このように客観解析に，数値予報の結果を用いることから，予報解析サイク
ルと呼ぶ。また，解析では定時観測だけでなく，途中の非定時観測も取り込む
ことから，4次元データ同化ともいう。4次元変分法や4次元データ同化の4
次元とは，初期値を求める計算の中で，空間的な観測値（3次元）とこれら観
測値の時間的な変化（1次元）を用いるという意味である。

　こうして求められた大気の状態が初期値である。ふつう客観解析による初期
値とモデル大気の物理法則は，必ずしも整合が取れていない。そのずれの部分
は雑音となって予報値を乱すおそれがある。そこで時間積分を始める前に，初
期値化あるいはイニシャリゼーションと呼ぶ計算手法によって，初期値とモデ
ル大気をなじませる必要がある。4次元変分法では，予報解析サイクルを繰り
返すことで，この初期値化もあわせて行っている。

　客観解析により3次元の初期値を求める格子網は，気象庁では予測する気象
現象のスケールを考慮した3種類の格子網を用意して，それぞれに適した数値
予報モデルを用いている。これは図6.1で示したように，気象現象の水平ス
ケールと時間スケールは，ほぼ比例していることによる。気象庁では，予報の
対象とする現象のスケールに合わせて3種類の格子網を用意し，それぞれに適

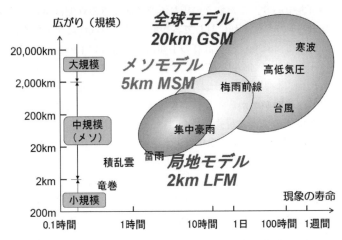

図 13.11　気象庁の数値予報モデルが対象とする気象現象の水平及び時間スケール
(気象庁 HP より)

した数値予報モデルを用いている。3 種類のモデルが対象とする時間・空間ス
ケールの範囲は，図 13.11 に示されている。

　図で地球大気全体の格子網を対象としたモデルは，全球モデル GSM と呼ば
れる。このモデルでは，客観解析の段階では地球全体を覆う格子網で初期値を
求め，この初期値を多数の波動関数の重ね合わせで表す方式がとられている。
次に発展方程式で将来の大気状態を求める際に，波動関数ごとに時間変化を計
算し，計算を進めて得られたそれぞれの波動関数の値を足し合わせて，将来の
大気の状態を格子点値として計算する。この計算方式は，スペクトル方式と呼
び，数値予報モデルはスペクトルモデルと呼ぶ。GSM は全球スペクトルモデ
ル Global Spectral Model の頭字語による略称である。波動関数の性質から水平
格子間隔は約 20 km に相当する。数値予報モデルで予測できる気象現象は格
子間隔の大きさに依存している。格子間隔が約 20 km の全球モデルでは，
高・低気圧や台風，梅雨前線などの水平規模が 100 km 以上の現象を予測する
ことができる。

　図 13.11 のほかの二つのモデルは日本付近の領域を，水平格子間隔が 5 km，
2 km とした格子網モデルであり，MSM はメソモデル Meso Scale Model，
LFM は局地モデル Local Forecast Model の略称である。MSM では，局地的な
低気圧や集中豪雨をもたらす組織化された積乱雲群など水平規模が数 10 km
以上の現象を予測することができ，LFM では，水平規模が 10 数 km 程度の現

象まで予測可能であり，まだ個々の積乱雲を予測できる性能はない。

　3種類のモデルのそれぞれに対して客観解析で求められた初期値を，予報方程式に当てはめて計算を行う。計算の手順はおおむね以下のとおりである。予報方程式は，一般的に $\Delta\phi/\Delta t = F(t_0)$ と表すことができる。ϕ は予報する物理量であり，$F(t_0)$ は初期時刻 t_0 における予報方程式の右辺を表し，t_0 という初期時刻に大気の状態がわかると計算できる量である。たとえば，水平速度の東西成分 u と温位 θ の予報方程式の場合には，それぞれ，

　　$\Delta u/\Delta t = u$ の移流項＋コリオリ項＋水平気圧傾度力項＋摩擦力項

　　$\Delta\theta/\Delta t = \theta$ の移流項＋非断熱過程による加熱（冷却）項

と表せる（移流項については第2.13節参照）。これらの式で，右辺は初期の大気の状態がわかると，それぞれの項が計算できる。この結果，計算を始める時刻 t_0（たとえば9時）の大気の状態が，微小時間 Δt（たとえば5分）後にどのような状態に変化するか，その変化量が各格子点で（スペクトルモデルでは波動関数ごとに）求められる。すなわち，$\Delta\phi = F(t_0)\Delta t$ であるから，$t_0 + \Delta t$ の時刻の ϕ の値は

　　$\phi(t_0 + \Delta t) = \phi(t_0) + \Delta\phi = \phi(t_0) + F(t_0)\Delta t$

である。こうして初期値 $\phi(t_0)$ と微小時間後の変化量 $\Delta\phi$ から，時刻 $t_0 + \Delta t$（9時5分）の物理量がわかる。このような計算を，予報する物理量について，すべての格子点（波動関数）で繰り返していけば，たとえば24時間後や48時間後の，すべての格子点（波動関数）の物理量が計算できる。スペクトルモデルでは波動関数を重ね合わせて，3次元の格子で表した大気の将来の状態が予測できる。これが数値予報モデルと呼ばれるものである。

　この予測方法は決定論的予測という。大気の物理法則と大気の境界条件がすべてわかっていて，大気が今後どのように変化していくか完全に決まっている場合には，ある時刻の状態（ふつう，初期状態という）が決まれば，その後の状態が何のあいまいさもなく原理的に決定されることをいう。ところが現実の大気は，第13.7節に述べるように，決定論的カオスの状態にあるので，予測時間が長い場合には別な工夫が必要となる。

　格子間隔を小さくすればするほど，現実の大気に近い状態を予想できるが，理論的な研究から数値予報モデルで十分精度よく予測できる現象は，格子間隔の5〜8倍より大きいスケールの現象である。また，微少な Δt という時間間隔で安定した計算を行うためには，Δt と格子間隔の間に理論的な制約条件がある。このため，格子間隔を小さくすれば，これに比例して Δt も小さくする必要があり，格子間隔を半分にしたモデルでは，コンピュータの計算能力はお

おむね16倍（水平2成分，鉛直1成分，時間について，それぞれ2倍）にすることが求められる。しかし，コンピュータの能力には限りがあるので，能力に見あうような格子間隔を用いて，しかも実際の大気に近づくように，計算方法が工夫されている。

　工夫の一つは，格子間隔，計算対象領域などが異なるモデルを，段階的に用いる方法である。すなわち，まず，地球全体を対象とした数値モデルで将来の大気の状態を計算する。この結果から得られる値を境界値として，もう一段格子間隔の細かなモデルで，部分的な領域の大気状態を予測する。気象庁では，図13.11に示した地球全体を対象とした全球スペクトルモデル（GSM）と，日本付近を非常に細かく予報するメソモデル（MSM）と局地モデル（LFM）を用いている。これらのモデルの概要が表13.3に示されている。

　これらのモデルの違いは，表にも記されているが，対象とする大気現象の違いで，必要とする空間領域が異なることに加えて，モデルに用いる発展方程式の近似が異なることである。全球モデルでは静力学の近似が用いられていて，流体運動方程式の鉛直成分の式は，第2.1節で述べた静力学の式を用いている。この式からは鉛直速度は計算できないので，連続方程式を用いて計算する。一方，メソモデルと局地モデルでは，流体運動方程式の鉛直成分も発展方程式で計算する。これを非静力学方程式系と呼び，流体運動方程式に近似は用いていない。

　現在用いられている3段階のモデルの水平格子間隔は2 km，5 km，約20 kmであるが，どのモデルでも格子間隔より小さなスケールの現象は格子間隔の中にうずもれてしまい，どのモデルでも予報することはできない。このよう

表13.3　気象庁の数値予報モデルの概要 (気象庁)

モデル（略称）	予報領域，水平格子間隔	座標系(最上層)鉛直層数	力学過程	予報期間	実行回数	モデルを用いて発表する予報
局地モデル（LFM）	日本周辺，2 km	高度（20 km）58層	非静力学	10時間	毎時	航空気象情報，防災気象情報，降水短時間予報
メソモデル（MSM）	日本周辺，5 km	高度（22 km）76層	非静力学	39時間	1日6回	防災気象情報，降水短時間予報，航空気象情報，分布予報，時系列予報，府県天気予報
				51時間	1日2回	
全球モデル（GSM）	地球全体（スペクトルモデル）格子間隔換算約20 km	気圧（0.01 hPa）100層	静力学近似	5.5日間	1日2回	分布予報，時系列予報，府県天気予報，台風予報，週間天気予報，航空気象情報
				11日間	1日2回	

な水平格子間隔より小さい現象を，サブグリッド・スケール現象という。ところが，サブグリッド・スケール現象が，格子間隔より大きなスケールの大気現象に影響することがある。先に示した予報方程式の右辺に現れる，東西速度成分 u の摩擦力項や，温位 θ の非断熱過程による加熱（冷却）項が，これに相当する。これらの項は物理過程と呼ばれている。

　摩擦力項は，大気境界層（接地層）内の乱流や，山岳地形で生じた山岳波の効果などであり，非断熱過程による加熱（冷却）項は，水蒸気が凝結して雲を生じるときに出す潜熱や，日射で暖められた地面が顕熱で大気を暖める効果などである。サブグリッド・スケールの物理過程が，格子間隔より大きい現象に及ぼす影響は，格子点の物理量の値を用いて，実際の現象を単純化して，モデルに組み込む工夫がされている。この工夫は，パラメタリゼーションと呼ばれ，計算方式は全球モデルとメソモデルや局地モデルでは異なっているが，どのモデルにも取り込まれている。気象庁の数値予報モデルでは，図13.12の模式図で示されたような，さまざまな物理過程が取り込まれている。

　このほかにも，鉛直座標の取り方や鉛直座標での山岳の取り扱いなど，さまざまな計算方法が工夫されている。この結果，現在の数値モデルの予想精度は非常によく，計算された気圧分布は，モデルの「くせ」を除いて，利用者が修

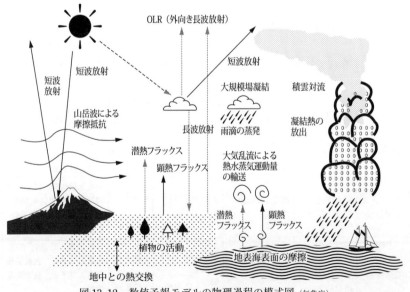

図13.12　数値予報モデルの物理過程の模式図 （気象庁）

正する必要はほとんどない。このため，模写通報の予想天気図は，大部分がそのまま天気の判断に利用できる。模写通報で放送されている予想天気図には，次のようなものがある。

13.6.2　地上予想天気図

冒頭符号が FSFE 02，FSFE 03 と FSAS 04，FSAS 07，FSAS 09，FSAS 12 の天気図は，全球モデルで計算した，24 時間後から 120 時間後までの地上気圧分布の予想図である。FE と AS では天気図の描画域が異なっているうえ，地上風分布図，降水量分布図，850 hPa 高度分布図の有無などが異なっている。図 13.13（下）には FSFE 02 の例を示す。この予想図には，等圧線の分布，地上風の分布，予想時刻前 12 時間の降水量の分布が描画されている。AS の天気図では地上風や降水量の分布は描画されず，850 hPa 気温の分布が描画されている。いずれの天気図でも，モデルの格子間隔が 20 km であるため，前線を直接描画するだけの精度はないので，予想天気図に前線は表現されていない。同じ理由から，低気圧の中心示度や降水量の値もそのまま使うにはまだ誤差が大きい。

これらの予想天気図の中で，温帯低気圧の予報精度と比べて，台風の予想精度は，まだ良くない。これは，台風の発生や発達のメカニズムにはまだわからない点が多く，数値予報モデルが完成していないためである。これに加えて，台風が発生・発達する熱帯の海洋上の観測データが少ないことも原因である。このため，台風については，第 13.7 節で述べるアンサンブル予報の手法で予測した 5 日先までの進路予報，強度予報を行っている。第 13.6.4 節で述べるWTAS 12 では，進路予報の誤差は，予報円や暴風域に入る確率を用いて，発表されている。

FSAS 24（FSAS 48）は海上悪天 24（48）時間予想図と呼ばれ，FSFE 02（FSAS 04）と同じく，24（48）時間後の地上予想天気図である。ただし，海上悪天予想図は，FSFE 02（FSAS 04）に含まれる数値予報の問題点を，予報官の手により修正した天気図である。図 13.14 に FSAS 24 の例を示す。FSFE 02 には描かれていない前線の位置が，予想された降水量や風の分布，および次に述べる上層の気温分布などの予想天気図から推定して描かれている。また，数値予報モデルの性質を統計的に調査して，低気圧の中心示度なども補正されたうえ，高気圧や低気圧の位置，中心示度，等圧線が記入されている。台風については，予想中心気圧，予想最大風速も記入されている。また，海上の霧域や海氷域・着氷域が記号で示されている。

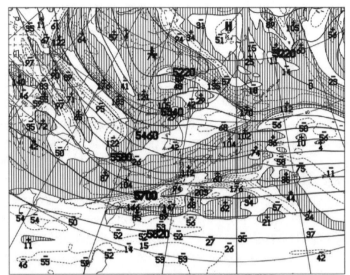

T=24　VALID 140000UTC　　HEIGHT(M),VORT(10**-6/SEC) AT 500hPa

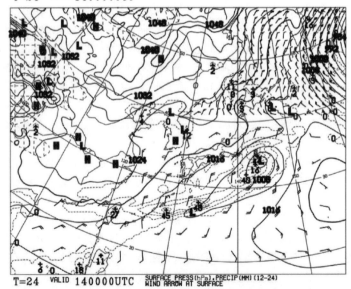

T=24　VALID 140000UTC　　SURFACE PRESS(hPa),PRECIP(MM)(12-24)
WIND ARROW AT SURFACE

図 13.13　（上）500 hPa 面高度，渦度 24 時間予想図（FUFE 502），（下）地上気圧，
前 12 時間降水量予想図，地上風予想図（FSFE 02）
2022 年 1 月 9 日 00 UTC 初期値（気象庁）

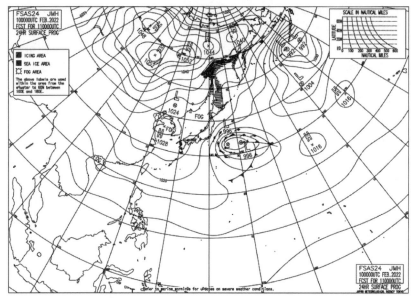

図13.14　海上悪天24時間予想図（FSAS 24）
2022年1月9日00 UTC 初期値（気象庁）

13.6.3　上層予想天気図

　ここで図は示さないがFXFE 782とFXFE 783は，700 hPaの上昇流と850 hPaの気温・風をあわせて示した予想天気図である。782は24時間後，783は36時間後の予想天気図を示す。850 hPa面の等温線が混んでいるところは，等圧面と前線面が交わるところである。この付近の風の分布や，地上予想図の風と降水量の分布も参考にして，地上の前線の位置が推定できる。気温分布と風向から前線に流れ込む寒気移流や暖気移流がわかり，前線の活動が判断できる。全球数値予報モデルでは，上昇流の大きさは鉛直 p 速度と呼ばれ，鉛直方向の気圧変化として計算される。ふつう ω（オメガ）の記号で表され，下降流は正の値であり，上昇流は負の値である。予想図では，hPa/時の単位で等値線が描画され，負の上昇流のところに影がつけられている。鉛直 p 速度（ω）と高度 z の時間変化から計算される鉛直速度 w との間には，鉛直座標系から気圧座標系に変換する際に，静力学の式を用いて，近似的に，$\omega \fallingdotseq -\rho g w$ の関係がある[次頁注]。ただし，ρ は大気密度，g は重力の加速度である。対流圏下層の700 hPaでは，標準大気から密度が $0.91\ \mathrm{kgm^{-3}}$ なので，$\omega[\mathrm{hPa/h}] \fallingdotseq -3.2\ w$ $[\mathrm{cms^{-1}}]$ の関係がある。

　FXFE 572 と FXFE 573 は，500 hPa 面の気温と 700 hPa 面の湿数をあわせて示した 24 時間後と 36 時間後の予想天気図である。500 hPa 面の気温は，上空に寒気渦があるかどうかや，大気の安定度を判断する材料である。700 hPa 面の湿数は等値線で示されているが，3℃ より低いところは，破線で囲まれ，影がつけられている。上昇流があり，湿数の小さいところは雲が発生しやすく，降水を伴うことがある。

　FUFE 502 と FUFE 503 は，24 時間後と 36 時間後の 500 hPa 面の予想天気図である。図 13. 13（上）に FUFE 502 の例を示した。これらの天気図には，等高度線と渦度が示されている。等高度線分布から上層のトラフやリッジの位置が把握でき，地上の低気圧位置と比べて，低気圧の発達衰弱の動向と結びつけることができる。また，等高線の蛇行からは上層の寒気や暖気の南北移流域を判断できる。

　渦度は第 2. 18 節で述べたように，おおまかにいえば，流れの回転の強さを表すもので，正の渦度は，流れが低気圧性であることを示す。正の渦度のところには，影がつけられている。渦度が正から負に変化するところでは，風の水平シアがあり，ジェット気流のような強風軸になっていることを意味する（第 2. 18 節）。総観規模現象では，500 hPa 高度では発散が小さいので，渦度がほぼ保存されて移流する性質がある。この性質は，ω 方程式と呼ばれる診断方程式から導かれるが，詳細は専門書にゆずる。この性質のため，正の渦度移流があるところでは，上昇流が生じ，これは下層の収束と低気圧の渦に関連づけられる（第 2. 20 節）。

　JMH の放送には含まれていないが，日本付近の 850 hPa 相当温位（第 4. 8 節）について，12 時間ごとに 48 時間先までの予想分布図を描画した天気図が，冒頭符号 FXJP 854 として，気象庁から気象業務支援センターを経由して配信されている。この予想天気図のうち，24 時間予報図だけを切り出したものが，図 13. 15 に例示されている。この天気図は，相当温位の等値線が 300 K を基準に 3 K ごとに実線で，風向風速が約 100 km 格子間隔で描画されている。水蒸気の多い暖候期には，湿潤大気の保存量である相当温位は，前線解析に有効である。特に，梅雨期のように，温度傾度は小さいが湿潤大気が流れ込んでいる地域では，相当温位傾度の大きい南端が，前線の位置として着目する領域にな

注）　鉛直 p 速度 ω と鉛直速度 w の関係

　　鉛直 p 速度 ω は，微少時間 Δt の気圧変化量 Δp を用いて，近似的に差分式で $\omega = \Delta p / \Delta t$ と定義される。これに静力学平衡の式 $\Delta p = -\rho g \Delta z$ を用いて式を変形すると，$\omega = -\rho g (\Delta z / \Delta t)$ となる。鉛直速度 w は近似的に $w = \Delta z / \Delta t$ であるから，$\omega \fallingdotseq -\rho g w$ の関係が得られる。

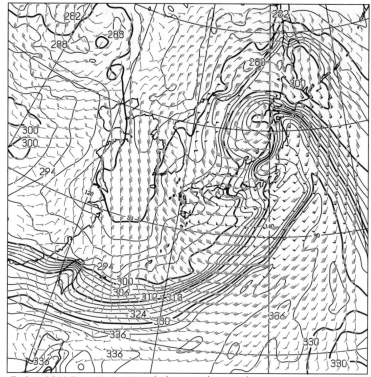

T=24 850hPa: E.P.TEMP(K),WIND(KNOTS) VALID 070000UTC

図 13.15　850 hPa 面相当温位予想天気図（FXJP 854 のうち 24 時間予報図のみ）

2013 年 4 月 6 日 00 UTC 初期値

る。また高相当温位域が強い風速で流れ込む領域は，湿舌と呼ばれる（第
14.8 節）。

13.6.4　台風予報図

　冒頭符号が WTAS 12 は，台風の 120 時間（5 日間）進路強度予報図である。
この予報図は，台風が赤道から北緯 60 度まで，東経 100 度から 150 度までの
領域にある場合と，今後 24 時間以内にこの領域に入ると予想される場合に，
6 時間ごとに発表される。図 13.16 に WTAS 12 の予想図の表示例を示す。な
お，24 時間以内に台風に発達すると予想される熱帯低気圧（発達する熱帯低
気圧と呼ぶ）についても，5 日先までの予想進路や強度を台風情報として発表
する。台風予想図には，台風番号，発表日時，現在の台風中心位置（×），暴
風域，強風域が示され，予想では 12，24，48，72，96，120 時間後の中心位

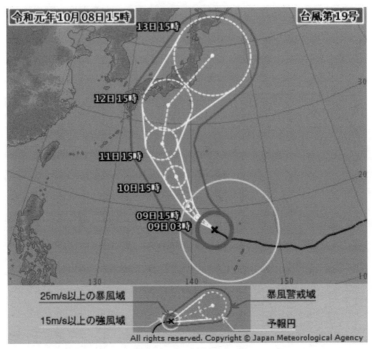

図 13.16　台風5日（120 時間）進路予報図の表示例 （気象庁）

置（点印）と，予報円（破線），暴風警戒域（実線）が時刻とともに図示される。なお，台風の動きが遅い場合には，12 時間先の予報は省略されることがある。予報円は中心を破線の直線で結び，円の接線を直線で表す。暴風警戒域は，台風の中心が予報円の中に進んだときに，暴風域に入る可能性のある範囲であり，現在の暴風域を含めて，5 日先までの予報円を取り囲むように実線で表示される。

　台風予報では，進路予報だけでなく，強度予報も行われていて，WTAS 12 の予想図には記入されていないが，記事欄に数値で，5 日先までの予報円の中心位置と半径，進行方向と速度，中心気圧，最大風速，最大瞬間風速，暴風域の予想値が記入されている。なお，この記事欄には台風の実況として，台風の大きさ・強さ，存在地域，中心位置，進行方向・速度，中心気圧，中心付近の最大風速・最大瞬間風速，暴風域・強風域の大きさも記入されている。

　暴風域は，初期時刻に風速が 25 ms⁻¹ 以上の暴風が吹いている領域である。暴風警戒域は，台風の中心が予報円の中に進んだときに，暴風域に入る可能性

のある範囲である。どちらも実線で図示されるが，台風の勢力によっては，暴風域や暴風警戒域がない場合もあり，この場合には表示されない。

　台風の進路予報は，第13.3.4節で述べたラジオ気象通報の漁業気象の部分，第13.5.1節の模写通報のアジア地上天気図，第15.10節で述べる全般海上警報・地方海上警報でも放送される。また，台風が日本に接近する場合には，テレビ，ラジオ，新聞などでも放送される。特に，日本に接近する場合には，気象台から1時間ごとに台風の中心位置や3時間ごとに24時間先までの進路予報が発表される。テレビやラジオでは深夜にも放送が続けられることがある。

　模写放送では放送されないが，台風が日本付近に近づいたときには，市町村等をまとめた地域の台風の暴風域に入る確率値が気象庁のホームページで発表される。これは，5日（120時間）以内に暴風域に入る確率値が0.5％以上の地域に対して，5日先までの3時間ごとの値が表示される。また，24，48，72，96，120時間先までの暴風域に入る確率の積算値も示される。図13.17に地域として沖縄県与那国島地方の場合の表示例が示されている。これらの確率値は，予報円と暴風警戒域の大きさから計算されるが，値の増加がもっとも大きな時間帯に暴風域に入る可能性が高く，値の減少がもっとも大きな時間帯に暴風域から出る可能性が高くなる。

　地域ごとの暴風域に入る確率値に加えて，確率値の分布図も発表される。分布図では，北緯20〜50度，東経120〜150度で囲まれる領域を対象として，緯度方向0.4度，経度方向0.5度毎に5日先までに暴風域に入る確率が示される。台風の進行方向では，台風が近づくにつれて確率が高くなるが，確率値が小さくてもその後発表される予報でどのように値が変わるかに注意が必要であ

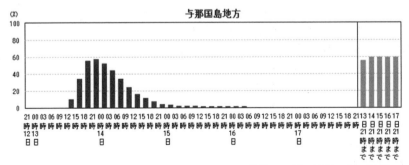

図13.17　市町村等をまとめた地域で台風の暴風域に入る確率の時間変化の表示例

（気象庁）

る。全国平均でみると，ある地域が1年間に暴風域に入る確率はごく小さいので，予報で発表される値の大小よりも，むしろ変化傾向やピークの時間帯に注目して利用することが大切である。

上に述べた台風の進路・強度予報は，数値予報モデルを用いて作成されるが，用いるモデルは全球モデルGSMに加えて，アンサンブル数値予報モデルである。アンサンブル予報については次節で述べる。

13.7　アンサンブル数値予報

第13.6.1節で述べた数値予報では，初期値の観測誤差と解析誤差，物理過程の表現など数値予報モデルの不完全さによる誤差，支配方程式を解くときの近似度（非線形方程式の数値解法など）に伴う誤差が存在する。これらの誤差は，予測時間が進むとともにしだいに大きくなり，ついには決定論的な予測結果の価値がなくなる。また，理論的な考察から，数値予報モデルに欠陥がなくても，同じ時刻にわずかな誤差のちがいが含まれる二つの初期値から予報を進めると，予測時間が進むとともに二つの予測結果のちがいが大きくなり，ついには予測が不可能になることが示されている。この予測可能な限界については，最初に研究したローレンツにより，決定論的カオスと呼ばれている。決定論的カオスでは，初期値の中の小さな運動がやがて拡大して，低気圧の発達の予測結果に影響をもたらす。最初の小さな運動に，ローレンツが比喩として，蝶の羽ばたきをあげたことから，バタフライ効果とも呼ばれている。

数値予報において，予測時間とともに予測誤差が大きくなるのを統計的に除く手法として開発されたのが，アンサンブル予報である。この方法は，少しずつ異なる多数の初期値（これをメンバーと呼ぶ）から計算された，個々の数値予報結果を，平均して予報とするものである。全メンバーの平均をアンサンブル平均予報という。上に述べた数値予報モデルの，さまざまな誤差の原因から生ずる予報のばらつき（ノイズ）は，アンサンブル平均をとることにより減少し，有意な予測情報（シグナル）が残ると考えられる。

気象庁のアンサンブル数値予報モデルの概要が，表13.4に示されている。表の全球アンサンブル予報システム（全球EPS）や季節アンサンブル予報システム（季節EPS）は，予報の分類では中長期予報を対象としていて，決定論的予報が困難な先行時間の予報に用いられている。図13.18は，アンサンブル1か月予報の例である。東日本（北緯35〜37.5度，東経135〜140度）の850 hPa気温について，全メンバーの30日間予報を示したものである。細実線が各メンバーの予報を示し，太い実線がアンサンブル平均予報を示している。

表13.4　気象庁のアンサンブル数値予報モデルの概要 (気象庁)

数値予報システム（略称）	予報領域と格子間隔	座標系（最上層）	予報期間（メンバー数）	実行回数（初期値時刻）	モデルを用いて発表する予報
メソアンサンブル予報システム（MEPS）	日本周辺，5 km	高度，非静力学系（76 層，22 km）	39 時間（21 メンバー）	1 日 4 回（00，06，12，18 UTC）	防災気象情報，航空気象情報，分布予報，時系列予報，府県天気予報
全球アンサンブル予報システム（全球 EPS）	地球全体，約 27 km（18 日先まで）	気圧，静力学近似（100 層，0.01 hPa）	5.5 日間（台風予報用，51 メンバー）	1 日 2 回（06，18 UTC）	台風予報，週間天気予報，早期天候情報，2週間気温予報，1か月予報
			11 日間（51 メンバー）	1 日 2 回（00，12 UTC）	
	地球全体，約 40 km（18～34 日先まで）		18 日間（51 メンバー）	1 日 1 回（12 UTC）	
			34 日間（25 メンバー）	週 2 回（12 UTC，火・水曜日）	
季節アンサンブル予報システム（季節 EPS）	地球全体，大気 約 55 km，海洋 約 25 km	気圧，静力学近似（大気 100 層 0.01 hPa/海洋 60 層）	7 か月（5 メンバー）	1 日 1 回（00 UTC）	3 か月予報，暖候期予報，寒候期予報，エルニーニョ監視速報

50 個の予測のばらつき方は，前半に比べ，後半では大きくなっており，予報時間がのびるとともに予測が難しくなることを示している。なお，図の気温は7 日間の移動平均であり，たとえば初期日から 6 日目までを平均した予測結果が 3 日目のところに示してある。

　図 13.19 は，アンサンブル予報において，良い予報例と悪い予報例を，模式的に示したものである。図の (a) と (b) に示した初期状態で，☆印が客観解析で得られる大気状態を示す。実際には，地球を覆う格子点上の物理量で表されるものであるが，これを☆印で代表させて，大気の真の値とみなす。これに平均の観測誤差程度の誤差を，ランダムに加えてつくった大気の状態が，黒楕円形で表されている。加えた誤差はメンバーごとにちがっているので，それぞれのメンバーは，☆印とは少しずつ離れた場所に位置している。それぞれのメンバーの初期値から予報したものが，(a) と (b) に示した予報値である。初期状態と同じように，予報された大気状態を黒楕円形で代表させている。良い予報例の場合は，悪い予報例の場合と比べて，予報のメンバー間のばらつき（これをスプレッドと呼ぶ）が小さい。図 13.17 に★印で表されているのはアン

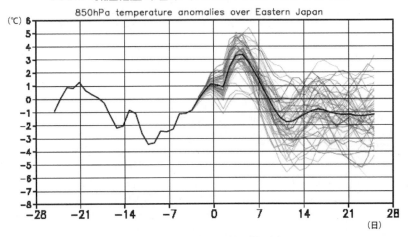

図 13. 18　アンサンブル 1 か月予報の例（気象庁）

850 hPa（地上約 1,500 m）の気温の平年差の予測を示す。細い実線は 50 個のメンバーの個々の予測結果で、太い実線は 50 個のメンバーの予測結果を平均したもの。図の気温は 7 日間の移動平均がしてあり、たとえば初期日から 6 日目までを平均した予測結果は 3 日目のところに示してある。

サンプル平均予報であり、これを真の値と比べて予報精度を調べると、スプレッドが小さいほど平均予報の精度が良いという関係が得られている。この場合、☆印で表された客観解析値を、近似的に真の値とみなしている。予報精度が良いのを、性能（スキル）があるといい、上記の関係を、スプレッド−スキルの関係と呼ぶ。

　予報期間が長くなるほど、初期値以外に、数値予報モデルの境界条件である海面水温や陸面の状態の変化が、予報結果に影響する。季節 EPS は、3 か月予報より先行時間が長い予報を対象としたもので、海洋の影響を解決するため、大気海洋結合アンサンブルモデルとなっている。

　全球アンサンブル予報システム（全球 EPS）は中期予報の台風予報や週間予報から長期予報の 1 か月予報を対象としている。モデルの基本は同じだが、予報対象によって格子間隔や予測期間やメンバー数に工夫がされている。台風予報では、全球 EPS による予測を用いているが、時間の経過でメンバー間の予測結果のばらつきが大きい場合がしばしば見られる。図 13.20 にメンバーによる予測のばらつきの表示例を示す。初期状態のわずかな違いで、時間とともに台風の進路が広がっていくのが示されている。初期値に含まれる誤差を摂

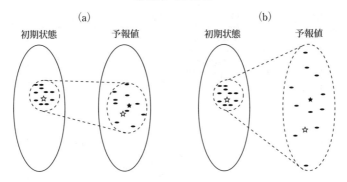

☆：真の値（初期値と予想時間に対応する値）
★：アンサンブル平均値
●：アンサンブルメンバーの値（初期値と予想値），その予想値のばらつきが
　　スプレッド

図13.19　アンサンブル予報の模式図
(a) 良い予報例　　(b) 悪い予報例

動として与えていない予報（太線，アンサブル数値予報ではコントロールラン
と呼ぶ）では実際の進路（黒線）より西よりの進路を予測している。誤差を考
慮した予報（細線）は，それぞれの進路が予測のばらつきの範囲内に含まれて
いる。台風進路予報では，気象庁のGSM予報と全球EPS予報に加えて，外国
の主要気象機関（ECMWF，UKMO，NCEP）のGSM予報と全球EPS予報を
利用したコンセンサス予報が行われている。全球EPS予報ではアンサンブル
平均予報を用いる。複数の気象機関の予測結果を平均する予測手法を，一般的
にコンセンサス予報と呼ぶ。コンセンサス予報の方が各予報よりも統計的に精
度が高くなることが多くの研究で示されている。
　　アンサンブルメンバーのばらつきは，週間天気予報では降水確率や信頼度
（第15.4節）の予報のもとになっている。また，季節予報（1か月，3か月，
暖寒候期予報）では，それぞれの季節予報を確率予報として発表する際の，確
率値を求める資料として利用されている。
　　メソアンサンブル予報システム（MEPS）は，表13.3に示したメソモデル
（MSM）と同じ領域を対象に主として防災気象情報，航空気象情報などの高度
化に用いられている。数時間〜1日先の大雨や暴風などの災害をもたらす現象
は，いつ，どこで，どの程度の強さで現れるかを予想し，防災情報として発表
することが重要である。近年，メソ数値予報モデル（MSM）では，これらの
予想が困難な集中豪雨や線状降水帯，台風と前線が相互に関与した現象がしば

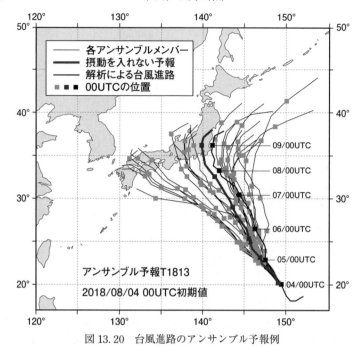

図 13.20　台風進路のアンサンブル予報例

（2018 年 8 月 4 日 9 時を初期値とした台風第 13 号の 5 日予報）（気象庁）
台風解析による進路（実線），摂動を加えないコントロールラン（太線）と，摂動を加えた
個々のアンサンブルメンバーの予報進路（細線）

しば生じている。MSM の予報の不確かさや信頼度などの付加情報を得るために，MEPS が開発され運用が開始されている。

13.8　天気予報ガイダンス

　第 15.1 節で述べる気象庁が発表する天気予報は，数値予報をもとに作成されるが，天気や降水確率のように，天気予報で発表される天気要素が，数値予報モデルの出力値でないものもある。また，天気予報の量的予報の対象である気温，降水量，風などは，格子点まわりの代表値（平均値）で，予報対象地点の値ではない。このため，数値予報の物理量から，天気予報で発表する対象地域や時刻の気象要素を求める必要がある。これを天気翻訳といい，以下のような方法で計算される。

　まず，数値予報の予測値と，観測した天気・気温・降水量などの値とあいだに，あらかじめ統計的な関係式を求めておく。次に，毎日の数値予報で得られ

た予測値を，この関係式に代入すると，天気翻訳された予測値を求めることができる。この手法を，モス（MOS; Model Output Statistics の略）といい，求められた予測値は天気予報ガイダンスと呼ぶ。数値予報モデルの出力値には，物理過程の不完全さや，モデル格子間隔では十分に表現できない地形による，系統的な誤差が含まれている。モスによるガイダンス値は，数値予報が持つ系統的な偏り（バイアス）を除くことができる。ただし，気象現象の移動の遅れや進みなど，系統的でない予報誤差は修正できない。

　従来，統計的関係式を求めるため，重回帰分析と呼ばれる手法が用いられていた。ところが，この手法では，2～3 年の数値予報の過去データを用いて観測データとの関係式を求めるので，数値予報モデルの改善にすぐに応じられない欠点があった。最近は，カルマンフィルター法，ニューラルネットワーク法，ロジスティック回帰法と呼ばれる新しい計算方法が導入されている。これらの計算方法では，比較的短期間の数値予報の過去データを用いて統計的な関係式を求め，ガイダンスを日々使いながら，新しい観測値を取り込んで，関係式を最適にする逐次学習という機能が取り込まれている。このため，数値予報モデルの変更に，比較的すばやく対応できるようになっている。ただし，逐次学習機能のため，気象現象が急激に変化する場合には，精度が低くなる欠点もある。どの計算方法も統計的な手法であるため，まれにしか発生しない現象に対しては精度が低い。

　短期予報の天気予報ガイダンスは，天気，降水量，降水確率，気温，最高・最低気温，風，最小湿度の要素について，5 km 格子やアメダス地点で，3 時間・6 時間ごとや午前・午後の期間について計算されている。これを用いて発表される天気予報については第 15.2，15.3 節で述べる。また，週間天気予報，2 週間気温予報，早期天候情報（第 15.4 節）では，週間天気予報の 7 日先までの最高・最低気温と誤差幅のガイダンスと，2 週間先までの 5 日間平均の日最高・日最低気温，降雪量（冬季日本海側）のガイダンスが作成される。1 か月予報，3 か月予報，暖寒候気予報では，全球 EPS，季節 EPS による気温平年差，降水量平年比，日照時間平年比，降雪量平年比などのガイダンスが作成される。

第14章　四季の天気図

14.1　気圧配置型

　毎日の天気図に現れる気圧分布には，一つとして同じものはないが，季節によって現れやすい気圧分布がある。このような気圧分布を，高気圧や低気圧の位置によって分類したものが，気圧配置型あるいは天気図型である。風の分布は気圧配置によりほぼ決まり，各地の天気は気圧配置と深くかかわっている。気圧配置型ごとに，天気分布や天気変化の特徴を知っていれば，天気の判断に役立つ。この章では，日本付近の主な気圧配置型と，その天気の特徴について述べる。

14.2　西高東低型（冬型）

　図14.1のように，日本の西の大陸に高気圧があり，東の太平洋に低気圧がある気圧配置である。冬に多いことから，冬型とも呼ばれる。日本付近の等圧線がほぼ南北にのびて縦じま模様になり，強い北西の季節風が吹く。

　北西の季節風は，大陸では冷たく乾いているが，日本海を渡るときに気団変質を受けて，下層は温かい湿った空気になり，大気が不安定になる。この結果，対流が起こり，積雲ができ，やがて積乱雲に発達して，日本海沿岸で雪を降らせる。季節風が脊梁山脈を越えて太平洋側に出ると，下降流になるので雲が消え，乾燥した良い天気になる。図14.2は北西の季節風が強く吹いているときの気象衛星の雲画像である。日本海を筋状の雲がのびていて，日本に近づくほど発達している様子がわかる（第4.11節参照）。この雲は，筋状対流雲であり，特に，北西方向からの季節風が朝鮮半島北部の白頭山や長白山脈で分流され，再び日本海上で合流して形成される。これは，日本海寒帯気団収束帯（JPCZ）と呼ばれる。発達した筋状の対流雲と北西風に直交する帯状の対流雲で形成され，積乱雲などに伴って顕著な降雪・雷・突風などを引き起こすことがある。

　日本海側の雪の降り方には，山間部を中心に大雪が降る山雪型と，日本海沿岸の平野部に大雪が降る里雪型の二つがある。山雪型の天気図（図14.1）では，日本付近の等圧線がほぼ南北に走り，気圧傾度が大きい。日本海で発生した積雲が脊梁山脈にぶつかり，上昇流を生じて積乱雲に発達するとき，山間部

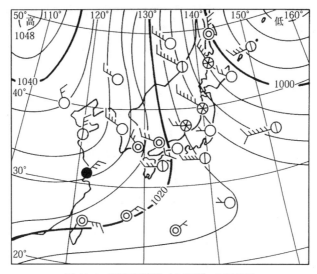

図 14.1　西高東低型（山雪型）の天気図

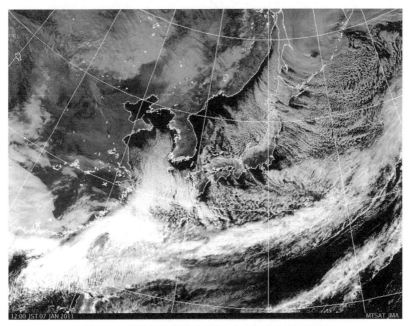

図 14.2　静止気象衛星「ひまわり」による可視画像
2011 年 1 月 7 日 12 時（JST）

で大雪を降らせる。里雪型の天気図（図14.3）では，全体として西高東低の
気圧配置であるが，日本海の等圧線に袋状のたるみが見られる。さらに，里雪
型の気圧配置のときは，日本海上空に寒気渦と呼ばれる非常に気温の低い気団

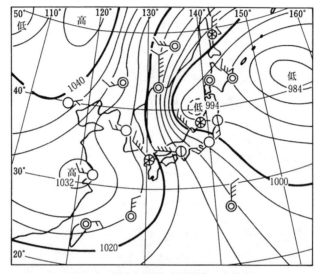

図14.3　西高東低型（里雪型）の天気図

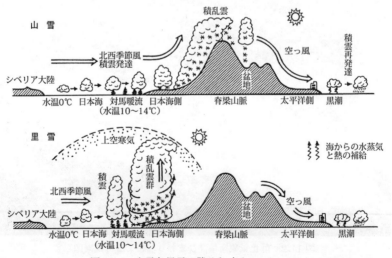

図14.4　山雪と里雪の降るしくみ　(宮沢，1991)

が現れる。この上空の寒気のため，大気が著しく不安定になり，平野部で積乱雲の発達が盛んになり大雪になる。図14.4は山雪と里雪の降るしくみを模式的に示したものである。どちらの型も，激しい雪が降るときには，雪おこしと呼ばれる雷を伴うことが多い。

　真冬の西高東低型は長続きして，季節風の吹き出しの強弱が，ほぼ1週間の周期で繰り返す。季節風が弱まると，北日本の日本海上に渦状の雲を伴う寒気内低気圧（ポーラーロー）が発生して，強風や激しいしゅう雪をもたらすことがある。また，大陸の高気圧が移動性高気圧になって日本をおおったり，日本付近に西から弱い低気圧が近づくことがある。このとき日本海側の天気は穏やかで気温も高くなる。高気圧や低気圧が通りすぎると，ふたたび季節風が吹き出す。このように周期的に西高東低型が強まったり，弱まったりするのを三寒四温と呼ぶ。

14.3　南岸低気圧型

　日本の南西海上で発生した低気圧が，発達しながら日本の南岸沖または南岸沿いを北東に進み，東の海上にぬける気圧配置である。このときの低気圧は「南岸低気圧」と呼ばれる。また，発生した海域から名前をつけて，「東シナ海低気圧」や「台湾低気圧」とも呼ばれる。図14.5は東シナ海で低気圧が発生

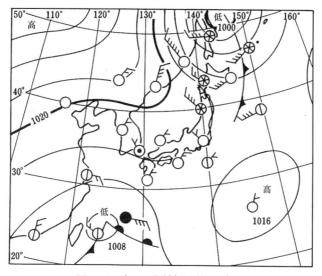

図14.5　東シナ海低気圧型の天気図

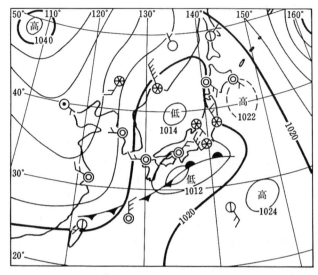

図 14.6　南岸低気圧型の天気図

したときの天気図であり，図 14.6 は低気圧が日本の南岸にあるときの気圧配
置である。

　この気圧配置は 1 年を通じて現れるが，発達したときには，日本の南岸から
北日本まで，暴風とともに大雨や大雪を降らせ，ときには竜巻も生じる。特
に，2 月から 3 月にかけて，冬型の気圧配置が弱まり始める頃に発生する南岸
低気圧は，急速に発達して，太平洋側に大雪を降らせることが多い。雨になる
か，雪になるかは，地上から雲の高さまでの温度によって決まる。これは，低
気圧の進むコースと発達の程度に依存している。雪になる目安は，地上の気温
が 2℃ 以下，850 hPa の気温が −6℃ 以下である。秋から冬にかけて，南岸低
気圧が東の海上に出ると，天気図は西高東低型に変わる。

14.4　日本海低気圧型

　図 14.7 のように，日本海に低気圧があり，発達しながら北東に進んでいく
場合の気圧配置である。この型は 1 年を通じて見られるが，特に著しく発達す
るものは春先に多い。4 月後半から 5 月にかけて低気圧が急激に発達する場合
は，メイ・ストームと呼ばれる。

　日本海に入る低気圧は，東シナ海や黄海に発生する。春先には日本海西部に
発生して，急速に発達しながら東に進むことも多い。冬のあいだは日本の東の

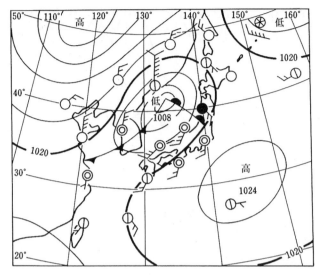

図 14.7　　日本海低気圧型の天気図

海上に出てから発達するが，春先には日本海で発達する。急激に発達する低気圧は移動速度も速い。

　日本海低気圧の場合，日本列島は低気圧の暖域に入るため，南西風が強くなり，気温が上昇する。平地では比較的天気が良いが，山では荒れた天気になる。日本海側では，しばしばフェーン現象が現れる。この低気圧が東に進むと，この低気圧から南西にのびる寒冷前線が，日本列島を通過する。前線が通る前は南風が強く，通りすぎると北寄りの風が吹く。日本海低気圧に伴う寒冷前線は活発で，前線の通過のときには，突風やしゅう雨があり，雷や竜巻を伴うこともある。低気圧が通過する北海道では，暴風雪になることが多い。

　立春をすぎてからはじめて日本海低気圧に吹き込む強い南風は，気温を急に上昇させるので春一番と呼ばれる。日本海低気圧が東の海上にぬけると，天気図は西高東低型にもどり，北西季節風が日本列島を吹き，寒さがもどる。1年中で春の気温変化がもっとも大きいのは，日本海低気圧型と西高東低型を何度も繰り返すからである。

14.5　二つ玉低気圧型

　図 14.8 に示すように，日本海低気圧と南岸低気圧が本州をはさんで同時に現れる気圧配置である。これには二つの現れ方がある。一つはもともと発生地

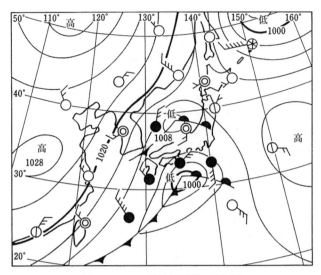

図14.8　二つ玉低気圧型の天気図

域が異なる二つの低気圧が日本海と南岸を通る場合である。もう一つの現れ方
は，東シナ海方面から日本海低気圧のコースで北東に進んできた低気圧が，九
州の北を通る頃から閉塞して，その閉塞点にできた低気圧が，南岸低気圧の
コースで進む場合である。どちらの場合も全国的に悪天になるが，閉塞前線を
伴う場合は特に雨が多く，閉塞点の付近で，突風，雷雨，竜巻の起こることが
多い。二つの低気圧の中心が離れているときは，それらのあいだに位置する地
域では雨が降らないこともある。

　二つ玉低気圧は冬から春にかけて発生することが多く，二つの低気圧が日本
の東の海上に出ると，一つの大きな強い低気圧にまとまる。この低気圧と大陸
の高気圧の間に西高東低型をつくり，季節風の吹き出しが強まることがある。

14.6　移動性高気圧型

　西高東低型をつくる大陸の高気圧はあまり移動しないが，春や秋には西から
東へ移動することがある。これが移動性高気圧で，図14.9は移動性高気圧が
日本をおおっているときの天気図である。第9.4節で述べたように高気圧の中
心の東側では風が弱く天気が良い。ここでは空気が北から流れ込むため，冷た
く乾燥している。これに夜間の放射冷却が加わると，明け方に著しく気温が下
がり，霜の降りることがある。これに対して高気圧の中心の西側では南風が吹

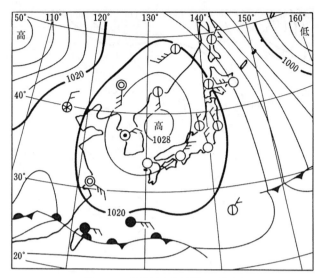

図 14.9　移動性高気圧型の天気図

いて暖かく，後ろに続く低気圧のため，うす曇が広がり，視程も良くない。移
動性高気圧の中心が通りすぎると，天気は下り坂に向かい，後ろに続く低気圧
が近づくと雨になる。

　春や秋には移動性高気圧と低気圧が 3〜4 日くらいの周期で交互に日本を通
りすぎていく。このため，晴れと雨の日が 3〜4 日ごとに現れる。なお，移動
性高気圧の経路が北に片寄ると，気圧配置は北高型になる。

14.7　帯状高気圧型

　春と秋の代表的な天気図型で，図 14.10 に見られるように，いくつかの移
動性高気圧が，ほぼ東西に並んで帯状の高気圧になっているのが特徴である。
ときには南西から北東に並ぶこともある。それぞれの移動性高気圧のあいだに
低気圧がなく，あっても発達せず，また，この高気圧の移動は遅いので晴天が
長続きする。

　東西の帯状の高気圧の南側には，ふつう東西にのびる前線がある。本州が高
気圧帯におおわれて晴天が続く頃，沖縄や小笠原諸島では，この前線の影響で
長雨となる。

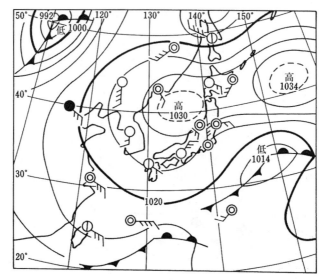

図 14.10　帯状高気圧型の天気図

14.8　梅　雨　型

　図 14.11 のような梅雨期に現れやすい気圧配置である。オホーツク海方面
と日本の南東海上に高気圧があり，この二つの高気圧のあいだに停滞前線がで
きている。この停滞前線を梅雨前線と呼ぶ。オホーツク海高気圧（第 9.5 節）
の現れる場所は，ときにはカムチャツカの南の海上や日本海の北部のこともあ
るが，この気圧配置は安定している。

　梅雨前線は，揚子江流域や西日本で顕著であり，前線の両側では，気温のち
がいより，水蒸気量のちがいがはっきりと現れる。前線の北側では，オホーツ
海高気圧から吹き出す気流が北東風として日本に吹き込み，梅雨寒と呼ばれる
低温になる。また，前線の北側では雨の天気が，少し離れたところでは曇の天
気が，何日も続く。梅雨前線のすぐ南側では積乱雲ができやすく，晴れたり，
しゅう雨になったり不安定な天気である。さらにその南側では晴天が広がる。

　梅雨後期になると，太平洋高気圧の勢力が強まり，その範囲が日本の南岸ま
で広がり，梅雨前線は日本の上を通るようになる。太平洋高気圧の周辺を流れ
る気流は，熱帯から日本付近に高温で湿度の高い空気を運んでくる。前線に
沿って，小低気圧が 2〜3 日くらいの周期で北東に移動することがある。前線
上に低気圧があるときは，低気圧そのものは小さくても，南の湿った空気が低

気圧に収束して前線の活動が活発になる。

　熱帯から湿った空気が流れてきて，850 hPa や 700 hPa の上層天気図で，きわめて湿度の高い領域として現れることがある。この高い湿度の領域は，図

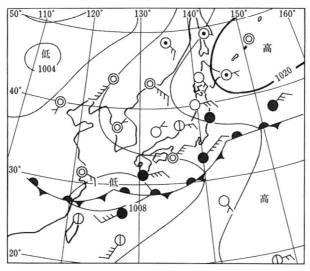

図 14.11　梅雨型の天気図

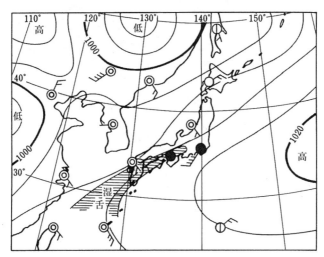

図 14.12　集中豪雨が起きたときの地上天気図と上層の湿舌

影をつけたところは 700 hPa 面の湿度が非常に高い領域。集中豪雨は長崎県で起きた。

14.12 に示したような舌状をしていることから，湿舌と呼ばれる。湿舌が日本の上空に現れると，この中では大気の不安定により中規模対流系が発達して，集中豪雨が起こる。梅雨期の集中豪雨は，気象レーダー雨量分布図で，線状降水帯として見られることが多い（第12.6節）。

14.9　南高北低型（夏型）

図 14.13 のように大陸には低気圧があり，日本の南東沖の太平洋高気圧が西に張り出して日本をおおう型である。夏の代表的な気圧配置で，夏型とも呼ばれる。太平洋高気圧の西側を鯨の胴体の下半分に見立てると，西日本のふくらみの部分は尾にあたることから，この型は鯨の尾型とも呼ばれる。

太平洋高気圧から日本と大陸に吹き込む南寄りの風は，夏の季節風である。この気圧配置は持続性が強く，同じ天気が毎日続く。日本は高温で天気が良いが，内陸部の山岳地方では，強い日射による熱対流のため，積乱雲が発生して雷雨になることが多い。一般風が弱いので，各地に海陸風が発達する。太平洋高気圧が少し南に下がり，日本付近が高気圧の北の縁にあたるときには，大陸から寒冷前線が南下したり，上空に寒気が流れ込んで大気が不安定になり，激しい雷雨になる。

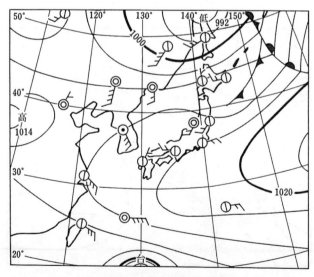

図 14.13　南高北低型の天気図

14.10　台風型

　日本付近に台風が接近してきた場合を台風型と呼ぶ。夏から秋にかけて，太平洋高気圧の勢力が南東方向に後退し，大陸の高気圧の勢力が南東方向に広がると，日本は二つの高気圧の谷間にあたるようになる。秋の台風はこの気圧の谷間を北上して日本に上陸することが多い。図14.14は南方海上に台風が進んできたときの気圧配置である。秋は大型の台風が日本付近に来襲することが多い（第10.6節）。これは，台風の発生する海域の緯度が高くなるとともに，海域が夏のあいだに暖められ，秋に北上する台風が大型まで発達しやすくなっているためである。

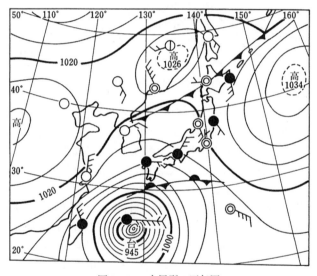

図14.14　台風型の天気図

14.11　北高型（北東気流型）

　図14.15のように，オホーツク海高気圧が北日本をおおうように張り出して，日本の南東沖に，南西から北東に停滞前線がのびる気圧配置である。前線帯に沿ってしばしば低気圧が発生して北東に進み，低気圧の通過に伴って雨が降る。秋に現れやすく，前線は秋雨前線と呼ばれている。特に秋雨前線に南から台風が近づくと，大雨が降りやすい。

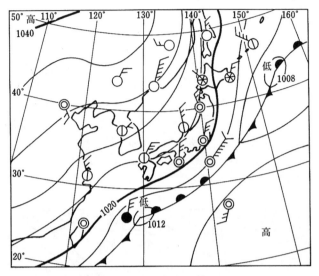

図14.15　北高型の天気図

　この気圧配置では，オホーツク海高気圧から日本付近に北東風が吹くことか
ら，北東気流型とも呼ぶ。北東風は，日本の北東の海上を吹いてくる冷たく
湿った気流である。このため，高気圧内でありながら気温は低く，曇りの天気
で，夜間から朝にかけて雨となることが多い。この気圧配置をもたらす上空の
大気の流れは，図9.2に示した。

　秋雨期と梅雨期は盛夏をはさんで現れる対称的な二つの雨期である。ともに，
オホーツク海高気圧と太平洋高気圧の間に停滞前線を伴う気圧配置であるが，
天気図で見ると大きなちがいがある。梅雨期には，大陸が夏の太陽に暖められ
て低気圧となり，南の海上の湿った気流が，大陸の内部まで流れ込んで雨を降
らせる。また湿舌が南西または西の方から日本にのびてきて，集中豪雨をもた
らすことが多い。一方，秋雨期には大陸の地面は冷えて高気圧が発達するので，
湿った気流は大陸内部に流れ込みにくい。このため，秋雨前線は東日本で現れ
やすく，前線をはさんで気温のちがいが大きい。

　本州が高気圧におおわれているときには，沖縄諸島方面が北高型の特徴を示
す天気分布になることが多い。

第15章　予報・警報

15.1　天気予報の種類

　模写通報で放送される各種の天気図をすべて受信しても，気象台の予報官が用いる豊富な資料に比べると格段の差がある。このため気象台が発表した予報や警報を入手できるときには，これをもとにして天気図を判断するのがよい。気象台が発表する予報や警報には，予報の対象となる地域（これを予報区という）の，全般的に重要なことがらはすべて含まれている。しかし，予報区はある程度広がりがあるため，予報区の中の局地的な地形の影響などは含まれていないことに注意が必要である。

　気象庁が発表する予報は，大きく分けて，一般の利用者を対象とした予報と，船舶，航空機，河川の水防活動など，特定の利用者を対象とした予報がある。一般の利用者向けの予報にはいろいろな種類があり，どれくらい先まで予報するかという予報期間の長さ（これを先行時間と呼ぶ）によって，表15.1のように分類できる。

　表15.1には載せていないが，予報をさらに細分した「全般」，「地方」，「府

表15.1　気象庁の一般向け天気予報

分類	先行時間	予報の種類	発表間隔	予報区の細かさ
短時間予報	約6時間以内	注意報・警報の一部	随時	市町村
		降水短時間予報	10分	1km格子
		降水ナウキャスト	5分	1km格子
		雷ナウキャスト	10分	1km格子
		竜巻発生確度ナウキャスト	10分	10km格子
短期予報	約6時間～約2日	明後日までの天気予報	1日3回	一次細分区域
		天気分布予報	1日3回	5km格子
		地域時系列予報	1日3回	1次細分区域
		注報報・警報の一部	随時	市町村
中期予報	約2日～約2週間	週間天気予報	1日2回	府県予報区
		2週間気温予報	1日1回	府県予報区
長期予報	約1か月～6か月	季節予報		地方予報区
		（1か月予報）	1週間	
		（3か月予報）	1か月	
		（暖候期，寒候期予報）	6か月	

県」という言葉がついた予報があり，これは予報区の大きさを表している。全般予報は，日本全国を対象とした予報で，気象庁が担当している。地方予報は，全国を11の予報区に分けて，それぞれの予報区に指定された気象台から発表される。府県予報は，府や県を予報区として，この予報区を担当する気象台から発表される。ただし，東京都では都を予報区とし，北海道では2〜3の支庁をまとめた7地域，沖縄県では4地域を予報区としているが，「府県」という言葉で代表している。府県天気予報は，地域特性によって予報区をさらにいくつかに分割できる場合には，この分割した細分地域に発表される。これを一次細分区域という。現在，府県予報区によって1〜4の区域に分割されている。

　警報や注意報は，市町村（東京特別区は区）を原則として予報区とするが，一部市町村を分割している場合もある。なお，警報や注意報では，発表する警報・注意報の発表状況を地域的に概観するために，災害特性や都道府県の防災関係機関等の管轄範囲などを考慮して，「市町村等をまとめた地域」という区域も用いる。現在，まとめた地域として，府県によって，一次細分区域を1〜6区域に分割している。

　表15.1では，短期予報から長期予報へ先行時間が長くなるにつれて，地方予報や全般予報が増えている。また，発表の時間間隔も長くなる。これは，先行時間が長くなるほど，広い予報区のおおまかな時間帯についてしか，予報できなくなるためである。また，予報の手法も先行時間によって異なり，短期予報より短いところでは初期値を一つ用いた決定論的な予測であり，中期予報より長い予報期間では初期値を複数用いたアンサンブル予報が主体である。

　なお，天気予報については，気象庁だけでなく，気象庁から予報業務許可を得た民間の気象会社も，気象予報士が作成した独自の予報を発表している。この予報はふつう契約した先に通報されるが，気象会社のインターネットのホームページで公表されているものもある。

15.2　短期予報

　短期予報は，今日から明後日までを予報する，府県天気予報が主なものである。ふつう天気予報といえば，府県天気予報の意味に使われている。この予報は平文形式で発表され，ラジオやテレビでひんぱんに放送される。予報の内容は，天気，風，最高・最低気温，降水確率，波浪である。予報官は，数値予報天気図と天気予報ガイダンスをもとに，予報時刻までのさまざまな実況データとの比較から，ガイダンス値に必要な修正を加えて，予報を作成する。実況データは，地上天気図（ASAS），等圧面天気図（AUASなど），日本付近の局

地天気図，ウィンドプロファイラの時系列図や高層断面解析図，気象衛星雲画像が主なものであり，降水時にはレーダーエコー合成図や解析雨量図が用いられる。

　天気は，表5.2に示した晴れ・曇り・雨・雪を基本に，霧・雷雨（または雷）などがつけ加えられて表現される。予報文に用いられる用語は厳密に定義されていて，日常生活で用いられる場合と意味が異なる場合がある。このため天気予報を聞くときには，用語の定義を理解しておく必要がある。表 15.2(a)には，天気の変化について述べるときに，しばしば用いられる用語の定義が示してある。また，これらの使用例が図 15.1 に模式的に示してある。表 15.2 (b)には，1日を時間区分する場合の名称，表 15.2(c)には，地域の表し方の用

表 15.2(a)　天気変化の傾向を表す用語の定義

	内容
の　ち	期間の 1/2 を境にする（期間の 1/6 ぐらいは前後してもよい）
一　時	現象が連続して起こり，その合計時間が予報期間の 1/4 未満
時　々	現象が断続して起こり，その合計時間が予報期間の 1/2 未満
	現象が一時連続して起こるが，その時間が予報期間の 1/4 以上 1/2 未満
はじめ（のうち）	期間のはじめの 1/4 ないし 1/3 くらい

表 15.2(b)　1日を時間区分する場合の名称の定義

時刻	予報用語	時刻	予報用語
00 時から 03 時	未明	03 時から 06 時	明け方
06 時から 09 時	朝	09 時から 12 時	昼前
12 時から 15 時	昼過ぎ	15 時から 18 時	夕方
18 時から 21 時	夜のはじめ頃	21 時から 24 時	夜遅く

表 15.2(c)　地域を表す用語

用　語	説　明
沿岸の海域	海岸線からおよそ 20 海里以内の水域。天気予報の対象区域に含まれる
平野部	起伏のきわめて少ない地帯（盆地は含まない）
平　地	平野と大きな盆地（山地に対する用語）
山　地	山の多いところ（平野に対する用語）
山間部	山と山との間。山地のうち人が定住しているところ
山岳部	山地のうち人が定住していないところ
山沿い	山に沿った地域。平野から山に移る地帯

語，表 15.2(d)には，気温に関する用語が示してある。

　風は，予報区内の代表的な風向（8方位）と風の強さ（4階級）を表す。気温は，代表地点の最高・最低気温を℃単位で表し，代表地点は一次細分区域内の気象台，アメダス観測所の地点が用いられる。

　降水確率は，雨や雪といった降水現象が起こる可能性を，10% 刻みで表したものである。ここでいう降水現象とは，予報期間中に 1 mm 以上の降水がある場合をすべて含む。連続して降るのか一時的に降るのか，あるいは，降水量が多いのか少ないのかについては区別しない。毎日の天気予報文では，雨や雪

表 15.2(d)　気温を表す用語

用　語	説　明	用　語	説　明
冬　日	日最低気温が 0℃ 未満の日	真夏日	日最高気温が 30℃ 以上の日
真冬日	日最高気温が 0℃ 未満の日	猛暑日	日最高気温が 35℃ 以上の日
夏　日	日最高気温が 25℃ 以上の日	熱帯夜	夜間の最低気温が 25℃ 以上の日

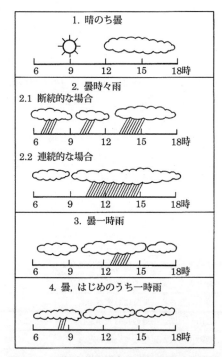

図 15.1　天気変化の傾向を表す用語の使用例

の予報について，しばしば同じ表現になる。このような場合，予報しやすい天気と予報しにくい天気の場合があり，それぞれ予報の信頼度が異なる。降水確率は，「降水あり」の予報に対して，発表のたびごとに予報の信頼度を示しているものとみなせる。たとえば，降水確率40%の予報が100回発表されたとき，実際に予報期間内に1mm以上の雨が降るのは40回で，残りの60回は，降水が全くないか，降水があっても1mm未満であることを表す。

降水確率予報は，地点確率と呼ばれるものを発表し，これは予報区のそれぞれの地点で降水ありを表す確率のことである。地点ごとに差をつけるだけの予報技術がまだないので，予報区をまとめて平均の確率値を発表している。すなわち，予報区内ではどの地点でも同じ確率となっている。これに対して，予報区内の少なくともどこか1地点で降水ありの確率としては，地域確率がある。たとえば，雷雨性の降水の場合は，予報区のどこかで雨が降るのが確実であっても（地域降水確率＝1），予報区内の平均としての地点降水確率は小さくなる。一般の利用者が必要とするのは，自分のいる地点で雨が降るか降らないかの予報であるから，地域確率より地点確率の方が利用しやすい。

なお，確率予報を利用するには，コラム6で述べるコスト/ロス・モデルの考え方が有効である。

波浪予報は，海岸を持つ予報区に対して，沿岸の海域の有義波高（第5.14節）による波の高さの予報である。なお，沿岸の海域とは，陸地から20海里（＝約37km）以内の予報区のことである。

波浪予報のほか，風向，気温，降水確率の予報は，具体的な数値として予報が発表される。このような予報を量的予報という。これに対して天気や風の強さは，それぞれ分類や階級に分けた予報であり，このような予報をカテゴリー予報という。

天気予報を利用するとき，自分が現在いる予報区の予報より，隣の県の予報を利用した方が適切な場合がある。このようなことは，県境と地形が一致しないところで起こり，地形から見ると，隣の県に含めた方が適当な場合である。府県天気予報は，府県予報区を1〜4の一次細分区域に分けて発表するだけなので，天気を左右する現象のスケールが小さいときには，細分区域の天気を一つの天気予報文で表現できない場合もある。

15.3　天気分布予報と地域時系列予報

明後日までの天気予報は，府県予報区の1次細分区域に対して，その区域の天気を一つにまとめて言葉で表したものである。気象庁では，図で表すことを

前提とした，時間的空間的にさらに詳しい天気予報も発表している。これらは，天気分布予報と地域時系列予報であり，天気予報ガイダンスから作成される予報である。予報は毎日5時，11時，17時に発表され，予報データは，コンピュータのオンライン通信で報道機関，防災機関，民間気象会社などに送られる。同時に気象庁のホームページにも掲載されている。コンピュータのオンラインデータは，いろいろな処理ができるので，これらの予報は，放送局や民間気象会社によって，気象庁のホームページとは表示形式がちがっている場合が多い。

　天気分布予報は，全国を約5km四方の格子で約32000の地域に分割し，3時間ごとの気象状態を24時間先まで予報するもので，地方予報区を単位に発表する。一方，地域時系列予報は，府県予報区の一次細分区域の代表地点で，気象状態の時間変化を3時間ごと24時間先（17時発表は30時間先）まで予報するものである。

　予報の要素は，分布予報では天気，気温，最高・最低気温，降水量（冬季には降雪量も含む）であり，時系列予報では天気，風向風速，気温である。天気は「晴」「曇」「雨」「雪」の4つの分類で表現し，降水量は3時間値を6つの階級で，降雪量は4つの階級で表現する。風向は静穏と8方位で表し，風速は6つの階級で表す。気温は1℃単位で予報されているが，気象庁のホームページでは5℃ごとに色分けで発表している。いずれの予報もカテゴリー予報となっているが，予報は色別で表示しているため，全国または地方単位で，予報要素の分布と変化傾向がひと目でわかる。

15.4　週間天気予報と2週間気温予報

　ここで述べる週間天気予報（予報期間は3日目から7日目まで）は，先行時間でいえば中期予報に分類される。数値予報の精度が良くなって，決定論的な予報でも1週間程度先まで，かなり有意な予報ができるようになっている。しかしながら，決定論的な予報では，予報期間の後半では，前半に比べて予報精度が低下し，発表予報が日ごとに変わりやすい（これを予報の日替わりという）。これらを解決するため，週間天気予報はアンサンブル予報（第13.7節）も用いられている。ただし，予報の表現は，短期予報と同じような決定論的予報の形式で，地方・府県週間天気予報が発表されている。予報要素は，期間内の毎日の天気，最高・最低気温，降水確率と，予報期間全体の降水量と気温の平年値である。このほかアンサンブル予報に特有な予報の信頼度と呼ぶ要素（後述）が毎日の予報に加えられている。

　週間アンサンブル予報は，表 13.4 に示されているように，全球モデル（GSM）の水平分解能を約 3/4 にしたモデルで，1 日 2 回それぞれ 51 メンバーについて計算している。この計算結果から，気温とその誤差幅のガイダンスは，アンサンブル平均予測値を用いて，モス方式でカルマンフィルター法により計算されている。降水確率は，24 時間に 1 mm 以上の雨の降る可能性を，10% 刻みの値で表すが，アンサンブルメンバーの中で降水ありを予想しているメンバー数と全メンバー数の比率を求めて，ガイダンス値としている。アンサンブル予報では，初期値のつくり方から，予報期間の後半ほど，予報のばらつきが大きくなるのがふつうである。このばらつきの大きさ（スプレッド）が信頼度という予報要素である。これは，予報が適中しやすいことと，予報が変わりにくいことを表すもので，A，B，C の階級で表される。信頼度 A は，予報精度が明日の天気予報と同程度であり，今日発表のある日の雨が降るという予報が，翌日発表の予報で雨が降らないという予報に変わることはほとんどないことを意味する。一方，信頼度 C は，雨が降るかどうかの予報適中率が低く，今日発表のある日の雨が降るという予報が，翌日発表の予報で雨が降らないという予報に変わる可能性が高いことを意味する。

　2 週間気温予報は，週間天気予報に続く 2 週間先までの，地点ごとの最高・最低気温の 5 日間平均の毎日予報である。加えて，地域ごとの日平均気温も予報される。気象庁のホームページには，予報の全国の地図表示と地方・府県予報区の時系列表示が載せられている。全国の地図表示は，8〜12 日先（平均で 10 日先）の 5 日間平均気温が，平年と比べて高いか低いか 5 階級の色分けで示される。地方予報区の表示は，文章で全国の今後 2 週間の気温の推移を解説したものと，全国の各地方予報区の時系列表示をまとめたものである。時系列表示は，地域平均の最近 1 週間の実況と，今後 1 週間先の日別の平均気温，2 週目の 5 日間平均気温の予報である。

　府県予報区の表示は，予報地点の過去 1 週間の最高・最低気温の経過と，向こう 2 週間の予報をまとめた時系列変化である。過去 1 週間の気温経過は，予報地点で観測した日最高・日最低気温であり，向こう 1 週間の予報は，府県天気予報や府県週間天気予報の気温予報と同じである。2 週目の予報は，中心の日の前後 5 日間平均の気温予報である。この予報は，平年と比べた 5 階級の色分けで表示されるため，過去 1 週間の経過と向こう 2 週間の気温の推移がわかりやすい。

　2 週間気温予報を用いると，たとえば，農業の分野では事前に農作物へ高温・低温の対策をとることで被害の軽減ができ，製造・販売・飲食などの分野

では気温の変化で需要が変わる商品について発注管理や在庫調整に役立てることができる。

15.5　季節予報

　先行時間で長期予報にあたるのが季節予報である。これは先行時間が1か月，3か月，暖候期・寒候期予報と分かれている（表15.1）。短期予報や週間予報のように，日々の天気は予測できないので，平年と比べて1か月，3か月の期間の平均値が，どの程度偏っているかを予測している。これらの予測手法には，アンサンブル数値予報（表13.4）が用いられ，確率を用いた全般・地方季節予報が発表されている。

　予報要素は気温，降水量（冬季は降雪量を加える），日照時間（1か月予報のみ）で，各予報区を対象に「平年より低い（少ない）」，「平年並み」，「平年より高い（多い）」の3階級の出現率がパーセントで発表される。各階級の幅は，平年値の出現率がそれぞれ1/3になるように，あらかじめ決められている。これを気候的な出現率という。それぞれの階級の確率は，短期予報の降水確率と同じ表し方であり，たとえば平年より高い確率が60%という予報が100回発表されたとき，実況では60回が平年より高い階級になり，残りの40回が平年並か平年より低い階級になることを意味する。3階級の予報出現確率を加えると100%になる。ただし，利用者が予報を使いやすいように，3階級のうち確率が最大になる階級を，カテゴリー予報として発表している。なお，短期予報の降水確率予報では，雨が降る確率値のみが発表され，降らない確率値は発表されない。これは，降らない確率値は100%から降る確率値を差し引けば明らかなためである。

　1か月予報では，全球アンサンブル数値予報モデルを用いて予報が行われているが，3か月予報より先行時間が長い季節予報は，表13.4で季節EPSと略称された大気海洋結合アンサンブル数値予報モデルが用いられる。これは，先行時間が1か月以上になると，初期条件の誤差の影響に加えて，海面水温や陸面状態などの境界条件が予測に与える影響が大きくなるためである。このモデルでは，太平洋赤道域の海面水温が高くなるエルニーニョ現象，偏西風の波動と関連するブロッキング現象，北極振動と呼ばれる北極域と中緯度域の高度の相互作用などの現象も予報される。これらは日本の天候と統計的に有意な関係が見られる現象である。これらの詳細については専門書にゆずる。

[コラム 6] コスト/ロス・モデル

短期天気予報や週間天気予報では,降水確率予報が発表され,季節予報では気温などの天気要素について3階級の出現確率の予報が発表されている。また,週間天気予報では最高・最低気温の誤差幅や予報の信頼度,台風や発達した低気圧の進路予報では予報円が発表されている。これらの予報は決定論による表現では誤差が大きいため,統計的な手法やアンサンブル数値予報の手法を利用して,誤差を含めた予報として確率値や一定の確率値に入る誤差幅を発表している。台風の予報円は,確率 70% で台風が進む領域の大きさを円の半径で示したもので,誤差幅を予報していることになる。

気象予報を利用するのは,気象の影響を受けるいろいろな活動に対して,この活動を効果的に行うため,どのような対策をとるか意思決定をするためである。この意思決定をする際に,確率値による予報や誤差幅を示した予報を有効に利用する方法として,コスト/ロス・モデルが考えられている。このモデルで,コスト (C) とは対策に必要な経費であり,ロス (L) とは対策によって軽減できる損害額である。これら二つの比 C/L をコスト/ロス比と呼ぶ。コスト/ロス・モデルによれば,小数で表した確率予報の値が P のときに,$P>C/L$ ならば対策をとることにすると,もっとも利益が大きくなる。ここで利益 (G) とは,ロスからコストを差し引いたもので,経費をかける結果,損害を軽減できる額を意味する。

ある現象が発生する確率が P という値の予報を N 回発表したとき,確率予報の精度が十分高いときには,確率予報の定義から,確率 P の N 回の予報に対して,実際には,PN 回は現象が発生し,$(1-P)N$ 回は現象が発生しない。上記のコスト/ロス・モデルでは,このときの利益は $G=LPN-CN$ であり,利益が生じるのは $G>0$ の場合である。すなわち,$LPN-CN>0$ から,$P>C/L$ が導かれる。

確率予報は,予報された確率が 50% 以上のときは現象が発生する,というカテゴリー予報に変換できる。図は,確率予報,カテゴリー予報,完全適中予報によって,対策をとる場合の利益と C/L の関係を示している。どの予報も C/L が大きくなるほど利益が小さくなるが,確率予報と完全適中予報では,必ず正の利益になっている。一方,この図のカテゴリー予報では,現象が発生すると予報した回数のうち,実際に現象が発生した割合が 70% の場合が示されている。この場合,C/L が 0.7 の利用者の利益は 0 になる。C/L が 0.7 より大きくなると,利益は負になり,予報を利用するとかえって損失が生じることになる。なお,完全適中予報とは,予報の事後評価に際して,観測値を予報としたものである。

確率予報を利用して,$P>C/L$ の場合に対策をとると,利益はいつもカテゴリー予報の利益を上回り,利益が負になることはない。図で網

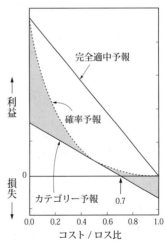

図 予報を利用して得られる利益の比較
横軸:コスト/ロス比,縦軸:利益

かけした部分は，確率予報を利用した場合にカテゴリー予報より利益が増える大きさを示している。特に，*C/L* が小さいときには，確率予報を利用すると利益が大きくなる。ただし，コスト/ロス・モデルで確率予報を有効に利用するには，あらかじめコスト/ロス比を調査しておくことが前提である。

15.6　警報・注意報

気象台では，天気予報の作業を行う中で，激しい気象現象が予想されるときには警報を発表する。警報は，重大な災害が起こるおそれのあることを警告する臨時の予報である。警報には一般の利用者向けのものと，船舶や航空など特定の利用者を対象としたものとがある。一般の利用者向けの警報では，気象が原因になっているものに，暴風警報，大雨警報，大雪警報，暴風雪警報の4種類があり，まとめて気象警報という。このほか大雨に伴う洪水警報や暴風に関連して起こる波浪警報と高潮警報がある。

現象の激しさに応じて，注意報も臨時に発表される。これは，災害が起こるおそれのあることを注意する予報で，警報にあたる重大な災害までにはならないが，一応，災害が予想される場合に発表される。注意報の種類には，警報と共通なもののほか，雷，霜，濃霧，着氷（着雪）など16種類がある。ただし，暴風警報に対応するものは強風注意報である。

警報や注意報は，重大な災害や災害のおそれがあるときに発表するが，状況の変化に伴って現象の起こる地域や時刻，激しさの程度などの予測が変わることがある。このようなときには，発表中の警報や注意報の内容を更新して，新しい警報や注意報を発表する（これを「切替」と呼ぶ）。また，災害のおそれがなくなったときには，警報や注意報が解除される。

警報や注意報には，それぞれの予報区の実状にあわせて，雨量，土壌雨量指数，流域雨量指数，表面雨量指数，風速，降雪量，波の高さ，潮位などの発表基準値が決められていて，この基準値を超えると予想される場合に発表される。この基準値は，災害の発生と気象要素の関係を調査したうえで，都道府県や気象庁などの防災機関が協議して決められる。基準値は地域ごとに異なっていて，災害発生状況の変化や防災対策の設備の状況を考慮して，必要に応じて見直される。ただし，地震で地盤がゆるんだり，火山噴火で火山灰が積もったりして，災害発生にかかわる条件が変化した場合には，通常とは異なる基準で発表されることもある。警報や注意報は，予報区のどこか一部の地域でも基準値に達すると予想されれば発表される。このため，たとえば，大雨警報が発表されたとき，予報区の地域によっては，大雨が降らない場合もある。

　大雨警報・注意報が対象とする土砂災害の基準値には，土壌雨量指数と呼ばれる値が用いられている。この指数は，土壌中にどれだけ水分が貯まっているかを見積もったものである。大雨によって大量の雨が地中に浸み込むと，土砂災害（土石流・がけ崩れなど）の危険性が高くなる。また，地中に浸み込んだ雨は，時間をかけて徐々に地下水から川や海へ流れ出すため，何日も前に降った雨による土壌中の水分量が影響して，土砂災害が発生することがある。この指数は，土砂災害の発生と対応がよく，土砂災害の危険性を示す値として有効であり，大雨警報・注意報の中で，土砂災害に注意警戒を呼びかける発表基準の一つとなっている。大雨警報・注意報が対象とする浸水害の基準値には，雨量値と表面雨量指数と呼ばれる値が用いられている。この表面雨量指数は，短時間強雨による雨の地表面での溜まりやすさを考慮して，浸水危険度の高まりを把握するためのものである。なお，大雨警報を発表する際に，特に警戒を要する災害により，大雨警報（土砂災害），大雨警報（浸水害）のように災害の見出しを付けて発表する。

　一方，洪水警報・注意報の発表基準値には，流域雨量指数と呼ばれる値と複合基準値（表面雨量指数，流域雨量指数の組み合わせによる値）が用いられている。雨が降ると，流域に降った雨が集まって，時間をかけて下流へと流れていく。流域とは，降った雨が対象の河川に流れ込む区域のことである。このため，予報区に降った雨が少量でも，上流域に降った雨の量が多ければ，予報区の洪水の危険度が高まることがある。また，洪水の危険度が高まる時間も，流域の形状や雨の降り方によって変わる。流域雨量指数は，河川の上流域に降った雨量や河川の流域を流れ下るのに要する時間も考慮して，対象河川の流域で洪水の危険度を指数として表した値である。この指数は洪水害発生と対応が良いことから，洪水警報・注意報の基準の一つに用いられている。

　土壌雨量指数，流域雨量指数，表面雨量指数は，これまでに降った雨量は解析雨量図を用いて，今後数時間に降ると予想される雨量は降水短時間予報（第15.8節）による予測雨量分布図を用いて，1 km四方の格子ごとに「タンクモデル」という手法を用いて計算される。表面雨量指数の流出量の算出では，都市用と非都市用の二種類のタンクモデルを都市化率に応じて使い分ける。タンクモデルについての解説は専門書にゆずる。

　警報や注意報には予報区ごとに発表基準が決められているが，警報の発表基準をはるかに超える豪雨や暴風などが予想され，数十年に一度しかないような重大な災害の危険性が高まっている場合には，洪水警報を除いた6つの警報に対して，特別警報が発表される。発表形式は，例えば，大雨警報に対しては

「大雨特別警報」の表題である。これらの特別警報の発表基準も予報区ごとに決められている。なお，これらの特別警報と同じように，地震・津波・火山噴火の危険性の高いものも警報の表題は変えないが，特別警報に位置付けられている。

　上に述べた警報・注意報は，一般市民の利用に向けて発表されるものであるが，このほか水防活動者向けに，国土交通省や都道府県と共同で発表する指定河川洪水警報・注意報がある。また，航空機の安全を支援する飛行場・航空路のための予報や警報，第15.10節で述べる船舶の安全のために発表する警報・注意報がある。これらの詳細については，専門書にゆずる。

15.7　気象情報

　ふつう，警報が発表されるような激しい気象現象の先行時間は，数時間程度であり，警報は短時間予報に分類される。しかし，警報が発表されてから対策に取りかかったのでは，間にあわないことがある。このため，警報の発表より前に，先行時間が半日から1日程度の全般気象情報や地方気象情報が発表される。これらの情報は，地方予報区程度の広さのどこかで半日や1日後に，低気圧や前線などで，大雨などの激しい気象現象が生じる可能性を予報するものである。たとえば，大雨の場合には，気象情報の発表の後，府県予報区に大雨をもたらす現象が近づいてくると，まず大雨注意報を発表し，その後，警報の雨量基準を超えると予想された時点で警報を発表する。さらに，数十年に一度しかないような警報の発表基準をはるかに超えると予想された時点で特別警報を発表する。また，現在どのような大雨が降っているか，府県大雨情報によって実況を速報する。

　ふつう気象情報という言葉は，いろいろな予報や警報などをまとめた広い意味で使われるが，全般気象情報や府県気象情報の場合には，警報や注意報を補う意味で使われている。また，全般気象情報と府県気象情報では，同じ情報という名前がついているが，先行時間がちがうことに注意が必要である。この情報という言葉は低気圧や前線などだけでなく，台風についても同じ考え方で用いられている。

　気象庁本庁が発表する「台風に関する気象情報（全般台風情報）」がこれに相当する。台風が発生したとき，台風が日本に影響を及ぼすおそれがあるとき，すでに影響を及ぼしているときに発表される。なお，今後台風に発達すると予想される熱帯低気圧が日本に影響するおそれがある場合には，「発達する熱帯低気圧に関する情報」との標題で情報を発表する。これらの情報には，台風の

実況と予想などを示した「位置情報」と防災上の注意事項などを示した「総合情報」があり，「総合情報」では，台風や発達する熱帯低気圧の見通し，予想雨量など防災にかかわる情報や災害への留意点，台風の発生や上陸などの情報を掲載する。必要に応じて，今後の気象の見通しを時系列の表形式で表すバーチャート等の図形式で示される。図 15.2 に総合情報の図型式例を示す。また，各地の気象台や測候所は，全般台風情報をもとに，担当する地域の特性や影響などを加味した「台風に関する地方気象情報」や「発達する熱帯低気圧に関する地方気象情報」を発表する。

　警報級の現象が翌日までか 5 日先までに予想されているときには，その可能性を早期注意情報（警報級の可能性）として，［高］，［中］の 2 段階で発表される。警報級の現象は，ひとたび発生すると命に危険が及ぼすなど社会的影響が大きいため，可能性が高い場合だけでなく，可能性が一定程度認められる場合の［中］も発表する。翌日までの早期注意情報（警報級の可能性）は，天気予報の予報区（一次細分区）に発表される。定時の 3 回の天気予報の発表に合わせて，積乱雲や線状降水帯などの小規模な現象と，台風・低気圧・前線などの大規模な現象に伴う雨，雪，風，波を対象として発表される。2 日先から 5 日先までの早期注意情報（警報級の可能性）は，週間天気予報の発表（1 日 2 回）に合わせて，週間天気予報と同じ予報区に，台風・低気圧・前線などの大規模な現象に伴う大雨等を主な対象として発表される。これらの早期注意情報が発表されたときは，これから発表される「台風情報」や「予告的な府県気象情報」の内容に十分留意する必要がある。後述する災害への心構えに対する「警戒レベル」のレベル 1 の情報にあたり，その後いつ警報等が発表されてもスムーズに行動できるよう，あらかじめ心構えを高めておくことが大切である。

　上記の「早期注意情報」と同じ府県気象情報の中には，府県に限られた特有な「記録的短時間大雨情報」「土砂災害警戒情報」「竜巻注意情報」がある。記録的短時間大雨情報は，大雨警報発表中に，府県予報区内で観測開始以来 1 位または 2 位の記録となるような 1 時間雨量を観測した場合で，観測地点の市町村が警戒レベル 4 相当の状況となっている場合にのみ発表する。この情報を発表する基準雨量は，府県予報区ごとに決められており，雨量計の観測値または解析雨量図の値をもとに発表する。この情報は，現在の降雨の状況がこれまでにも稀な大雨であること，このような雨はその地域にとって災害の発生につながる可能性が大きいことを知らせる観測情報である。

　土砂災害警戒情報は，大雨によって土石流や急傾斜地崩壊などの土砂災害が発生する危険度が高まったとき，都道府県と気象庁が共同で発表する防災情報

平成３０年　台風第２４号に関する情報　第６３号
平成３０年９月２９日１１時５９分　気象庁予報部発表

> 大型で非常に強い台風第２４号は、沖縄地方にかなり接近しているため、沖縄・奄美では３０日にかけて暴風や高波、大雨、高潮に厳重に警戒してください。３０日から１０月１日にかけては、西日本から北日本にかけての広い範囲で暴風や高波、大雨、高潮に厳重な警戒が必要です。

９月２９日１１時現在

		29日				30日								1日			
		12-15時 暴過ぎ	15-18時 夕方	18-21時 夜のはじめ頃	21-24時 夜遅く	0-3時 未明	3-6時 明け方	6-9時 朝	9-12時 昼前	12-15時 昼過ぎ	15-18時 夕方	18-21時 夜のはじめ頃	21-24時 夜遅く	0-6時	6-12時	12-18時	18-24時
北海道地方	大雨・洪水										20	30	30				
	暴風										15	15	15				
	波浪										3	3	3				
東北地方	大雨・洪水								30	30	30	30	40				
	暴風							12	12	15	15	15	23				
	波浪	3	3						3	3	3	4	5				
関東甲信地方	大雨・洪水		40	50	50	50	50	40	25	30	50	80	90				
	暴風	15	15	15	15	15	15	15	13	15	23	30	35				
	波浪	3	3	3	3	3	3	3	4	4	5	7	12				
北陸地方	大雨・洪水									35	60	60	60				
	暴風									17	18	25	25				
	波浪									3	3	4	4				
東海地方	大雨・洪水	40	40	60	60	30	30	30	30	90	90	90	90				
	暴風	15	16	16	16	16	16	16	16	20	25	30	30				
	波浪	3	3	3	3	3	4	4	5	5	8	13	13				
	高潮																
近畿地方	大雨・洪水	30	30	40	40	30	30	50	50	70	80	80	80				
	暴風	15	15	15	15	15	15	15	20	35	25	25	20				
	波浪	3	3	3	3	4	4	5	6	8	13	11	9				
	高潮																
中国地方	大雨・洪水		30	30	30	30	30	40	60	60	60	40					
	暴風		15	15	15	15	15	20	25	25	20	15					
	波浪				3	3	3	4	5	7	4	4					
	高潮																
四国地方	大雨・洪水			30	40	40	50	80	80	80	60	40					
	暴風					15	18	25	45	45	30	25					
	波浪	3	3	4	4	4	5	6	7	8	8	8					
	高潮																
九州北部地方	大雨・洪水			30	40	40	50	60	80	80	50	30					
	暴風	15	16	17	17	18	20	25	30	30	25	19	15				
	波浪	3	4	4	4	5	5	6	7	8	9	5	4				
九州南部	大雨・洪水	40	50	60	60	80	80	80	80	40	20	10	1				
	暴風	18	18	21	23	25	25	40	45	40	25	23	20				
	波浪	5	6	7	7	11	13	13	12	12	9	7	5				
	高潮																
奄美地方	大雨・洪水	50	80	80	80	80	80	80	80	1	0						
	暴風	40	40	45	45	45	45	45	21								
	波浪	12	12	13	13	13	12	9	6	6	5						
	高潮																
沖縄地方	大雨・洪水	50	80	80	80	20	20										
	暴風	40	40	45	45	30	25	23	18								
	波浪	13	13	11	11	10	8	7	6	6	5	5					
	高潮																

■ 警報級　■ 注意報級

単位　大雨・洪水（１時間雨量　ミリ）　暴風（メートル）　波浪（メートル）

　次の「平成３０年　台風第２４号に関する情報（総合情報）」は、２９日１７時頃に発表する予定です。

図 15.2　台風に関する気象情報（全般台風情報）の表示例 (気象庁)

の一つである。市町村長が避難勧告等を発令する際の判断や，住民が自主避難する際の参考になるような情報である。発表のもとになる気象庁のデータは，先に述べた土壌雨量指数である。

　竜巻注意情報は，積乱雲の下で発生する竜巻や，ダウンバースト等による激しい突風に注意を呼びかける情報で，雷注意報を補足する情報として，府県予報区を対象に発表される。竜巻注意情報が発表される場合，ふつう，半日〜1日程度前の気象情報の中で「竜巻などの激しい突風のおそれ」の注意が呼びかけられ，数時間前には雷注意報を発表し，「竜巻発生のおそれ」について，特段の注意が呼びかけられる。さらに，今まさに，竜巻やダウンバーストなどの，激しい突風が発生しやすい気象状況となった段階で，「竜巻注意情報」が発表される。この情報には有効期間が決められていて，発表から1時間となっている。注意すべき状況が続く場合には，竜巻注意情報が再度発表される。これらの情報は防災機関や報道機関へ伝達されるとともに，気象庁ホームページの「気象情報」のページで発表される。なお，竜巻などの激しい突風の発生可能性の予報として，竜巻発生確度ナウキャスト（次節参照）を常時10分ごとに発表している。竜巻注意情報は，竜巻発生確度ナウキャストで，発生確度2の階級が現れた府県予報区に発表される。

　近年，線状降水帯（第12.6節）による顕著な大雨が発生し，数多くの甚大な災害が生じている。大雨による災害発生の危険度について，非常に激しい雨が同じ場所で降り続いている状況を線状降水帯というキーワードを使って解説するため，「顕著な大雨に関する情報」の発表が始まった。この情報は警戒レベル4相当以上の状況で全般・地方・府県気象情報として同時的に発表される。線状降水帯の定義は専門家の間でも様々に使われているが，情報の発表基準は，解析雨量（5 km メッシュ）で前3時間積算降水量が100 mm 以上の分布域の面積が500 km² 以上で，分布域の形状が線状（長軸・短軸比2.5以上），分布域内の前3時間積算降水量の最大値が150 mm 以上とされている。

　防災情報の中では，大雨や強風・暴風について，雨量や風速の観測値や予想値が発表されても，一般の住民にとってどの程度の影響があるのか，実感としてわかりにくい。このため，気象庁では，定量的な雨量や風速が，人や建物などに影響する度合いを具体的に解説して，情報を受ける人に防災意識や効果を高めている。雨の強さと降り方の解説表が付表3に，風の強さと吹き方の解説表が付表4に示されている。

　上では先行時間の短い大雨等に関する気象情報について述べたが，近年，熱中症搬送者数が著しい増加傾向にあることから，熱中症の危険性が極めて高い

暑熱環境が予測される場合に，「熱中症警戒アラート」と呼ばれる情報を気象庁と環境省が共同で発表している。全国の府県予報区等を単位として，発表対象地域内の暑さ指数（WBGT）算出地点のいずれかで日最高暑さ指数が 33 以上と予測した場合に発表される。毎年 4 月から 10 月までの期間に，前日の 17時及び当日の朝 5 時に発表し，暑さへの気づきを呼びかけ国民の熱中症予防行動を促している。なお，暑さ指数（WBGT）とは，気温，湿度，輻射熱（日差し等）から求めた熱中症の危険性を示す指標である。

　また，先行時間の長い気象情報としては，「早期天候情報」が発表される。これは，その時期としては 10 年に 1 度程度しか起きないような著しい高温や低温，降雪量（冬季の日本海側）となる可能性が，いつもより高まっているときに，6 日前までに注意を呼びかける情報である。6 日先から 14 日先までの期間で，5 日間平均気温が「かなり高い」「かなり低い」となる確率が 30% 以上，または 5 日間降雪量が「かなり多い」となる確率が 30% 以上と見込まれる場合に情報が発表される。平年との天候の違いが大きな状況が続くと，社会にさまざまな影響を及ぼす。早期天候情報は，農業・牧畜の管理，電力需給計画などの分野で活用が期待される。

15.8　降水短時間予報と降水ナウキャスト

　短時間予報には，警報や注意報のほかに，雨や雪（すなわち降水）について行われている降水短時間予報がある。これは，6 時間先まで 1 km 四方の区域ごとの 1 時間降水量を，10 分ごとに図として発表する予報と，7 時間先から15 時間先まで 5 km 四方の区域ごとの 1 時間降水量を 1 時間間隔で図として発表する予報を合わせたものである。大雨が予想されるときなどに，テレビで放送されることが多い。降水短時間予報のうち 6 時間予報までは，第 5.17 節で述べた解析雨量図の実況補外予測降水量と第 13.6.1 節で述べたメソモデル（MSM）と局地モデル（LFM）の予測降水量を混合して求めた降水量（ブレンド降水量と呼ぶ）の両方から，それぞれの予測精度に比例した重みをつけて，合成する方法が用いられている。7 時間先から 15 時間先までの予報では，上に述べたブレンド降水量を予報値としている。6 時間先までの予測手法と 7 時間先から 15 時間先までの予測手法とが異なることから，予測手法の違いに着目して，降水 15 時間予報と呼ぶことがある。

　実況補外予測とは，まず，解析雨量の過去の分布からパターンマッチングという客観的な方法で，50 km 格子ごとに降水域の移動速度を求める。この移動速度で初期時刻の解析雨量図を補外して，将来の降水量分布図を予測する。こ

のとき MSM による風や気温の予測結果を利用して，地形で停滞する降水域を分離する計算や，地形による気流の上昇（下降）で降水が増加（減衰）する効果も計算に含めている。この実況補外予測値は，予測時間の前半ではブレンド降水量予測値より精度が良く，二つの予測を合成するときの重みが大きくなっているが，後半ではブレンド降水量予測値の重みが大きくなっている。なお，実況補外予測では，解析雨量を予報の初期データとするため，降水6時間予報の対象域は，気象レーダーの探知範囲に限られている（図5.6参照）。

　急速に発達する雷雨などによる短時間強雨の予報については，降水6時間予報よりさらに時間的に分解能が高い降水予報が発表されていて，これは降水ナウキャストと呼ばれている。ナウキャスト（nowcast）とは，英語の今（now）と予報（forecast）を組みあわせた造語であり，世界各国で用いられている。天気の実況の細かな解説と，その目先数時間の変化の予報という意味で使われ，天気の実況を補外する手法が基本になっている。

　気象庁の降水ナウキャストは，気象レーダーの全国エコー合成図を用いて，5分ごとに，1時間先までの，1km四方の区域の，降水の強さを補外予報するものである。5分ごとの予報であるが，1時間降水強度（mm/h）で表示されている。降水6時間予報と同じように，予測を行う時点で求めた降水域の移動の状態がその先も変化しないと仮定して，降水の分布を移動させ，60分先までの降水の強さの分布を計算している。降水の分布の移動速度は過去1時間程度の降水域の移動や上層の観測データから求めている。降水の強さには，地形による発達・衰弱の傾向を加味している。降水ナウキャストは，新たに発生する降水域は予測できないが，5分ごとに新しい初期値をもとに予報を行うので，降水域の急な変化も予報に含まれる。

　降水ナウキャストには，上記のものより予測期間が30分間で，5分間隔に更新し，解像度が250m（陸上と海岸近くの海上）の高解像度降水ナウキャストと呼ばれる予報が提供されている。このナウキャストは，気象庁の気象ドップラーレーダーの観測データに加えて，国土交通省レーダー雨量データも活用して予測初期値を求める（上記の降水ナウキャストでは初期値を実況値と呼ぶのに対し，高解像度降水ナウキャストでは解析値あるいは実況解析値と呼ぶ）。この初期値について，気象庁・国土交通省・地方自治体の全国の雨量計のデータ，ウィンドプロファイラやラジオゾンデの高層観測データも利用して，降水域の内部を立体的に解析して，3次元で予測する手法を用いている。予測前半では3次元的に降水分布を追跡する手法で，予測後半では気温や湿度等の分布に基づいて雨粒の発生や落下等を計算する対流予測モデルを用いた予測に徐々

に移行する手法である。なお，海岸から離れた海上では1km解像度の予測を提供し，予測時間35分から60分までは，30分までと同じアルゴリズムで予測した全域1kmの解像度で予測が提供されている。

　ナウキャストには，降水ナウキャストのほかに，竜巻発生確度ナウキャストと雷ナウキャストがある。竜巻などの突風は，規模が小さく，レーダーなどの観測機器では直接に現象を捉えることができない。このため，竜巻発生確度ナウキャストは，気象ドップラーレーダーの観測と数値予報の結果から，竜巻などの突風が今にも発生する（または発生している）可能性の予報である。発生の確からしさの程度を2階級で，地域を10km格子単位に，10分間隔で1時間先まで予測し，10分ごとに発表が更新される。気象ドップラーレーダーの観測では，発達した積乱雲の中に，竜巻の発生と関係の深い直径数キロメートルの低気圧性回転（メソサイクロン）の有無について解析する。数値予報では，大気の鉛直不安定性や鉛直シアなど，メソサイクロンの発生に関連の深い指数（突風ポテンシャル指数と呼ぶ）を計算し，竜巻の発生確度を予測する。竜巻注意情報は，竜巻発生確度ナウキャストの発生確度が2となった地域（県など）に発表される。

　一方，雷ナウキャストは，雷の激しさや落雷の可能性を1km格子単位で解析し，10分間隔で1時間先まで予測し，10分ごとに発表が更新される。雷の観測は，雷監視システム（第5.12節）で雷放電を検知し，検知数が多いほど激しい雷と解析する。これにレーダーエコー強度観測も利用して，雷活動度を4階級で表す。予測は，現在の雷解析結果を，過去の雷分布から求めた移動方向に移動させるとともに，雷雲の盛衰の傾向も考慮している。雷注意報は，雷による被害が発生すると予想される数時間前に発表されるが，雷ナウキャストは，雷の発生の有無にかかわらず常時発表されているので，活動度の程度で雷被害に注意をはらうことができる。

　降水短時間予報と降水などのナウキャストは，分布図形式の情報として防災機関等に提供されるほか，気象庁ホームページにも掲載されている。民間気象会社では携帯コンテンツサービスとして，個人向けに降水短時間予報やナウキャストの通報がなされており，屋外活動での利用も可能になっている。

　風や気温などの気象要素については，降水や雷のような形式の短時間予報やナウキャストは行われていない。これは，降水や雷の場合には，気象レーダーや雷監視システムによって，短時間のうちに広範囲に細かく観測できるが，ほかの気象要素では，このような観測手段が実用化されていないためである。

15.9　防災気象情報と警戒レベル

　これまでの節で，気象庁が発表する警報・注意報・情報などの防災気象情報について述べたが，内閣府では「避難情報に関するガイドライン」を公表し，住民は自らの命は自らが守る意識を持ち，自らの判断で避難行動をとるとの方針が示されている。この方針に沿って自治体や気象庁等から発表される防災情報を用いて住民がとるべき行動を直感的に理解しやすくなるよう，5 段階の警戒レベルを明記して防災気象情報が提供されることとなっている。表 15.3 に大雨・土砂災害・洪水・高潮に関して，それぞれの防災気象情報を参考に，と

表 15.3　防災気象情報と内閣府警戒レベル$^{(*)}$との対応 (気象庁)

防災気象情報	とるべき行動	内閣府警戒レベル
大雨特別警報	地元の自治体が警戒レベル 5 緊急安全確保を発令する判断材料となる情報。災害が発生又は切迫していることを示す警戒レベル 5 に相当。何らかの災害がすでに発生している可能性が極めて高い状況となっている。命の危険が迫っているため直ちに身の安全を確保する。	警戒レベル 5 相当
土砂災害警戒情報 高潮特別警報 高潮警報	地元の自治体が警戒レベル 4 避難指示を発令する目安となる情報。危険な場所からの避難が必要とされる警戒レベル 4 に相当。災害が想定されている区域等では，自治体からの避難指示の発令に留意するとともに，避難指示が発令されていなくてもキキクル（危険度分布）等を参考に自ら避難の判断をする。	警戒レベル 4 相当
大雨警報（土砂災害） 洪水警報 高潮注意報（警報に切り替える可能性が高い旨に言及されているもの）	地元の自治体が警戒レベル 3 高齢者等避難を発令する目安となる情報。高齢者等は危険な場所からの避難が必要とされる警戒レベル 3 に相当。災害が想定されている区域等では，自治体からの高齢者等避難の発令に留意するとともに，高齢者以外の方もキキクル（危険度分布）等を用いて避難の準備をしたり，自ら避難の判断をする。	警戒レベル 3 相当
大雨注意報 洪水注意報 高潮注意報（警報に切り替える可能性に言及されていないもの）	避難行動の確認が必要とされる警戒レベル 2。ハザードマップ等により，災害が想定されている区域や避難先，避難経路を確認する。	警戒レベル 2
早期注意情報（警報級の可能性）注：大雨に関して，[高] 又 は [中] が予想されている場合	災害への心構えを高める必要があることを示す警戒レベル 1。最新の防災気象情報等に留意するなど，災害への心構えを高める。	警戒レベル 1

＊内閣府ホームページ（https://www.bousai.go.jp/index.html）を参照

るべき行動と内閣府警戒レベルの対応が示してある。

　なお，表15.3の中で記されている「キキクル（危険度分布）」とは，大雨による災害発生の危険度の高まりを地図上で確認できる危険度分布の愛称のことである。危険度分布には大雨警報（土砂災害），大雨警報（浸水害），洪水警報の危険度分布があり，それぞれの愛称は「土砂キキクル」，「浸水キキクル」，「洪水キキクル」と表記される。

　大雨時には，雨は地中に浸み込んで土砂災害を発生させ，地表面に溜まって浸水害をもたらし，川に集まって増水して洪水災害を引き起こす。気象庁では，このような雨水の挙動を模式化し，それぞれの災害リスクの高まりを表す指標として表現した土壌雨量指数，表面雨量指数，流域雨量指数の技術開発を進め，これらの3つの「指数」を用いて，災害リスクの高まりを「雨量」そのものよりも適切に評価・判断して，的確な警報発表につなげている（第15.6節）。「キキクル（危険度分布）」は警報・注意報が発表されたときに，実際にどこでこれらの「指数」の予測値が警報・注意報の基準に到達すると予想されているのか，一目で面的に確認できるように図表示で提供されている。

15.10　海上予報・警報

　船舶の利用者の安全のため，気象庁が発表する予報には，海上の気象の予報・警報と，波浪，海水温，海流，海氷など海象の予報・警報がある。これらの予報・警報の種類とその内容が，表15.4にまとめられている。

　こうした予報・警報は，船舶などの利用者がいつでも利用できるように，気象庁から国際海事通信衛星（インマルサット）経由セーフティネット，海上保安庁（国際・日本語ナブテックス），気象庁無線模写通報（JMH），NHKラジオ気象通報で通報されている。このほかにも，海上保安庁の地方機関と各地の漁業用海岸局から無線通信で放送されている。表15.4のうち，波浪予報，波浪警報，高潮警報などは，沿岸の一般住民にも影響が大きいので，テレビやラジオで放送されている。

　海上の気象の予報・警報には，全般海上警報と地方海上予報・警報がある。全般海上警報は，図15.3(a)に示した0°N〜60°N，100°E〜180°Eの範囲の海域を予報区として発表される。地方海上予報・警報は，日本の海岸線から300カイリ以内の海域と沖縄方面の海域を，図15.3(b)に示した12の地方海上予報区に分けて発表される。なお，全般海上予報区（図15.3(a)）は，WMOにおける取りきめのもとに，気象庁が発表の権限のある国際的なSTORM WARNINGSの責任予報区と共通している。このため国際的な放送もかねて，海上予

表15.4　海の予報・警報

種　　類	内　　容	発　表　等
波浪予報	府県一次細分区予報区の沿岸から20カイリ以内の海域の有義波高の予報（天気予報に含む）	テレビ・ラジオ等（1日3回）
波浪注意報・警報	同上の海域での波浪の注意報・警報・特別警報	テレビ・ラジオ等（随時）
高潮注意報・警報	同上の海域での高潮の注意報・警報・特別警報	テレビ・ラジオ等（随時）
全般海上警報	東経180度までの北西太平洋海域内の船舶の安全な航行のため低気圧や台風などで危険が予想される場合の警報	セーフティーネット，国際・日本語ナブテックス，気象庁無線模写通報（1日4〜8回），NHKラジオ気象通報（1日1回）
地方海上予報・警報	日本を12の地域に分け，その海岸から300カイリ以内の海域の海上予報と海上警報	海上保安庁の地方機関，漁業無線局，ラジオ・テレビ（随時）
海上分布予報図	地方海上予報・警報で述べる気象現象の分布を図型式の情報としたもの	海上保安庁（1日4回）
漁業無線気象通報	漁業用海岸局に所属する漁船に対する気象情報	漁業用海岸局（随時）
波浪予想図	北西太平洋および日本沿岸海域の波浪の12〜72時間予想図	気象庁無線模写通報（1日2回）
海面水温・海流実況図	北西太平洋海面水温と海流の実況図	気象庁無線模写通報（1日2回）
海氷（結氷期）情報	オホーツク海南部の最新の海氷実況と今後の見通し	気象庁無線模写通報，海上保安庁の地方機関，ラジオ・テレビ（1日1回）
海氷（結氷期）予報図	北海道周辺海域における10日先までの海氷分布の予報	同上

報・警報は英文と和文で放送されている。

15.10.1　全般海上警報

　全般海上警報は，気象庁が担当し，発表は原則として随時であるが，警報作成は広域の地上天気図がもとになるので，実際には天気図解析時刻にあわせて1日4回（00, 06, 12, 18 UTC）となっている。発表形式は，冒頭符号，観測時刻（協定世界時），警報，概況の順になっている。警報の種類には，表15.5に示したものがある。警報の原因となる気象現象には，熱帯低気圧，温帯低気圧，季節風，停滞前線，濃霧などがある。警報は，原因となる気象現象が予報区にすでに現れているか，向こう24時間以内に予報区に現れると予想される

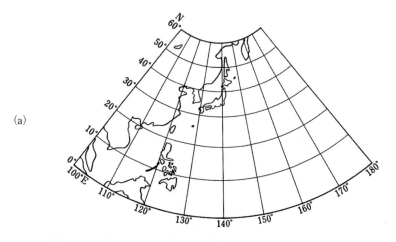

(a)

(b)

図 15.3　海上予報区
(a) 全般海上警報の予報区　　(b) 地方海上予報・警報の 12 の予報海域

表15.5　全般海上警報の種類

種　別	呼　　称		記号	内　　容
	英　　文	和　　文		
一般警報	WARNING	海上風警報 カイジョウカゼ ケイホウ	[W]	向こう24時間以内に予想される風速は34ノット未満であるが，低気圧の発生など，とくに注意をうながす必要がある場合
		海上濃霧警報 カイジョウノウ ムケイホウ	FOG [W]	濃霧について警告を必要とする場合
強風警報	GALE WARNING	海上強風警報 カイジョウキョ ウフウケイホウ	[GW]	向こう24時間以内に風速の最大が34ノット以上48ノット未満に達すると予想される場合
暴風警報	STORM WARNING	海上暴風警報 カイジョウボウ フウケイホウ	[SW]	向こう24時間以内に風速が48ノット以上に達すると予想される場合，ただし熱帯低気圧による風速64ノット以上の場合を除く
台風警報	TYPHOON WARNING	海上台風警報 カイジョウタイ フウケイホウ	[TW]	熱帯低気圧によって向こう24時間以内に風速の最大が64ノット以上に達すると予想される場合
警報なし	NO WARNING	海上警報なし カイジョウケイ ホウナシ	―	警報を発表する現象がないか，または予想されない場合

(注) この表にのせたもののほか，風および霧以外の現象について警告する必要がある場合は，一般警報として現象名の前に「海上」をつけて警報を行うことがある

場合に発表される。警報事項の内容は，模写通報（JMH）のアジア地上天気図（ASAS）にも，記事が英文で記述され，警報区域や予報円が図示される。また，ラジオ気象通報の「漁業気象」の中でも放送される。概況は，警報で述べられなかった高・低気圧や前線などについて，これから24時間以内に予報区に影響するもののあらましが述べられる。

　なお，日本とその近海に，風速48ノット以上の暴風が影響するおそれがあるときには，臨時警報が発表される。臨時警報は，定時の警報のあいだの時刻（03，09，15，21 UTC）の天気図解析をもとにして発表される。臨時警報が発表されるときには，定時の全般海上警報の末尾で予告される。ただし，概況は臨時警報には含まれない。

15.10.2　地方海上予報・警報

　地方海上予報・警報は，図15.3(b)に示した地方海上予報区に対して発表さ

れる。発表された予報・警報は，海上保安庁の地方機関から，予報は英文で，警報は英文と和文で放送される。また，予報区によっては漁業用海岸局やラジオ・テレビでも放送される。地方海上予報は，1日2回定時に発表され，地方海上警報は，必要なときにいつでも発表される。

　地方海上予報は，冒頭符号，観測時刻（日本時），概況，実況，予報について放送される。また，地方海上警報は，冒頭符号，観測時刻（日本時），発表時刻（日本時），警報について放送される。それぞれの項目の内容は次のようなものである。概況では，24時間以内に予報区に影響する高・低気圧や前線のあらましについて述べられる。地方の状況によっては，概況は省略されることもある。実況では，予報区内の船舶と沿岸の陸上の，主な地点の気象と水象の観測結果が示される。予報では，24時間以内に予想される風・天気・視程・波浪について示される。予報の最後には，注釈として「継続中の警報の種類」または「警報なし」が示される。警報の項目は，全般海上警報で放送されることとほぼ同じである。

　地方海上予報・警報を補足する分布図形式の海上予報として，海上分布予報が発表されている。海上予報・警報と同じ海域で，風，波，視程（霧），着氷，天気の気象要素を格子単位（緯度・経度とも0.5度の格子）の分布予想図にしたものである。気象要素は3～6の階級で表し，24時間先までの予報を色別で表示しているため，分布と分布の推移がひと目でわかる。

15.11　観天望気と気象観測による天気判断

　天気を判断する材料は，これまで述べてきた気象台の予報や警報と，第13章で述べた天気図である。これらにつけ加えて，次に述べる観天望気や，自分のいる場所の観測結果を用いた判断も，局地的な天気を予想するのに役立つ。

　観天望気とは，天気の変化を予想するため，空の雲や風の様子を観察することである。人々の生活は古くから天気に支配されることが多かったので，経験的に得られた予測方法が記憶しやすいことわざ（これを天気俚諺という）で伝えられている。これらには科学的な根拠がなく迷信的なものもあるが，長い間の観察から正しいものもたくさんある。天気俚諺を役立てるには，第1部や第2部で得た知識によって，気象学的に説明できるかどうか判断することが大切である。

　たとえば，「夕焼けは晴，朝焼けは雨」という天気俚諺は，東洋でも西洋でも，紀元前から知られている。夕焼けは西の方が晴れていることを示し，中緯度の天気は西から東に移動するので，晴の前ぶれとなる。一方，朝焼けは大気

中に水蒸気が多いことを示し，雨の前ぶれとなる。また，「雲の堤が見えると
早手がくる」というのは，寒冷前線に伴って積乱雲が近づき，突風が吹くこと
を表している。雲の変化を注意して見ていると，寒冷前線の接近が1時間ぐら
い前にわかる。このほか「月や日が傘をかぶると雨」，「北東風は天気が悪い」
などがあり，天気図から読み取った判断につけ加えると，局地の天気を予想す
るのに役立つことが多い。

　天気図を用いて天気を判断する場合にも，自分がいるところで測定した気象
要素の値は，これからの天気の変化を予想するのに大切な手がかりとなる。気
圧計で正確に気圧を観測すると，自分が現在いる地点が，低気圧の中心に対し
てどのような位置にあるのかわかる。また気圧の上がり具合や下がり具合を
知って，低気圧の中心が自分のところから遠ざかっているのか，近づいている
のか知ることもできる。場合によっては，接近してくる低気圧が，発達してい
るのか衰弱しているのか判断する材料にもなる。

　風の観測も天気判断に役立つ。第2.15節で述べたボイス・バロットの法則
は，風の観測から自分の位置と低気圧や台風の中心位置との関係を示してくれ
る。また，観測した風の順転や逆転から，低気圧や台風の中心が自分のどちら
側を進んできているか判断できる。さらに，風の観測から，低気圧と自分の位
置関係がわかると天気の予想もつく。図2.15の場合のように，低気圧が西か
ら進んできて，風向が逆転しているときは，低気圧は自分の南側を通過するこ
とになる。このとき第8.3節で述べたように，雲量や降水は，ふつう前線や低
気圧の北側で多く，広い範囲にわたっている場合が多いので，天気の回復は早
くない。一方，前線は低気圧の中心の南側にあるので，自分のところを前線が
通過する可能性はかなり小さい。

　実際には，気象観測による天気の判断をそのまま適用できることは少ない。
むしろ，天気図で台風の中心はどこにあるか，どんな進行方向をとっているか
を調べ，これを自分がいるところの観測結果で確認した後，これらを総合して
天気の判断をするのがよい。このため天気図には自分のところで観測した値を
記入しておくのがよい。

付　　表

付表 1　10 種雲形の特徴

名　　前	記　号	特　　　　　徴
(1)　巻　　　雲	Ci	対流圏にできる雲の中で，いちばん高い雲で繊維状をしているので，すじ雲とも呼ばれる。形は，房状，線状，羽毛状，コンマ状，かぎ状など，さまざまである。この雲は氷晶からできているため，白絹のような光沢をしている。空に巻雲だけが浮かんでいるときは，天気のよい状態が続く。巻雲がひろく空をおおうようになり，さらにそれが巻層雲や巻積雲に連なるようになると，たいてい天気が悪くなる。巻雲は，以前は絹雲とも書いたが，現在は巻雲に変更されている。
(2)　巻　積　雲	Cc	この雲も氷晶からできていて，白い雲の小さな塊が，たくさん群れになって見える。これが魚のうろこや，さばのもようにも見えたりするので，うろこ雲やさば雲とも呼ばれる。巻雲や巻層雲が変化してできたり，これらの雲に変化する途中に現れる。
(3)　巻　層　雲	Cs	氷晶でできた，うすくて白いベール状の雲である。このため，うす雲とも呼ばれる。巻積雲に連なって現れ，全天をおおうようになると，天気が悪くなる。太陽や月のまわりに，かさが見えることがある。かさとは，視半径が約 22° の光輪であり，雲をつくっている氷晶が光を屈折してできるものである。
(4)　高　層　雲	As	灰色または青みがかった灰色の厚い雲で，空を一面におおうことが多い。主に水滴からできているが，ときには氷晶が混ざっている。雲がうすいときには，太陽や月がスリガラスを通したように見える。厚いときには太陽や月をかくしてしまい，おぼろ雲とも呼ばれる。この雲から降る雨や雪は，地面に達するまでにたいてい蒸発してしまう。巻層雲に連なって現れることが多い。これがさらに低く厚くなると，乱層雲に変化していく。
(5)　高　積　雲	Ac	やや濃淡のある白色や灰色の雲であり，水滴からできている。巻積雲の場合よりもやや大型の雲の塊が規則正しくならんでいる。牧場に群がる羊のように見えるので，羊雲とも呼ばれる。太陽や月にかかると，雲の周辺に光冠（コロナ）が現れることが多い。光冠とは，無数の水滴に回折されて生じる視半径 2〜5° の色づいた光輪である。
(6)　層　積　雲	Sc	周辺が白く，中心が灰色の大きな団塊状の雲で，塊が規則正しくならんでいる。ロール状ないし波状の形をしている。ふつう天気のよいときに現れ，特に冬には上空の風が強いときに見られる。水滴でできているが，光冠の現象が現れることはない。

(7) 層　　　雲	St	水滴からできた，灰色または薄墨色の低い層状の雲である。霧に似ているが，地面には接していない。層雲が濃くなると，乱層雲に似てくる。乱層雲は連続した雨や雪を伴うのに対して，層雲は雨や雪を伴うことが少ない。雨を伴っても雨滴がごく小さい霧雨に限られる。
(8) 乱　層　雲	Ns	暗い灰色の，ほとんど一様な雲で，雲底が低い。雲の輪郭ははっきりしないことが多い。連続した降雨や降雪を伴うのがふつうである。雨雲とも呼ぶ。雨のとき乱層雲がちぎれて下を低く飛んでいるのは片乱雲という。片乱雲はちぎれ雲とも呼び，この雲からは雨は降らない。
(9) 積　　　雲	Cu	垂直に発達した雲で，上面は白く丸みをおびたドーム形をしていることが多く，下面はほとんど水平である。晴れた日に現れる雲で，日中地面が暖められて起こる対流が発生の原因である。大気が安定なときは鉛直方向にあまり発達しないので，偏平積雲あるいは好晴積雲と呼ばれる。大気が不安定なときには垂直方向に大きく発達し，雲塊も大きくなり，雄大積雲と呼ばれる。
(10) 積　乱　雲	Cb	積雲がさらに垂直方向に発達して，雲頂が上層雲の高さに達している。発達期にはその頂が坊主頭のようにむくむく盛り上がっているので入道雲と呼ばれる。積乱雲の上部は氷晶でできているので，巻雲に似たすじ状の特徴がある。上面が圏界面に達すると，巻雲がかなとこ形に横に広がり，かなとこ雲と呼ばれる。雄大積雲の段階では，雷も伴わず，雨も降らないが，積乱雲にまで発達すると，雷を伴い，しゅう雨性の雨や雪をもたらし，ときにはひょうを伴う。雷雲とも呼ぶ。

付表2　国際式　現在天気記号と過去天気記号（右端の別枠）

00〜19 観測時または観測前1時間内（ただし09, 17を除く）に観測所に降水，霧，氷霜（11, 12を除く），砂じんあらしまたは地ふぶきがない	00 前1時間内の雲の変化不明	01 前1時間内に雲消散中または発達がにぶる	02 前1時間内に空模様全般に変化がない	03 前1時間内に雲発生中または発達中	04 煙のため視程が悪い
	10 もや	11 地霧または低い氷霧が散在している（眼の高さ以下）	12 地霧または低い氷霧が連続している（眼の高さ以下）	13 雷光は見えるが雷鳴は聞こえない	14 視程内に降水があるが地面または海面に達していない
20〜29 観測時前1時間内に観測所に霧，氷霧，降水雷電があったが観測時にはない	20 霧雨または霧雪があった。しゅう雨性ではない	21 雨があった。しゅう雨性ではない	22 雪があった。しゅう雪性ではない	23 みぞれまたは凍雨があった。しゅう雨性ではない	24 着水性の雨または霧雨があった。しゅう雨性ではない
30〜39 砂じんあらし，地ふぶき	30 弱いまたは並の砂じんあらし。前1時間内にうすくなった	31 弱いまたは並の砂じんあらし。前1時間内変化がない	32 弱いまたは並の砂じんあらし。前1時間内に始まった，または濃くなった	33 強い砂じんあらし。前1時間内にうすくなった	34 強い砂じんあらし。前1時間内変化がない
40〜49 観測時に霧または氷霧	40 遠方の霧または氷霧。前1時間観測所にはない	41 霧または氷霧が散在	42 霧または氷霧。空を透視できる。前1時間内にうすくなった	43 霧または氷霧，空を透視できない。前1時間内にうすくなった	44 霧または氷霧，空を透視できる。前1時間内変化がない
50〜59 観測時に観測所に霧雨	50 弱い霧雨。前1時間内に止み間があった	51 弱い霧雨。前1時間内に止み間がなかった	52 並の霧雨。前1時間内に止み間があった	53 並の霧雨。前1時間内に止み間がなかった	54 強い霧雨。前1時間内に止み間があった
60〜69 観測時に観測所に雨	60 弱い雨。前1時間内に止み間があった	61 弱い雨。前1時間内に止み間がなかった	62 並の雨。前1時間内に止み間があった	63 並の雨。前1時間内に止み間がなかった	64 強い雨。前1時間内に止み間があった
70〜79 観測時に観測所にしゅう雨性でない固体降水	70 弱い雪。前1時間内に止み間があった	71 弱い雪。前1時間内に止み間がなかった	72 並の雪。前1時間内に止み間があった	73 並の雪。前1時間内に止み間がなかった	74 強い雪。前1時間内に止み間があった
80〜89 観測時に観測所にしゅう雨性降水など	80 弱いしゅう雨	81 並または強いしゅう雨	82 激しいしゅう雨	83 弱いしゅう雨性のみぞれ	84 並または強いしゅう雨性のみぞれ
90〜94 観測時にはないが前1時間内に雷電 95〜99 観測時に雷電	90 並または強いひょう，雨かみぞれを伴ってもよい。雷鳴はない	91 前1時間内に雷電があった。観測時に弱い雨	92 前1時間内に雷電があった。観測時に並または強い雨	93 前1時間内に雷電があった。観測時に弱い雪。みぞれ，雪あられまたはひょう	94 前1時間内に雷電があった。観測時に並または強い雪。みぞれ，雪あられまたはひょう

（注）　雨雪などの記号が水平に並ぶのは「連続性」，垂直に並ぶのは「止み間のある」ものを意味する。
　　　　左側に付した垂直の一本線は「現象の増加」，右側のそれは「現象の減衰」を意味する。

05 煙　霧	06 空中広くじんあいが浮遊（風に巻き上げられたものではない）	07 風に巻き上げられたじんあい	08 前1時間内に観測所または付近の発達したじん旋風	09 視界内または前1時間内の砂じんあらし	0 雲量5以下
15 視界内に降水。観測所から遠く5km以上	16 視界内に降水。観測所にはない。5km未満	17 雷電。観測時に降水がない	18 前1時間内に観測所または視界内にスコール	19 前1時間内に観測所または視界内にたつまき	1 雲量5～6
25 しゅう雨があった	26 しゅう雪またはしゅう雨性のみぞれがあった	27 ひょう、氷あられ、雪あられがあった。雨を伴ってもよい	28 霧または氷霧があった	29 雷電があった。降水を伴ってもよい	2 全期間雲量6以上
35 強い砂じんあらし。前1時間内に始まった。またはこくなった	36 弱いまたは並の地ふぶき。眼の高さより低い	37 強い地ふぶき。眼の高さより低い	38 弱いまたは並の地ふぶき。眼の高さより高い	39 強い地ふぶき。眼の高さより高い	3 砂じんあらしまたは高い地ふぶき
45 霧または氷霧、空を透視できない。前1時間内変化がない	46 霧または氷霧、空を透視できる。前1時間内に始まった。またはこくなった	47 霧または氷霧、空を透視できない。前1時間内に始まった。またはこくなった	48 霧、霧氷が発生中。空を透視できる	49 霧、霧氷が発生中。空を透視できない	4 霧、氷霧または濃煙霧
55 強い霧雨。前1時間内に止み間がなかった	56 弱い着氷性の霧雨	57 並または強い着氷性の霧雨	58 霧雨と雨、弱	59 霧雨と雨、並または強	5 霧雨
65 強い雨。前1時間内に止み間がなかった	66 弱い着氷性の雨	67 並または強い着氷性の雨	68 みぞれまたは、霧雨と雪、弱	69 みぞれまたは、霧雨と雪、並または強	6 雨
75 強い雪。前1時間内に止み間がなかった	76 細氷。霧があってもよい	77 霧雪。霧があってもよい	78 単独結晶の雪	79 凍　雨	7 雪またはみぞれ
85 弱いしゅう雨	86 並または強いしゅう雨	87 雪あられまたは氷あられ、弱。雨かみぞれを伴ってもよい	88 雪あられまたは氷あられ、並または強。雨かみぞれを伴ってもよい	89 弱いひょう。雨かみぞれを伴ってもよい。雷鳴はない	8 しゅう雨性降水
95 弱または並の雷電。観測時に雨、雪またはみぞれを伴う	96 弱または並の雷電。観測時にひょう、氷あられまたは雪あられを伴う	97 強い雷電。観測時に雨、雪またはみぞれを伴う	98 雷電。観測時に砂じんあらしを伴う	99 強い雷電。ひょう、氷あられまたは雪あられを伴う	9 雷電

カッコ（　）の記号は「視界内」，右側の鉤カッコ」は「前1時間内」の現象を意味する。
右端の過去天気記号の数字はコード番号を示す。

付表 3　雨の強さと降り方の解説表

1時間雨量 (mm)	予報用語	人の受けるイメージ	人への影響 屋内（木造住宅を想定）	屋外の様子	車に乗っていて	災害発生状況
10以上〜20未満	やや強い雨	ザーザーと降る。	地面からの跳ね返りで足元がぬれる。 雨の音で話し声が良く聞き取れない。	地面一面に水たまりができる。	ワイパーを速くしても見づらい。	この程度の雨でも長く続くときは注意が必要。
20以上〜30未満	強い雨	どしゃ降り				側溝や下水、小さな川があふれ、小規模の崖崩れが始まる。
30以上〜50未満	激しい雨	バケツをひっくり返したように降る。	傘をさしていてもぬれる。	道路が川のようになる。	高速走行時、車輪と路面の間に水膜が生じブレーキが効かなくなる（ハイドロプレーニング現象）。	山崩れ・崖崩れが起きやすく危険地帯では避難の準備が必要。 都市部では下水管から雨水があふれる。
50以上〜80未満	非常に激しい雨	滝のように降る。（ゴーゴーと続く）	傘は全く役に立たなくなる。 寝ている人の半数くらいが雨に気づく。	水しぶきであたり一面が白くなり、視界が悪くなる。	車の運転は危険。	都市部では地下室や地下街に雨水が流れ込む場合がある。マンホールから水が噴出する。土石流が起こりやすく多くの災害が発生する。
80以上〜	猛烈な雨	息苦しくなるような圧迫感がある。恐怖を感ずる。				雨による大規模な災害の発生するおそれが強く、厳重な警戒が必要。

（注1）「強い雨」や「激しい雨」以上の雨が降ると予想されるときは、大雨注意報や大雨警報が発表される。なお、注意報や警報の基準は地域によって異なる。
（注2）猛烈な雨を観測した場合、記録的短時間大雨情報が発表されることがある。情報の基準は地域によって異なる。
（注3）表はこの強さの雨が1時間程度続いた場合をイメージしている。この表を使用する場合は、以下の点に注意する。
1. 表に示した雨量は1時間雨量である。
2. 猛烈な雨や非常に激しい雨の降り始めからの総雨量の目安を仮定した場合のちがいや、地形や地質等のちがいによって被害が発生することがある。これより大きな被害が発生したり、逆に小さな被害にとどまることもある。
2. この表は主に近年発生した被害の事例から作成。今後新しい事例から作り得られたり、表現を実状に合わせるため内容を変更することがある。

付表 4　風の強さと吹き方の解説表

風の強さ（予報用語）	平均風速（ms⁻¹）	おおよその時速	速さの目安	人への影響	屋外・樹木の様子	走行中の車	建造物	おおよその瞬間風速（ms⁻¹）
やや強い風	10以上15未満	～50km	一般道路の自動車	風に向かって歩きにくくなる。傘がさせない。	樹木全体が揺れ始める。電線が揺れ始める。	道路の吹流しの角度が水平になり、高速運転では横風に流される感覚を受ける。	樋（とい）が揺れ始める。	20
強い風	15以上20未満	～70km		風に向かって歩けなくなり、転倒する人も出る。高所での作業はきわめて危険。	電線が鳴り始める。看板やトタンが外れ始める。	高速運転中では、横風に流されると感覚が大きくなる。	屋根瓦・屋根葺材がはがれるものがある。雨戸やシャッターが揺れる。	30
非常に強い風	20以上25未満	～90km	高速道路の自動車	何かにつかまっていないと立っていられない。飛来物によって負傷するおそれがある。	細い木の幹が折れたり、根の張っていない木が倒れ始める。看板が落下・飛散する。道路標識が傾く。	通常の速度で運転するのが困難になる。	屋根瓦・屋根葺材が飛散するものがある。固定されていないプレハブ小屋が移動、転倒する。ビニールハウスのフィルム（被覆材）が広範囲に破れる。	40
	25以上30未満	～110km					固定の不十分な金属屋根の葺材がめくれる。養生の不十分な仮設足場が崩落する。	
猛烈な風	30以上35未満	～125km	特急電車	屋外での行動は極めて危険。	多くの樹木が倒れる。電柱や街灯で倒れるものがある。ブロック壁で倒壊するものがある。	走行中のトラックが横転する。	外装材が広範囲にわたって飛散し、下地材が露出するものがある。	50
	35以上40未満	～140km					住家で倒壊するものがある。鉄骨構造物で変形するものがある。	60
	40以上	140km～						

（注1） 平均風速は10分間の平均。瞬間風速は3秒間の平均。風の吹き方は絶えず強弱の変動があり、瞬間風速は平均風速の1.5倍程度になることが多いが、大気の状態が不安定な場合等は3倍以上になることがある。

（注2） この表を使用する際は、以下の点に注意する。
1. 風速は地形やまわりの建物などに影響されるので、その場所の風速は観測値と大きく異なることがある。また、風速が同じであっても、構造物の状態や風の吹き方などによって被害は異なる場合がある。
2. 被害は、ある風速があり、ある程度観測された際に、通常発生する現象や被害を記述している。この表では、ある風速に達しなくなった場合には内容が変更されることがある。
3. 人や物への影響は日本風工学会の「瞬間風速と人や街の様子との関係」を参考に作成。今後、表現などは内容が変更されることがある。

おわりに

　この本を熟読した読者は，天気の要素の性質，天気を構成する現象のしくみ，天気の判断に役立つ知識の基礎が理解できたことと思う。さらに，この知識をもとに，かなり天気の判断ができるようになったことと思う。気象予報士試験を受験しようとする人には，合格ラインの知識が得られたと思うが，確実な合格のためには，この本ではページ数の関係で割愛した分野やことがらを，さらに勉強しておくことが必要である。これには以下の参考図書が役立つ。ややレベルの高い図書も含まれているが，この本を熟読した読者は，容易に読み進めることができると思う。なお，本書を執筆するうえで，以下の参考図書を含めて，気象庁のホームページ（https://www.jma.go.jp）のほか，多くの図書を参考にさせていただいた。ここに記して謝意を表したい。

参考図書
事典・辞書
●和達清夫監修「[最新] 気象の事典」，東京堂出版，1993
●天気予報技術研究会編「気象予報士のための天気予報用語集」，東京堂出版，1996
●日本気象学会編「気象科学事典」，東京書籍，1998
●新田尚ほか編「キーワード気象の事典」，朝倉書店，2002
●新田尚監修，日本気象予報士会編「身近な気象の事典」，東京堂出版，2011

分野全般を含んだ教科書・テキスト
●山本義一「新版気象学概論」，朝倉書店，1976
●小倉義光「一般気象学 [第2版]」，東京大学出版会，1984
●二宮ほか共編「図解　気象の大百科」，オーム社，1997
●日本気象学会編「新教養の気象学」，朝倉書店，1998
●浅井冨雄ほか「基礎気象学」，朝倉書店，2000
●新田尚ほか編「気象ハンドブック（第3版）」，朝倉書店，2005
●新田尚監修「気象予報士試験標準テキスト学科編」，オーム社，2009
●新田尚監修「気象予報士試験標準テキスト実技編」，オーム社，2009
●気象予報技術研究会編「気象予報士合格ハンドブック」，朝倉書店，2010
●天気予報技術研究会編「新版最新天気予報の技術」，東京堂出版，2011
●山岸米二郎「気象学入門」，オーム社，2011

分野を限った教科書・テキスト
●栗原宣夫「大気力学入門」，岩波書店，1979
●二宮洸三「気象がわかる数と式」，オーム社，2000
●水野量「雲と雨の気象学」，朝倉書店，2000
●長谷川隆司ほか「天気予報の技術」，オーム社，2000
●二宮洸三「数値予報の基礎知識」，オーム社，2000
●大野久雄「雷雨とメソ気象」，東京堂出版，2001
●古川武彦ほか「アンサンブル予報」，東京堂出版，2004
●立平良三「気象レーダーのみかた」，東京堂出版，2006
●長谷川隆司ほか「気象衛星画像の見方と使い方」，オーム社，2006
●天気予報技術研究会編「気象予報士試験関連法規のポイント」，東京堂出版，2007
●浅野正二「大気放射学の基礎」，朝倉書店，2010
●山岸米二郎「日本付近の低気圧のいろいろ」，東京堂出版，2012
●廣田道夫ほか編著「高層気象の科学」，成山堂書店，2013
●気象庁編「気象庁ガイドブック2021」，（一財）気象業務支援センター，2021
●気象庁編「気象業務はいま2021」，研精堂，2021

索　引

著 者 略 歴

白木正規（しらき　まさのり）

1969 年，京都大学理学部大学院（地球物理学）修了，
同年，気象庁に入り，気象庁観測部観測課長，予報部
予報課長，名古屋地方気象台長，沖縄気象台長，気象
大学校長を経て，2005 年気象庁定年退官。退官後，
早稲田大学，東京理科大学，東京女子大学，日本女子
大学等で非常勤講師を務める。理学博士（京都大
学）。

新 百万人の天気教室（2訂版）　定価はカバーに表示してあります。

2013 年 11 月 18 日　初版発行
2022 年 5 月 28 日　2 訂初版発行

著　者　白 木 正 規
発行者　小 川 典 子
印　刷　三和印刷株式会社
製　本　東京美術紙工協業組合

発行所 株式会社 成山堂書店

〒160-0012　東京都新宿区南元町 4 番 51　成山堂ビル
TEL：03（3357）5861　　FAX：03（3357）5867
URL　https://www.seizando.co.jp
落丁・乱丁本はお取り換えいたしますので，小社営業チーム宛にお送り下さい。

©2022 Masanori Shiraki
Printed in Japan　　　　　　ISBN 978-4-425-51353-6

●気象予報士を目指す方への参考書籍●

気象予報士試験 精選問題集 2022 年版

気象予報士試験研究会　著
Ａ５判　並製　480 頁　定価 3,300 円（税込）

第1回〜第56回の試験から分野ごとに精選した学科試験と
実技試験問題を、模範解答・ヒントとともに収録したものです。
気象予報士試験についての解説や今後の展望、受験の手続き、
出題傾向と試験対策、参考書の紹介など、資料も豊富に収録。

よくわかる 高層気象の知識〔2 訂版〕

福地章　著
Ａ５判　並製　176 頁　定価 2,860 円（税込）

地上の気象現象を知るには高層気象が重要です。
本書は高層気象を基礎から問答形式で分かりやすく解説し、さら
に、現在放送されているいろいろな種類の気象図を使って、実践
形式での実力を高めていくことをねらいとしています。

気象ブックス 047
気象学の教科書

稲津 將　著
Ａ５判　並製　224 頁　定価 2,420 円（税込）

気象に興味を持った人が最初に読んで欲しい1冊。
気象学を学ぶ大学生や気象予報士を目指している人のために、
平易な説明と多くの事例、日頃役立つ天気のコラムなどを盛り込
んで、わかりやすく解説しています。

気象予報士試験に向けた、
頼もしい助っ人書籍たち。
予報士になった後もきっと
役に立つ内容です！

グッ
なるやま君®